建筑业 GB/T 19001—2000 idt ISO9001:2000 标准释义与应用

巫东浩　编著

中国建筑工业出版社

图书在版编目(CIP)数据

建筑业 GB/T 19001—2000 idt ISO9001:2000 标准释义与应用/巫东浩编著.—北京:中国建筑工业出版社,2002
ISBN 7-112-05267-X

Ⅰ.建... Ⅱ.巫... Ⅲ.建筑业—质量管理体系—国家标准,GB/T 19001—2000—中国—学习参考资料
Ⅳ.TU711

中国版本图书馆 CIP 数据核字(2002)第 058774 号

建筑业
GB/T 19001—2000 idt
ISO 9001:2000
标准释义与应用
巫东浩 编著
*
中国建筑工业出版社出版、发行(北京西郊百万庄)
新 华 书 店 经 销
北京市兴顺印刷厂印刷
*
开本:850×1168 毫米 1/32 印张:10⅝ 字数:282 千字
2002 年 9 月第一版 2002 年 9 月第一次印刷
印数:1—10,000 册 定价:**20.00** 元
ISBN 7-112-05267-X
TU·4918 (10881)

本社网址:http://www.china-abp.com.cn
网上书店:http://www.china-building.com.cn

本书作者根据其丰富的实践和认证审核经验，对GB/T 19001—2000版标准作了全面、系统、贴近实际的解释，对GB/T 14001—1996标准和GB/T 28001—2001的应用要点以及三个体系的结合或整合提出了有效的对策。GB/T 19004—2000标准中的一些较易使用的要求，在文中也作了阐述。此外，书中列举了大量在审核中发现和提出的问题，以便帮助读者理解标准，并在实践中避免类似问题的发生。因此，本书具有很强的系统性和实用性，对建筑业各类施工安装企业、工程总承包企业、施工总承包企业、设计单位、监理单位及房地产企业在理解标准和策划、建立2000版的质量管理体系文件、建立“三合一体系”方面都具有重要的指导意义。

作者简介　巫东浩。1982年毕业于北京建筑工程学院市政工程系。共发表各类著述四十余篇。其中：在公路工程领域，是《公路工程质量检验评定标准》的主要起草人之一，编写了《中国近现代技术史》(公路部分)，发表专业论文二十余篇，多次参加专业国际学术讨论会；作者在自然辩证法领域也有所探索，在《自然辩证法研究》和《自然辩证法通讯》上发表多篇论文。曾任北京市公路局公路设计研究院副总工程师，北京9000标准质量体系认证中心总经理助理、副总经理、技术委员会主任和技术负责人。

自从事质量体系认证工作以来，对数百个项目部和百余家施工企业实施了审核，专业覆盖了水利水电工程、工业与民用建筑工程、装饰工程、公路工程、铁路工程、市政工程、石油化工、冶金工业建筑等。其中有为数众多的国家大型、特大型企业，也有从事国外工程总承包的企业；既有施工企业，也有设计、监理企业。在审核中，作者尤其注重对审核方法的探讨和研究，作者认为，要证实一个组织的质量体系的有效性，必须使用有效的审核方法以便最大限度地发现问题；反之，在使用了有效的审核方法的基础上，仍未发现过程失控的现象，则基本可以认为体系的运行是有效或基本有效的。这一审核方法的核心就是运用“过程方法”加必要的逻辑判断。这些审核经历和体会，对完整、符合实际、辩证地理解ISO9001—2000标准提供了丰厚的背景知识。

序　言

风靡全球的质量体系认证在我国始于1995年,截止2001年12月31日,获得颁发带有中国质量体系认证机构国家认可委员会(英文简称CNACR)标志的证书累计已达37706张(不包括进出口商检系统和国外认证机构的认证企业)。其中,2000版证书:4841家;QS-9000证书:267家;其余均为94版ISO9000标准证书。从产品分类看,建设:5629家;金融、房地产:778家;设计、监理:1507家。

9000标准之所以能在全世界赢得如此广泛的反响,与标准的科学性和在实际工作中取得的效果有密切的关系。我国的实际情况也反映了这一特点。

一、质量管理体系的推行,对建筑业施工管理水平的提高起到了积极的作用

9000标准的贯彻执行,对中国企业管理水平的提高起到了积极的作用。以工程行业为例,其作用体现在以下几个方面:

第一,员工的持证上岗率得到提高。项目经理、质检员、安全员、内审员、“十一大员”、特殊工种等的持证情况有了明显的提高。在初次审核时,持证率较低的企业,经过一段时间的努力,持证人员的数量有了明显的提高。对于保证在岗人员的基本能力和素质提供了基本保障。在相关行业如设计和监理单位,各类注册建筑师、结构工程师、造价工程师和监理工程师、总监理工程师、监理员等的在岗持证情况也有明显的进步。

第二,施工过程的控制得到加强。在一些新兴的施工行业如装饰装修企业,原先的管理基础比较薄弱,无论是设计控制还是图纸审核、技术交底、成本控制等工作都没有形成必要的制度,在建

立质量管理体系之后,不仅相应的制度得到建立,而且通过运行取得了一定的成效。一些行业的过程控制细化到了分项工程甚至是工序,网络计划也有很高的应用水平,一年多工期的项目其计划工期与实际工期的误差可以控制在一周以内。

第三,检验、试验工作得到加强。由于检验、试验对证实工程质量有直接的关系,审核员在现场审核时都必须进行调查取证,加上施工单位对主要建筑材料的复试、见证送检以及各项检验评定等工作的加强,检验试验工作水平的提高是比较明显的。政府质量监督部门、监理单位对施工单位现场试验室的认证认可和日常监督为现场检验、试验工作的加强奠定了基础。

第四,各类仪器、设备的配备及检定都得到加强。施工现场的各类检验、试验、测量、检测用仪器设备,其配备和检定在建立体系之后都得到一定的加强。万能材料试验机、全站仪等一些高性能仪器得到普遍的应用。一些行业或建设单位对工地试验室提出了明确的要求,并对现场试验室实行认可制度,从人员资格、设备配备以及检定等提出要求,使现场试验室的规模和质量得到基本的保障。

第五,记录比较完整,竣工资料比较齐全。一些项目部的管理水平通过建立质量管理体系取得了明显的成效,可以做到在项目竣工后的15天内向建设单位交付竣工资料。还有一些行业彻底扭转了竣工资料靠写回忆录的局面。记录的完整也为施工企业的索赔提供了坚实的基础。

第六,产品的可证实性和可追溯性得到加强。质量管理体系对产品质量和施工过程的可追溯性提出了明确的要求。通过建立体系,不仅使主要原材料的去向或某分项工程所用材料的来源得到证实,也使施工过程是否符合施工规范的要求得到了证实。尽管在可追溯性方面还有很大的提高空间,但已经有越来越多的企业和项目部对此做出了具体的规定,应用水平相信会越来越高。

第七,工程质量有所提高。一些施工企业认证后三年内的获奖工程数量超过了前十多年的总和;有的企业甚至取得了一年获得三个鲁班奖的骄人业绩。可以肯定,近几年工程质量的整体水平是有所提高的。越来越多的工程获得了国家、行业、地方的工程质量奖。

第八,不同行业在施工管理方面的差距逐渐缩小。我国的工程施工管理在不同行业有着不同的管理基础和传统,但目前已在逐渐缩小差距。有的行业在分项或单元工程验收时,允许误差项目的实测数据在验收评定表上是不予记录的,只记录实测了多少点,合格多少点,目前这一情况已开始有所改变。还有个别行业,以前的各项施工过程记录极少,竣工时不得不靠写回忆录了事,认证以后行业的整体水平都有了提高,写回忆录已成为历史,其进步是有目共睹的,而且前后也就是几年的时间。

第九,9000 标准赢得了越来越多的企业领导人和项目经理的青睐。可喜的是,已经涌现出一些企业,不仅体系运行有声有色,而且市场份额也得到明显的扩大,质量管理体系运行的成效显著。9000 标准也同样得到了项目经理们的认可,越来越多的项目经理在项目开工之初就要求单位的主管部门到现场进行贯标和检查;一些项目基本做到了在内审和外审之前无需事先做大量的“准备”工作,随时可以接受检查。

二、推行质量管理体系认证产生了良好的社会效应

认证也带来了很好的社会效应。国家在从计划经济向市场经济的转换过程中,对企业和产品质量的管理体制也发生着转变。合格评定制度的建立,既是市场经济的需要,也为中国加入 WTO 创造了条件。为了统一管理国家的认证工作,国务院于 2001 年 8 月 29 日正式成立了中国国家认证认可监督管理委员会(中华人民共和国国家认证认可监督管理局),统管全国的认证认可工作,与此前成立的中国质量体系认证机构国家认可委员会(CNACR)、中国产品质量认证机构国家认可委员会(CNACP)、中国认证人员国家注册委员会(CRBA)、中国国家进出口企业认证机构认可委员会(CNAB)、中国实验室国家认可委员会(CNACL)、中国国家出入境检验检疫实验室认可委员会(CCIBLAC)等一起,构成了认证认

可事业的国家管理体系。其中,CNACR、CRBA 和 CNACL 已获得国际互认。各类认证机构则由社会中介机构担任,目前,获得认可的质量管理体系认证机构已近 60 家。

尽管在我国的发展时间尚短,但成绩是明显的。截止 2001 年 12 月 31 日,至少有 22 家产品认证机构/委员会对至少 18732 家获证企业的产品实施着认证管理;至少有 36 家 CNACR 认可的认证机构对至少 37706 家获证企业的质量管理体系实施着认证管理。这是计划经济时代所不可想象的。

我国的审核员队伍也在此期间得到了发展和壮大。由于有相当一部分的注册高级审核员、审核员和实习审核员直接在企业工作,对企业的质量管理体系的有效运行起到了积极的推动和保障作用。截止 2001 年 12 月 31 日,获得中国认证人员国家认可委员会认可的级别审核员共 11861 人,其中,高级审核员:2057 人;审核员:2071 人;实习审核员:7733 人。另在中国国家进出口企业认证机构认可委员会注册的质量管理体系评审员,截止 2001 年 12 月 31 日共有 3038 人,其中主任评审员为 631 人、评审员 921 人、实习评审员 1487 人。

三、质量管理体系认证中存在的问题

同任何其他新生事物一样,质量管理体系认证在发展过程中同样存在着各种有待解决的问题。如:

第一,对标准的理解不到位,形式主义还比较严重。包括在工作过程中设置的一些控制点和记录的要求。如一些大型施工单位规定,在合同签订前,各有关部门应对施工合同进行合同评审等,这些规定与实际工作过程存在严重的脱节,既然控制是形式,记录也就更加是形式了。

第二,岗位职责不到位。岗位职责不到位可以反映在两个方面。一是岗位职责设计与实际错位。如有的单位规定质检员的责任之一是"对工程质量负责"。质检员的岗位是对工程进行质量的监督和检验,负的是监督检验工作的质量责任,不可能对工程质量负责。二是职责不落实,有职无权。有职无权的情况对于多数企业来讲都是应予以改进的问题。

第三,实际运作未完整体现“以人为本”的原则。如:对人员能力、业绩评定客观性不够;企业内部激励机制不健全;忽视岗位授权;岗位工作目标、工作标准不健全;对部门经理、分公司/子公司经理、项目经理、项目总工程师等关键岗位任职前对管理能力的考核比较薄弱等。

第四,实际运作中有章不循或偏离施工规范要求,不良的习惯势力影响还比较严重。一些行之有效且已经形成制度的施工管理过程得不到坚持,如图纸审核、技术交底、施工日志、无证上岗等。

第五,领导人员对管理的认识不到位。重市场,轻管理;不能正确理解管理与经营的关系。重视管理并不意味着单位“一把手”必须在家从事管理工作,也不意味着经营在企业中的主导地位会受到动摇,但必须认识到管理对经营起到的保障作用。失去了管理的有力保障,再好的经营策略也难以达到预期目的,甚至遭到失败的厄运。

第六,认证市场不规范。比如审核深度不够,低价竞争等。

四、认证事业已成不可逆转之势。

尽管质量管理体系认证还存在许多问题,但认证工作已成不可逆转之势。对于这一点,中国的企业家们一定要有清醒的认识。

首先,合格评定是中国加入WTO的要求。在中国签署的加入WTO的法律文件中,就包括了应公开合格评定程序等内容的条款。加入WTO表明中国将进一步融入国际社会,中国的企业将在国内和国际二个市场上与外国企业开展平等的竞争,这是中国进一步发展壮大的必由之路。除非中国退出WTO,否则合格评定工作就将继续下去。因此,质量管理体系认证已成不可逆转之势,它将为中国企业提高管理水平发挥其应有的历史性作用。

其次,市场的规范必然导致企业行为的进一步规范。加入WTO之后,法律法规体系将进一步得到健全,监管(包括质量管理体系认证)力度也将进一步得到加强。因此,企业执行法律法规的自觉性将得到提高,企业行为也必将得到进一步的规范。

第三,企业建立一体化综合管理体系的认识加强。就目前的建筑市场而言,一个施工企业要靠粗放式管理获得和提高利润已越来越困难,因此,管理出效益被提到企业的议事日程。质量管理体系虽然重要,但毕竟只是企业管理的一部分内容,因此,建立一体化的综合管理体系才可能使企业管理的各个方面都在规范的要求下运行,并在市场中体现最好的竞争力,获得最佳的管理效益和效率。一体化综合管理体系包括的主要内容有:

质量管理体系(GB/T 19001—2000);

环境管理体系(GB/T 24001—1996);

职业健康安全管理体系(GB/T 28001—2001);

风险管理体系和财务管理体系(目前尚无国际/国家标准)。

对于施工安装企业,现在开始着手建立一个包括质量管理体系(GB/T 19001—2000)、环境管理体系(GB/T 24001—1996)、职业健康安全管理体系(GB/T 28001—2001)在内的综合管理体系仍是可行的做法。在国际工程承包合同中,对环境管理和职业健康安全管理已经提出了明确要求。因此,企业建立综合管理体系符合市场竞争的要求。

五、为什么 ISO9000 标准能提升企业的质量管理水平。

为什么企业在推行 9000 标准之后,凡是认真执行的企业都会感受到管理水平的提升呢?我们首先可以从 9000 标准的产生以及 2000 版 ISO9000 标准的产生过程得到初步的感受。

1979 年,英国开世界之先河,正式开展质量体系的认证活动,发布认证标准 BS5750。

1987 年,应世界贸易发展的需要,ISO 发布 ISO9000《质量管理和质量保证标准——选择和使用指南》、ISO9001《质量体系——设计开发、生产、安装和服务的质量保证模式》、ISO9002《质量体系——生产和安装的质量保证模式》、ISO9003《质量体系——最终检验和试验的质量保证模式》等 6 项国际标准。

1990 年,ISO/TC176 第九届年会提出《90 年代国际质量标准的实施策略》(通称《2000年展望》),提出目标之一是 要让全世界都接受和使用ISO9000族标准,为提高组织的运作能力提供有效的方法,并提出具体的二阶段实施计划:第一阶段对标准进行有限修改,在1994年发布1994版标准;第二阶段对标准进行彻底修改,在2000年发布2000版标准。

1993年,开始对修订工作进行策划,收集和分析修改的战略性意见。

1994年,ISO发布第二版ISO9000系列标准。提出了ISO9000族的概念,由原6项标准扩展到16项标准。其中用于认证目的的标准仍为三项,即ISO9001《质量体系——设计、开发、生产、安装和服务的质量保证模式》、ISO9002《质量体系——生产、安装和服务的质量保证模式》和ISO9003《质量体系——最终检验和试验的质量保证标准模式》。

1995年,向各成员国发放详细的征询意见表。

1996年,提出"2000版ISO9001的标准结构和内容的设计规范"和"ISO9001修订草案"。

1997年,大规模征询对标准结构、编写内容、方法以及与其他管理标准的关系。并将八项管理原则作为制定标准的理论依据。

从1997年底提出工作组草案第一稿(WD1)到2000年9月14日发出国际标准草案(FDIS),ISO共发布7版各类草案稿。其中技术委员会草案第二稿(CD2)共收到31个国家的338个组织提出的6000多条意见,在此基础上才形成了国际标准草案稿(DIS)。

2000年11月14日,完成了对ISO9000—2000、ISO9001—2000和ISO9004—2000三个标准的最终表决。在对标准的投票过程中,几乎所有的国家和地区都投了赞成票。

2000年12月15日,ISO正式发布2000版标准。

因此,可以得出一个简单的结论:ISO9000标准是人类质量管理的经验和智慧的结晶。

其次,质量管理体系在企业扩大生产规模、重组或重新定位过程中提供了管理保障。企业在发生生产规模的扩大、重组或市场的重新定位等情况时,必然对各项管理工作提出新的要求,如:组织内有新产品出现,组织机构的重新组合、职责调整,新员工的技能保证以及培训,各类技术、管理制度的调整、健全、完善等。这些工作在质量管理体系的有效运行下,都能得到顺利的解决。

第三,在工程施工安装企业因利润降低、向管理要效益的动因下,9000 标准起到了系统的、方法论的指导作用。经营成本的提高,使传统的粗放式管理已经难以获得足够的利润。招投标方式的改变,也使企业的利润率下降到了低点。如低价中标原则或招投标活动中取消国家或地区统一定额等都对企业利润的降低产生了影响。因此,只有通过加强施工过程控制、降低成本,才可能提高企业经济效益。标准从可追溯性角度,提供了成本控制的有效途径和方法。

第四,9000 标准的推广应用适应了企业管理人员素质提高和改进管理现状的要求。施工安装企业过去较少有大学毕业生的岗位,如办公室、人事劳资部门、物资部门、施工班组等,现在也有许多具有本科文凭的人员充实其中,改善了企业人员的技术结构,为提高施工安装企业的管理水平创造了条件。同时,9000 标准很容易被这一群体的人员接受,他们构成了施工安装企业质量管理体系持续有效运行的基本力量。

第五,贯彻 9000 标准,对于规范各项管理和工作行为提供了系统的、科学的技术保障。9000 标准是为企业质量管理提供的一套系统的管理要求,涉及与质量活动有关的各项工作,包括《建设工程项目管理规范》(GB/T 50326—2001)中的各项要求。因此,如果企业想在现有的基础上进一步规范各项工作,推行 9000 标准无疑是明智的选择。

第六,标准要求建立的企业内部监督制度和自我改进机制,是体系持续有效运行的内部保障。标准中体现内部监督机制的要求包括:过程的监视和测量、产品的监视和测量、内部审核等要求;而体现自我改进机制的要求包括:管理评审、内部审核、数据分析、持续改进、纠正和预防措施等。这些要求和机制奠定了组织的质量管理体系能够持续有效运行的内部保障。

第七,注册制度和认证机构的定期监督,为体系的持续有效运行提供外部监管机制。企业在建立质量管理体系之后,是否申请认证注册完全是企业的自愿。但企业在获得认证注册之后,9000标准的执行具有强制性,因为认证机构将按照认可规范的要求,对获证企业进行证后监督管理。认证机构在证后的监督管理活动中,将确认获证企业的质量管理体系能够进行持续有效的运行,否则,将根据认可规范的要求,暂停、撤消企业的认证注册资格。一旦企业失去认证注册资格,对其市场无疑将产生极为不利的影响,甚至导致企业的倒闭。因此,质量管理体系认证注册的这一特点,是确保企业的质量管理体系能够持续有效运行的外部保障。

六、2000版标准的主要内容

9000标准的内容博大精深,用几段文字描述其轮廓是非常困难的。为了给读者一个总的轮廓概念,本书还是从PDCA循环角度将其概括如下。

第一,明确企业的质量方针、质量目标。制定企业的质量方针和质量目标可使企业明确自己的发展方向,使员工明确自己的行为标准,也便于企业实行动态的考核、评价和持续改进工作。

第二,合理组织机构,确定岗位职责、权限和工作目标。执行、管理和监督部门应独立设置,各司其职。企业应明确各岗位的职责和工作质量标准,并配备适当的资源、授予权限。企业可在此基础上对各岗位人员进行定期的业绩考核,提高考核工作的客观性,同时也使持续改进工作变得更加具体和富有成效。资源可以包括有能力的人员、必要的财力、设备设施等。

第三,确保对具体项目能进行有效的策划,并在规定的条件下进行施工生产。对项目的策划是特定的,它应明示企业的质量管理体系在本项目上的具体应用情况,包括项目的质量等级和合同的其他要求,施工管理过程,工艺流程,所使用的标准规范和各类有关的管理性、技术性文件,资源的配备,应进行的各项检验试验检测活动、监督检查活动，项目的验收标准或交付条件，所使用的记录等。策划应充分考虑建设单位、监理单位以及不同行业的一些不同的规定和要求，并在质量计划或施工组织设计文件中予以反映。应控制的主要过程包括：合同、文件、记录、策划、设计、采购、施工过程、标识、顾客财产、施工设备、仪器设备、产品防护、过程与产品的监视测量、不合格品、内外部沟通等。

第四，各类检验试验和监督检查。检验试验活动包括施工过程中的各类隐蔽检查、质量检验、材料试验、施工质量的抽样试验等。监督检查活动包括各类评审、审批、确认、备案、检查等活动。

第五，持续改进组织的管理绩效。企业的持续改进要靠机制。标准要求企业应定期进行管理评审和内部质量体系审核。对于大型施工安装企业、结构层次比较多的企业，可以规定这两项活动应在企业总部、分公司/子公司和项目部自下而上独立进行，且上级应覆盖和管理下级的相关活动。再辅之以公司的专项工作检查，构成一个企业完整的监督和改进体制。一个有效的持续改进活动也需要科学的手段。如标准对纠正和预防措施要求。对持续改进的效果应进行评价，评价的方法可以是内部的纵向比较，也可以是同类企业的水平比较。如此往复，企业就能不断发现问题，不断改进，取得管理的绩效。

七、建立一个有效的质量管理体系的基本条件

建立一个有效的质量管理体系有很多影响因素。首先应发挥领导的作用，领导必须亲自参与，标准对企业领导有明确的职责和工作要求。其次是全员参与，仅靠几个内审员不可能建立一个有效的质量管理体系。同时，2000 版标准还十分强调应在”过程方法”的指导下建立体系。具体要求是：理清各项工作的流程以及相互之间的接口关系。接口关系的本质是要明示某过程的输入条件和输出成果，以及它们的体现形式，如表格、文件、报告、原材料、分项工程等；细化工作流程的内容和工作标准，使员工易于理解和掌握；在输入到输出的整个过程中设置必要的控制点，规定控制点的检验、试验或检查的内容、标准、放行的规定和记录的要求；对过程

的实施效果进行评价，评价可以包括符合性、有效性和工作效率。组织对各项过程的管理应该是系统的、全面的。

八、本书的特点

根据国际认可论坛(IAF)、国际标准化组织/质量管理和质量保证技术委员会(ISO/TC176)与国际标准化组织/合格评定委员会(ISO/CASCO)于1999年9月26日在奥地利维也纳召开的联席会议达成的共识，目前正处在GB/T 19001/2/3—1994 idt ISO9001/2/3:1994版和GB/T 19001—2000 idt ISO9001:2000版标准同时使用的过渡期。因此，帮助众多的建筑施工安装企业总结1994版体系的运行经验并顺利转化成2000版体系或直接建立2000版的质量管理体系，是作者撰写本书的出发点。作者也试图将本书能同样有利于从事工程总承包、施工总承包、设计和监理单位的质量管理体系的建立和运行工作，并可以供房地产企业参考。

本书在结构上采用对标准进行逐条解释的方式来编排。先列出标准的原文，为方便理解起见，同时列出了标准中引用的ISO9000—2000标准中的有关术语，然后结合建筑施工和安装企业的实际情况，对标准进行逐条解释。并附有必要的案例。

文中凡黑体字部分均为各类标准的原文。

为了便于与标准进行比较，在章节安排上与标准的条目保持一致。

本书列有10个附件，希望能有助于读者对标准的理解，提高对标准的应用水平。

建立综合管理体系目前仍处在尝试阶段，有许多问题有待探讨，本书仅仅是在企业编写“一体化”的质量手册时提供一个可供选择的思路。

本书的出版首先应该感谢这么多年来一直给我以支持的北京9000标准质量体系认证中心的领导和同事、曾进行过审核的企业朋友以及我的家人，是他们给了我正确的引导、智慧和工作上的支持。在本书的写作过程中，中铁十四局集团有限公司安全质量监察处的魏心宽副处长曾提出过许多建设性的意见，中国葛洲坝水利水电工程集团有限公司质量安全部的王建一先生也给我提供了许多有效的帮助。本书成稿以后，深圳康达信认证咨询中心主任吴兴辉先生、中国葛洲坝水利水电工程集团有限公司副总经理兼管理者代表刘金焕先生也在百忙之中审核了书稿，并提出了很好的修改意见。再次向他们的工作和帮助表示衷心的感谢。

由于作者水平有限，书中不足之处在所难免，责任均由本人承担，希望广大读者批评指正。

目　　录

序
引言 ………………………………………………………… 1
0.1　总则 ………………………………………………… 1
0.2　过程方法 …………………………………………… 5
0.3　与 GB/T 19004 的关系 …………………………… 13
0.4　与其他管理体系的相容性 ……………………… 16
1　范围 ………………………………………………… 18
1.1　总则 ………………………………………………… 18
1.2　应用 ………………………………………………… 18
2　引用标准 …………………………………………… 21
3　术语和定义 ………………………………………… 22
4　质量管理体系 ……………………………………… 34
4.1　总要求 ……………………………………………… 34
4.2　文件要求 …………………………………………… 36
4.2.1　总则 ……………………………………………… 36
4.2.2　质量手册 ………………………………………… 42
4.2.3　文件控制 ………………………………………… 45
4.2.4　记录控制 ………………………………………… 52
5　管理职责 …………………………………………… 55
5.1　管理承诺 …………………………………………… 55
5.2　以顾客为关注焦点 ………………………………… 58
5.3　质量方针 …………………………………………… 59
5.4　策划 ………………………………………………… 61
5.4.1　质量目标 ………………………………………… 61

5.4.2 质量管理体系策划 …… 67
5.5 职责、权限与沟通 …… 68
5.5.1 职责和权限 …… 68
5.5.2 管理者代表 …… 70
5.5.3 内部沟通 …… 71
5.6 管理评审 …… 72
5.6.1 总则 …… 72
5.6.2 评审输入 …… 74
5.6.3 评审输出 …… 76
6 资源管理 …… 78
6.1 资源提供 …… 78
6.2 人力资源 …… 78
6.2.1 总则 …… 78
6.2.2 能力、意识和培训 …… 80
6.3 基础设施 …… 83
6.4 工作环境 …… 85
7 产品实现 …… 92
7.1 产品实现的策划 …… 92
7.2 与顾客有关的过程 …… 104
7.2.1 与产品有关的要求的确定 …… 104
7.2.2 与产品有关的要求的评审 …… 106
7.2.3 顾客沟通 …… 111
7.3 设计和开发 …… 112
7.3.1 设计和开发策划 …… 112
7.3.2 设计和开发输入 …… 115
7.3.3 设计和开发输出 …… 116
7.3.4 设计和开发评审 …… 118
7.3.5 设计和开发验证 …… 119
7.3.6 设计和开发确认 …… 120
7.3.7 设计和开发更改的控制 …… 121
7.4 采购 …… 122
7.4.1 采购过程 …… 122

7.4.2 采购信息…………………………………………………………… 125
7.4.3 采购产品的验证…………………………………………………… 127
7.5 生产和服务提供 ……………………………………………………… 127
7.5.1 生产和服务提供的控制……………………………………………… 127
7.5.2 生产和服务提供过程的确认………………………………………… 129
7.5.3 标识和可追溯性…………………………………………………… 131
7.5.4 顾客财产…………………………………………………………… 133
7.5.5 产品防护…………………………………………………………… 134
7.6 监视和测量装置的控制 ……………………………………………… 135
8 测量、分析和改进………………………………………………………… 138
8.1 总则 …………………………………………………………………… 138
8.2 监视和测量 …………………………………………………………… 140
8.2.1 顾客满意…………………………………………………………… 140
8.2.2 内部审核…………………………………………………………… 141
8.2.3 过程的监视和测量………………………………………………… 147
8.2.4 产品的监视和测量………………………………………………… 149
8.3 不合格品控制 ………………………………………………………… 152
8.4 资料分析 ……………………………………………………………… 157
8.5 改进 …………………………………………………………………… 159
8.5.1 持续改进…………………………………………………………… 159
8.5.2 纠正措施…………………………………………………………… 161
8.5.3 预防措施…………………………………………………………… 163
附件 1 施工管理一般过程 ………………………………………………… 167
附件 2 施工过程 …………………………………………………………… 171
附件 3 工艺过程 …………………………………………………………… 172
附件 4 工程质量策划文件编制大纲 ……………………………………… 173
附件 5 某民用建筑施工项目部实施审核示例 …………………………… 179
附件 6 审核方法 …………………………………………………………… 200
附件 7 多现场认证审核的一般要求 ……………………………………… 202
附件 8 ISO9004—2000 idt GB/T 19004—2000
标准 …………………………………………………………………… 211

附件 9 质量管理原则及在 GB/T19001—2000
标准中的应用 …………………………………………………… 265
附件 10 “三合一”体系标准要求的共同要求及差异分析 …… 268
主要参考文献 ……………………………………………………… 315

引言

0.1　总则

采用质量管理体系应当是组织的一项战略性决策。一个组织质量管理体系的设计和实施受各种需求、具体目标、所提供的产品、所采用的过程以及该组织的规模和结构的影响。统一质量管理体系的结构或文件不是本标准的目的。

本标准所规定的质量管理体系要求是对产品要求的补充。“注”是理解和说明有关要求的指南。

本标准能用于内部和外部(包括认证机构)评定组织满足顾客、法律法规和组织自身要求的能力。

本标准的制定已经考虑了 GB/T 19000 和 GB/T 19004 中所阐明的质量管理原则。

标准引用的相关术语

1　要求(见 GB/T 19000—2000 标准“3.1.2”)

明示的、通常隐含的或必须履行的需求或期望。

注 1:“通常隐含”是指组织、顾客和其他相关方的惯例或一般做法,所考虑的需求或期望是不言而喻的。

注 2:特定要求可使用修饰词表示,如产品要求、质量管理要求、顾客要求。

注 3:规定要求是经明示的要求,如在文件中阐明。

注 4:要求可由不同的相关方提出。

2　能力(见 GB/T 19000—2000 标准“3.1.5”)

组织、体系或过程实现产品并使其满足要求的本领。

注:ISO 3534—2 中确定了统计领域中过程能力术语。

3　质量管理(见 GB/T 19000—2000 标准“3.2.8”)

在质量方面指挥和控制组织的协调的活动。

注:在质量方面的指挥和控制活动,通常包括制定质量方针和质量目标以及质量策划、质量控制、质量保证和质量改进。

标准释义与应用

1　组织的战略性决策指对组织影响深远、对现状产生较大甚至根本性变化的重大决策。依照本标准建立并实施的质量管理体系就将起到这样的作用。其影响可以体现在以下几个方面:

第一,使组织的质量管理体系进一步系统化、规范化。质量管理工作在任何组织都会存在,但在内容上却可能是局部的、在体系上可能是不完善的、在做法上可能是不统一的。运用本标准所建立的质量管理体系具有规范和系统的特点,可以确保为从根本上解决上述问题创造条件。

第二,使组织在质量管理的思维方式上发生变化。通过加强领导在实现组织目标时的作用,充分调动和发挥全员参与的作用,建立以顾客为关注焦点和与供方的互利关系的工作原则,使质量管理的思维方式发生明显的变化。

第三,使组织在质量管理的方法论上发生变化。在过程方法和管理的系统方法的基础上,建立和保持质量管理体系,以数据分析为基础和持续改进为原则完善质量管理体系、提高质量管理的效率。

第四,建立相关记录,使各项工作更具可追溯性和证实性。

因此,组织在策划和建立质量管理体系时,应考虑以下因素:

1.1　做出这一决策时,同时应策划建立质量管理体系的目标和实施过程中各不同阶段的阶段性工作要求和目标。如某集团公司要在三年内初步建立跨国公司的架构,因此,要在三年内按照质量管理体系要求建立有效的运行机制,为国际化运作奠定管理基础,具体的阶段目标是:一年打基础,二年巩固,三年上台阶,并制定阶段验收的具体标准。

1.2　为确保目标的实现,应对质量管理体系进行设计。在进行质量管理体系设计时,应考虑顾客对产品的需求(如工程质量的具体要求等)、目标的具体指标值、所从事工程的性质、种类、规模,施工过程的复杂性,组织的规模,以及组织的管理结构和层次。

质量管理体系设计应形成的主要成果至少应包括:组织结构

和层次的确定,职责和权限的分配,质量方针,质量目标及其分解,施工安装过程、管理过程的识别,文件体系(包括质量手册、程序文件、作业指导书等)的结构等。在体系设计过程中,应充分运用本标准在思维和工作方法上所提出的要求。

1.3 在质量管理体系设计时,应同时考虑所策划的过程、管理与控制要求等各项内容在实施时的可行性。一般来讲,以下因素都可能影响所设计体系的实施效果。

1.3.1 产品类型。产品类型可以从用途划分为公路、铁路、工业与民用建筑、市政工程、水利水电、火电站、核电站、生态环境等;也可以简单分为建筑工程、安装工程、装饰工程。不同产品施工时,可能从行业的惯例、标准规范以及相应的行政法规角度影响体系的策划和设计。比如在铁路"三电"工程中,工程使用的装置和设备采购后的检验、确认工作,既不是施工单位、也不是建设单位或监理单位,而是项目建成后的使用单位。

1.3.2 质量管理体系覆盖的产品。覆盖的产品种类越多,体系就越复杂。当体系中包括建筑工程、安装工程、装饰工程时,就比单一的建筑工程变得复杂。如果覆盖的产品中既包括实物产品,也包括服务类产品,则更提高了体系的复杂程度。如建设单位或工程总承包单位,其产品既包括服务,也包括实物,其复杂性又超过了纯实物产品的体系。在体系策划和设计时,组织对一些过程和要求或按产品进行分类表述,以指导具体工作;或只作原则规定,由项目部根据合同要求和当时的具体情况再进行具体的策划。比如不合格品和质量事故的分类,公路工程、铁路工程等与水利水电工程就存在明显差异。

1.3.3 产品技术特点或技术含量。如多层砖混结构住宅与高层超高层建筑、中小桥梁与特大桥、混凝土桥与钢桥、简支结构物与超静定结构物、普通钢筋混凝土结构物与预应力混凝土结构物等。产品技术特点或技术含量差异较大时,可能在施工工艺、人员技能和经验、施工设备和工具、检验试验测量监视以及相应的仪器设备方面影响体系的策划和设计。比如普通钢筋混凝土与预应力混凝土在施工工艺、施工过程的确认等方面就存在明显的差异;混凝土桥梁与钢桥在施工设备、施工工艺、人员技能要求等方面也存在明显差异,等等。

1.3.4 产品的质量目标。质量目标的差异可以反映在目标控制值方面,也可以反映在控制指标的内涵上。当质量目标的控制指标存在差异时,对体系的策划和设计一般可以从资源配备与管理、组织结构和职责权限的分配等角度产生影响。比如质量等级为优良甚至更高时,可以采取诸如适当提高人员技能和经验要求、或采用整体式大模板代替小型的拼装式模板、或采用高精度设备、或授权质检部门独立行使职权、或统一产品(包括采购产品、中间产品和最终产品)的放行权限等措施。当质量目标的控制指标存在内涵差异时,影响体系策划和设计的因素将更多、更复杂。

1.3.5 组织的施工现场及组织的结构与层次。组织的施工现场越分散、地理跨度越大,权限就相对分散;组织的结构层次越多,权限也会越分散。比如项目现场都在同一城市时,组织可以规定采购和质检工作由组织主管部门统一进行;而对于项目现场分散在全国各地甚至国外时,这样的规定就是绝对不可行的。对于施工规模不大的组织,管理部门可以适当精简,甚至不设部门而以岗位为主进行职责规定,都应该是可以接受的策划和安排。

1.3.6 管理传统。这种差异可以有不同的反映形式。如:

a)在不同的地区或国家,对相同的控制对象可以设计不同的控制过程。以土建工程的采购材料质量控制为例,中国大陆和中东国家阿拉伯联合酋长国就有不同的控制过程和要求。中国大陆的一般过程顺序是:施工单位对供方进行评价选择,与组织批准的供方签订合同,施工单位对到货产品进行验收,对产品进行检验试验(即复试),监理公司进行平行试验,监理单位在隐蔽检查中检查产品的使用是否符合设计要求。而阿拉伯联合酋长国的一般过程顺序是:施工总包单位对供方进行评价,将供方(一种产品至少3家企业)的资料和产品样件交建设单位或咨询公司(由建设单位聘请)确认并选择,施工总包单位根据确认的厂家和产品样件与厂家

或经销商签订采购合同或下达定单,施工总包单位与厂家或经销商会同送货司机对到货产品进行验收、见证复试,咨询公司在使用前或隐蔽检查时核对是否符合设计要求及生产厂家。

b)我国由于受到长期的行业管理的影响,不同行业的施工管理水平仍存在差异。如:铁路工程、公路工程、工业与民用建筑工程、水利水电工程等,它们之间的管理水平就存在一定的差异。

c)一些新兴工程的施工管理与传统工程相比也存在差异。如装饰装修、楼宇自动化工程等。

1.4 标准并不要求各类组织应设计统一的质量管理体系的结构和文件。因此,组织应根据工程产品的实际情况,设计上述有关内容。既要参考一些先进的管理手段、控制方式,也要考虑实施的可能性。

2 质量管理体系要求是对工程施工规范和验收标准的补充。施工规范、标准中,通常对施工的控制参数、工艺要求和验收要求作出规定,而质量管理体系则围绕工程质量目标的实现、以项目和施工过程的控制为主线,对各相关过程实施管理和控制,如对顾客要求的评审、文件管理、采购及材料管理、标识管理、检验试验的控制、不合格品控制等来确保实现合同和标准规范的各项要求,并通过持续改进来改善和提高各项管理和控制能力。

3 本标准可以用于内部和外部(包括认证机构)评定组织满足顾客、法律法规和组织自身要求的能力。内部评定指组织的内部审核,外部评定可以是第二方审核或第三方审核。评定的主要目的均为证实组织满足顾客要求和法律法规要求的能力。

4 本标准在制定时已经考虑了 GB/T 19000(术语部分)和 GB/T 19004 中所阐明的质量管理原则(指八项管理原则)。

0.2 过程方法

本标准鼓励在建立、实施质量管理体系以及改进其有效性时采用过程方法,通过满足顾客要求,增强顾客满意。

为使组织有效运作,必须识别和管理众多相互关联的活动。通过使用资源和管理,将输入转化为输出的活动可视为过程。通

常，一个过程的输出直接形成下一个过程的输入。

组织内诸过程的系统的应用，连同这些过程的识别和相互作用及其管理，可称之为"过程方法"。

过程方法的优点是对诸过程的系统中单个过程之间的联系以及过程的组合和相互作用进行连续的控制。

过程方法在质量管理体系中应用时，强调以下方面的重要性：

a）理解并满足要求；

b）需要从增值的角度考虑过程；

c）获得过程业绩和有效性的结果；

d）基于客观的测量，持续改进过程。

图 0-2-1 所反映的以过程为基础的质量管理体系模式展示了4～8 章中所提出的过程联系。这种展示反映了在规定输入要求时，顾客起着重要的作用。对顾客满意的监视要求对顾客有关组织是否已满足其要求的感受的信息进行评价。该模式虽覆盖了本标准的所有要求，但却未详细地反映各过程。

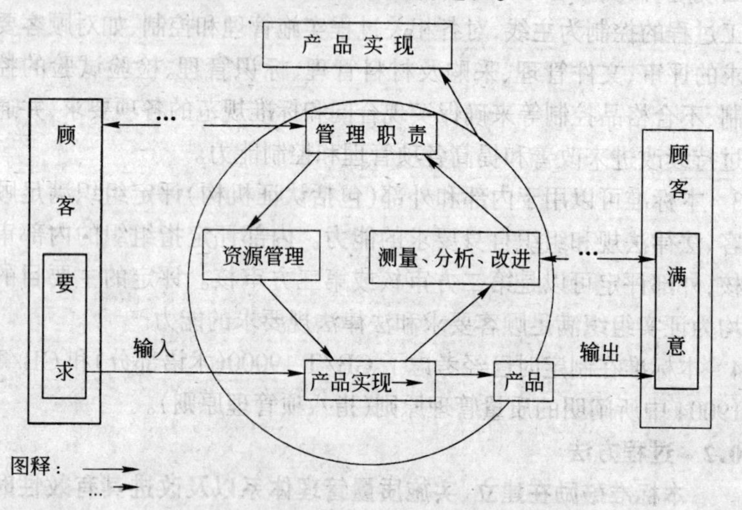

图 0-2-1　以过程为基础的质量管理体系模式

注：此外，称之为"PDCA"的方法可适用于所有过程。PDCA 模式可简述如下：

P—策划:根据顾客的要求和组织的方针,为提供结果建立必要的目标和过程;

D—实施:实施过程;

C—检查:根据方针、目标和产品要求,对过程和产品进行监视和测量,并报告结果;

A—处置:采取措施,以持续改进过程业绩。

标准引用的相关术语

1　过程(见 GB/T 19000—2000 标准“3.4.1”)

一组将输入转化为输出的相互关联或相互作用的活动。

注 1:一个过程的输入通常是其他过程的输出。

注 2:组织为了增值通常对过程进行策划并使其在受控条件下运行。

注 3:对形成的产品是否合格不易或不能经济地进行验证的过程,通常称之为“特殊过程”。

标准释义与应用

1　在 GB/T 19000—2000 和 GB/T 19001—2000 标准对过程方法有不同的定义。GB/T 19000—2000 标准中,0.2.*d*)将过程方法的内涵描述为:“将活动和相关的资源作为过程进行管理,可以更高效地得到期望的结果。”0.2.*e*)将管理的系统方法的内涵描述为:“将相互关联的过程作为系统加以识别、理解和管理,有助于组织提高实现目标的有效性和效果。”在本标准中,则对“过程方法”做出如下的定义,即“组织内诸过程的系统的应用,连同这些过程的识别和相互作用及其管理。”显然,本标准定义的过程方法显然是包括了 GB/T 19000—2000 中“过程方法”和“管理的系统方法”两个概念的内涵。

1.1　本标准过程方法的主要内涵:

1.1.1　组织内的各个过程(包括施工过程和管理过程)是一个相互关联、相互作用、相互联系的完整的系统,这一系统具有达成一定目标的功能;

1.1.2　组织应首先对这些过程以及过程之间的相互关系、相互作

用进行识别,而识别相互关系、相互作用的关键是要明确过程的输入和输出,包括输入和输出的形式和要求;

1.1.3　对整个系统或系统中的某个过程及其相互作用进行动态的、系统的管理,管理的手段包括了监视、测量、检验、试验等控制手段,因此,应明确对过程及其相互作用实施管理的监控点及其具体要求;

1.1.4　是否实现了提高实现目标的有效性和效果的目的,组织应针对具体过程规定评价的要求及准则。

1.1.5　运用过程方法分解一个对象可以运用以下表格。该表可以帮助有关人员进行充分的过程识别,达到理解过程及其相互关系、输入与输出要求和工作内容,等。

1.2　使用资源和管理,将输入转化为输出的活动均可视为过程。为使组织有效运作,必须识别和管理众多相互关联的过程。通常,一个过程的输出可直接形成下一个过程的输入。

1.3　在质量管理体系中,过程方法的应用具有以下的优点和重要性:

1.3.1　可以对整个系统或其中的单个过程或若干过程的组合及其相互作用进行连续的控制。因此,便于组织根据实际情况对质量管理体系的重点进行系统的控制和改善。比如组织拟对采购过程进行系统管理,则首先应识别与采购过程相关的主要过程。一般来说,采购过程可以包括从供方评价开始,直到与供方签订采购合同为止的全过程。则相关过程有施工技术管理的部分过程和进货验证过程。各过程之间的相互作用有:技术管理为采购工作提供具体的数量、规格、型号以及质量等级等与产品要求有关的信息(通常以采购的需用量计划反映);供方的评价和选择为采购满足要求的产品和保证组织的经济利益奠定了基础,采购合同必须与合格的供方签订;采购文件由采购的需用量计划、采购计划和采购合同等文件组成,采购计划以采购需用量计划为基础编制,采购合同以采购计划为基础签订;采购产品的验证以合同为基础,包括验收和检验试验,验收和检验试验的结果又反作用于供方的评价和选择过程，包括采购策略的制定。因此，采购工作水平的提高至少应从以上环节进行分析，制定有针对性的措施。

过程方法应用示意 **表 0-2-1**

管理/施工流程		部门/岗位工作内容				输入内容与形式				记录要求
		执行	相关	管理	领导层	执行	相关	管理	领导层	
	1									
	2									
	3									
	4									
	5									
	6									
	7									
	8									
	其他									
		输出内容、形式和验证要求				部门/岗位控制点				记录要求
		执行	相关	管理	领导层	执行	相关	管理	领导层	
	1									
	2									
	3									
	4									
	5									
	6									
	7									
	8									
	其他									

1.3.2 质量管理体系应用过程方法具有以下重要性：

a）理解并满足要求（包括顾客要求和组织的附加要求）。满

足要求的前提是要充分理解要求,通过过程方法的应用,可以更好地达成这一目的。如果一个组织将一个工程项目的全过程表述为合同签订阶段、施工阶段、验收交付阶段、质保期阶段四个过程,并要求员工从中全面、统一地理解每个过程的工作内容和要求,无疑是十分困难的事情。但在将过程进行进一步识别和细化之后,统一和全面理解要求就会变得容易一些。

案例 1:合同签订阶段的过程识别

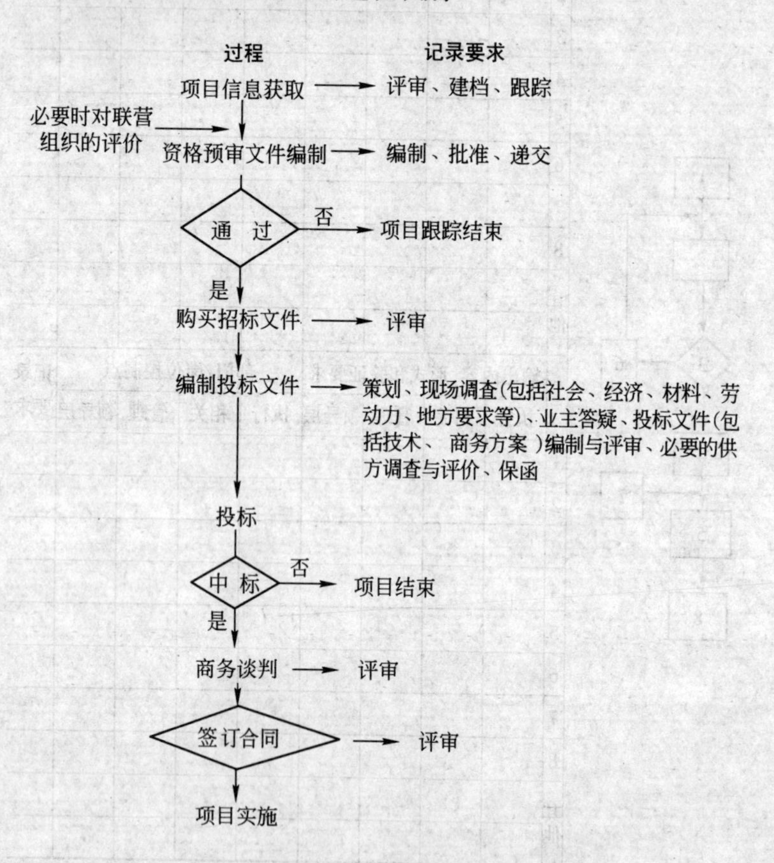

案例 1 图 合同签订阶段的过程识别

当组织与其他组织组成联营体投标时,还应在适当阶段体现对联营组织的评审过程。

一些项目的建设单位，在发出中标通知之前，商务谈判过程已经完成。此时，对上述过程应做出相应的调整。

如果组织对上述工作的主要内容和工作标准再做出进一步的具体规定，则无论是具体工作人员还是管理人员，对理解和满足工作要求都会得到比较满意的结果。

b）需要从增值的角度考虑过程。因此，过程的划分应使其具有增值（如提高工作效率和效果、带来经济利益等）特性，以便对其实施管理、控制、评价其有效性和具体的工作业绩。从实际运作情况看，无论是过程设置繁琐还是过于简化，都应该从增值角度对过程重新进行识别。

案例 2：某组织为了加强对合同的管理，设置了如下的工作流程和记录要求：

从提高工作效率角度考虑，上述记录控制过程和要求可以进行简化。六个台账在《项目信息跟踪一览表》这样一个记录中就可以做出清晰的反映，并达到同样的控制效果。

案例 3：文件控制的过程识别。

某组织规定，公司各部门/项目部控制和管理各自的有效文件，编制收发文记录。实际运作时通常至少会存在以下问题：

——从不同部门的收发文记录上看，同样一份标准规范，有效版本和作废版本同时存在于组织内部；

——由于管理部门只编制收发文记录，而不编制《有效/受控文件清单》和《作废文件清单》，对项目部的文件使用不能起到管理和控制作用。

存在上述问题的组织，应该重新考虑编制统一的《有效/受控文件清单》和《作废文件清单》在文件管理和控制方面的作用。

案例 4：技术交底的过程识别。

在施工安装企业，技术交底通常均作为一项应予控制的施工管理过程。其增值的意义在于通过技术交底，贯彻设计意图、下达施工要求，以便对施工过程进行有效的控制。但一些施工单位的

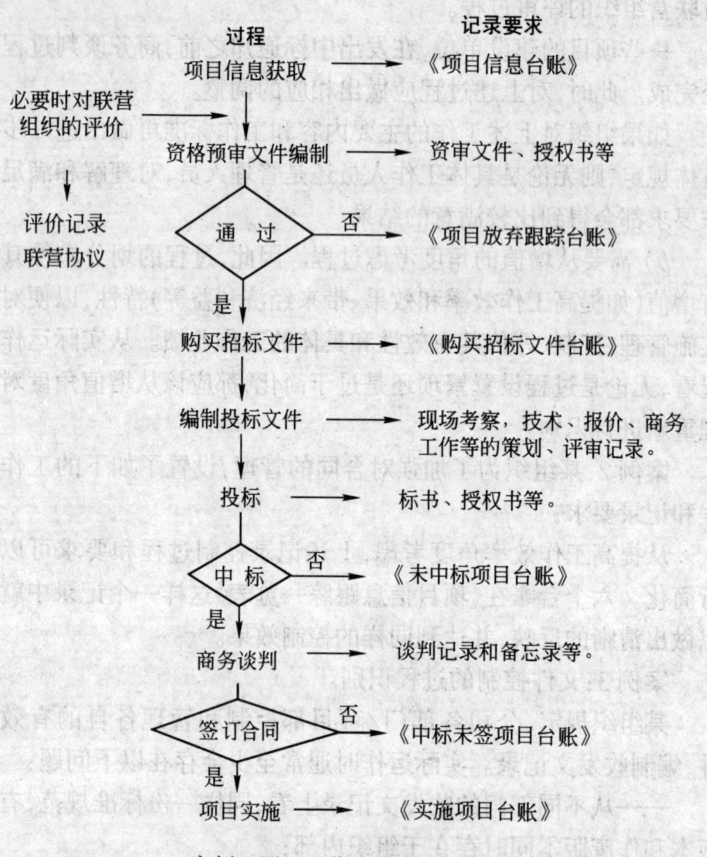

案例1图　工作流程和记录要求

技术交底要求规定得过于简单,不能有效地起到增值的作用。如某施工企业在程序文件中对技术交底过程仅作如下规定:“技术交底可以有文字交底和口头交底,但均应保留交底记录。”实践中通常容易存在交底内容记录过于简单、不能反映交底过程、甚至交底过程留于形式的情况。以会议交底形式而言,比较有效的做法可推荐如下:

c)获得过程业绩和有效性的结果。这是在质量管理体系的建立和实施中采用过程方法的目的之一。换言之,在对质量管理

体系的业绩和有效性进行评价时，过程方法提供了一种有效的手段。

编制专项施工方案或作业指导书
↓
提前一定时间下发文件
↓
召开技术交底会议
↓
交底人对专项施工方案或作业指导书内容进行讲解
↓
接底人提出问题
↓
交底人解答并总结达成一致意见的修改或补充内容
↓
交底人根据交底过程的记录编写会议纪要
↓
发放纪要
↓
接底人按照专项施工方案或作业指导书和交底纪要执行

案例4图　技术交底的过程识别

要实现对过程进行业绩评价和对工作的有效性进行评价，所识别的过程应该具有相对独立、可比较、易于进行客观测量的特点。

d）基于客观的测量，持续改进过程。对过程业绩和有效性指标进行的测量，为持续改进工作提供了基础，增加了改进措施分析中的定量比重，可使其更具针对性，同时也提高了改进措施的可验证性。

2　本标准鼓励在建立、实施质量管理体系以及改进其有效性时采用过程方法，通过满足顾客要求，增强顾客满意。

3　图0-2-1所反映的以过程为基础的质量管理体系模式，展示了4～8章中所提出的过程联系。这种展示反映了在规定输入要求时，顾客起着重要的作用。对顾客满意的监视要求对顾客有关组织是否满足其要求的感受的信息进行评价。该模式虽覆盖了本标准的所有要求，但却未详细地反映各过程。

组织应在质量体系策划时根据实际情况，细化该图示。

0.3　与GB/T 19004的关系

GB/T 19001和GB/T 19004已制定为一对协调一致的质量

管理体系标准，他们相互补充，但也可单独使用。虽然这两项标准具有不同的范围，但却具有相似的结构，以有助于他们作为协调一致的一对标准的应用。

GB/T 19001 规定了质量管理体系要求，可供组织内部使用，也可用于认证或合同目的。在满足顾客要求方面，GB/T 19001 所关注的是质量管理体系的有效性。

与 GB/T 19001 相比，GB/T 19004 对质量管理体系更宽范围的目标提供了指南。除了有效性，该标准还特别关注持续改进组织的总体业绩与效率。对于最高管理者希望通过追求业绩持续改进而超越 GB/T 19001 要求的那些组织，GB/T 19004 推荐了指南。然而，用于认证或合同不是 GB/T 19004 的目的。

标准引用的相关术语

1　效率(见 GB/T 19000—2000 标准“3.2.15”)

达到的结果与所使用的资源之间的关系。

标准释义与应用

1　GB/T 19001 和 GB/T 19004 已制定为一对协调一致的质量管理体系标准，他们相互补充，但也可以单独使用。组织无论是先建立和实施 GB/T 19001，然后再适时推行 GB/T 19004，或者是先建立和实施 GB/T 19004，然后再推行 GB/T 19001 以便认证，或同时建立和实施 GB/T 19001 和 GB/T 19004，或只建立和实施 GB/T 19001 都将是可以接受的。

2　由于两项标准关注的重点不同，因此，尽管标准具有相似的结构，但却在涉及组织管理体系的内容方面具有不同的范围，以有助于当组织具有不同目的时可以将他们作为协调一致的一对标准来予以应用。

3　GB/T 19001 规定了质量管理体系要求，可供组织内部使用，也可用于认证或合同目的。所谓合同目的是指在组织与顾客或组织与供方签订的合同中，明确指出合同乙方应按照 GB/T

19001—2000 标准建立和实施质量管理体系，并且可采取以下方式之一实施控制：

3.1　甲方将按照乙方制定的质量管理体系文件/质量计划的规定对乙方的项目(包括现场)实施管理，以满足合同对产品的要求。

3.2　甲方要求乙方执行甲方的质量管理体系/质量计划，同时对实施过程进行监控。

4　在满足顾客要求方面，GB/T 19001 所关注的是质量管理体系的有效性。

5　与 GB/T 19001 相比，GB/T 19004 对质量管理体系更宽范围的目标提供了指南。除了有效性，该标准还特别关注持续改进组织的总体业绩与管理效率。对于最高管理者希望通过追求业绩持续改进而超越 GB/T 19001 要求的那些组织，GB/T 19004 推荐了指南。然而，用于认证或合同不是 GB/T 19004 的目的。

在实际工作中，经常存在一些管理者为了提高工作效率或改进某方面的工作所进行的实践。如某组织为了提高组织的管理绩效，在建立了 GB/T 19001—2000 标准体系并运行一段时间之后，认为组织的岗位设置、工作标准及绩效考核工作有效性不足，对提高工作效率、发挥员工的积极性尚未起到预期目的。通过管理评审会议讨论，决定按照 GB/T 19004—2000 标准的要求，聘请专业咨询机构进行咨询，以便改进上述工作。八项管理原则在 GB/T 19004—2000 标准中有更加全面的反映。其实在组织的日常工作中，八项管理原则是会自觉或不自觉地得到应用的。以“与供方互利的关系”原则为例，一些组织就有成功的运用，并使组织和供方都获得了很好的经济效益。如某进出口公司向某拉美国家出口纸张，发现由于中国纸张包装问题，在经过港口装卸和远洋运输，到达国外之后破损现象明显，影响了中国产品在国外的销售。起初，公司自行在装船之前加固包装，发现起到一定的效果，经过多次改进，已掌握了在这一地区销售纸张时对包装的要求。为了降低成本并与供方共同收益，经与厂家协商，工厂在纸张出厂前，就按照进出口公司的包装要求进行包装。通过上述工作，不仅使组织与供方都降低了成本支出，也使中国纸张在这一地区的销量大增。充分证实了通过建立与供方的互利关系可使组织与供方共同收益的原则。

0.4 与其他管理体系的相容性

为了使用者的利益，本标准与 GB/T 24001—1996 相互趋近，以增强两类标准的相容性。

本标准不包括针对其他管理体系的要求，如环境管理、职业卫生与安全管理、财务管理或风险管理的特定要求。然而本标准使组织能够将自身的质量管理体系与相关的管理体系要求结合或整合。组织为了建立符合本标准要求的质量管理体系，可能会改变现行的管理体系。

标准引用的相关术语

1 管理体系(见 GB/T 19000—2000 标准“3.2.2”)

在建立方针和目标并实现这些目标的体系。

注：一个组织的管理体系可包括若干个不同的管理体系，如质量管理体系、财务管理体系或环境管理体系。

标准释义与应用

1 GB/T 24001—1996 和 GB/T 28001—2001 标准的一般介绍。

1.1 GB/T 24001—1996《环境管理体系 规范及使用指南》。该标准为各种类型的组织依照环境方针和目标来控制其活动、产品或服务对环境的影响，以实现并证实组织良好的环境表现(行为)。该体系适用于各种地理、文化和社会条件下的任何类型与规模的组织，并可供组织据以建立一套程序，用来设立环境方针和目标，实施并向外界展示其符合性和有效性。这一标准的建立适应了组织相关方和社会对环境保护的不断发展的需要。

GB/T 24001—1996 等同采用了 ISO14001—1996 标准。

1.2 GB/T 28001—2001《职业健康安全管理体系 规范》。该标准的控制对象是组织在活动、设施和过程中的职业健康安全风险,不涉及组织的产品和服务的健康安全问题。其应用程度取决于组织的职业健康安全方针、活动性质、运行风险与复杂性等因素。该标准为任何类型和规模的组织建立职业健康安全管理体系提出了要求。

ISO组织尚未发布相关国际标准。GB/T 28001—2001在内容上覆盖了OHSAS18001:1999《职业健康安全管理体系　规范》的所有技术内容。

2　本标准与GB/T 24001—1996相互趋近,以增强两类标准的相容性。

3　本标准不包括针对其他管理体系的要求,如环境管理、职业健康安全管理、财务管理或风险管理的特定要求。然而本标准使组织能够将自身的质量管理体系与相关的管理体系要求进行有机的结合或整合,以提高组织的产品满足顾客及相关方要求的能力。这也符合广义的工程质量概念。

4　包括质量管理体系、环境管理体系、职业健康安全管理体系以及风险管理体系、财务管理体系在内的综合管理体系的建立,将使围绕产品和服务的设计、开发、生产、销售和服务各个环节的活动得到有效和系统的管理。从文件角度,综合管理体系的公共部分要求可以质量管理体系文件为基础。

5　本书在标准6.4条要求中阐述了环境管理体系和职业健康安全管理体系与GB/T 19001—2000标准的结合/整合问题,提出了可供参考的处理措施。在附录10中还包括了环境管理体系和职业健康安全管理体系的标准以及标准要求之间的差异和应用的要点。

6　组织为了建立符合本标准要求的质量管理体系,通常都会改变现行的管理体系。它将使组织管理体系中的各项内容更加协调和完善。

1 范围

1.1 总则

本标准为有下列需求的组织规定了质量管理体系要求：

***a*）需要证实其有能力稳定地提供满足顾客和适用的法律法规要求的产品；**

***b*）通过体系的有效应用，包括体系持续改进的过程以及保证符合顾客与适用的法律法规要求，旨在增强顾客满意。**

注：在本标准中，术语“产品”仅适用于预期提供给顾客或顾客所要求的产品。

标准释义与应用

1 本标准的目的

1.1 证实组织有能力稳定地提供满足顾客和适用的法律法规要求的工程产品。

1.2 通过质量管理体系的有效应用，包括体系持续改进的过程以及保证符合顾客与适用的法律法规要求，达到增进顾客满意的目的。

2 产品一词仅指预期提供给顾客或顾客所要求的产品，也可理解为最终产品。若指其他性质的产品，将在产品一词前加定语，如“采购的产品”、“采购产品”等。

3 顾客要求指在标准第7.2条中提出的各项要求。

4 适用的法律法规要求指：

4.1 国家、行业规定的法律、法规、标准、规范等的要求；

4.2 企业或项目所在地国家/地方政府的相关法规、标准、规范的要求。

5 “证实”一词明确了本标准可以用于第一方、第二方、第三方通过审核来证实组织具有稳定提供满足顾客和适用的法律法规要求的产品的能力。

1.2 应用

本标准规定的所有要求是通用的，旨在适用于各种类型、不同

规模和提供不同产品的组织。

当本标准的任何要求因组织及其产品的特点而不适用时，可以考虑对其进行删减。

除非删减仅限于本标准第7章中那些不影响组织提供满足顾客和适用法律法规要求的产品的能力或责任的要求，否则不能声称符合本标准。

标准释义与应用

1 本标准可以为各种类型、不同规模和产品的组织使用，对于标准的任何要求因组织的特点或产品的特点而不适用时还可以进行删减，体现了较大的通用性和灵活性。

2 组织在声称符合本标准时，所删减的条款必须符合下列要求，否则，不得声称符合本标准的要求。

2.1 仅限于本标准第7章“产品实现”的范围；

2.2 可以删去某一条款，也可以删去某条款的部分要求(如产品防护)；

2.3 删减后不得影响组织提供满足顾客和适用法律法规要求的产品的能力或责任。如某施工企业对标准7.5.1.f)中“交付后活动”进行删减，这将违反《建筑法》等有关法律法规中有关建筑工程交付后建筑企业在质保期所应承担的责任。因此，该条款不得删减。

2.4 除第7章中那些不影响组织提供满足顾客和适用法律法规要求的条款外，其他任何条款均影响产品满足顾客和适用法律法规要求的能力，至少影响到对这种能力的判断。因此，标准不允许对这些条款进行删减。

3 关于删减

3.1 工程总承包单位：除“产品防护”中有关“包装”的要求外，其他各项要求均不得删减。

3.2 施工单位

施工单位的删减应根据具体产品和企业实际情况来确定，不能一概而论。

3.2.1　标准 7.3 条款是针对“产品的设计和开发”而制订的,因此具有以下情况之一者不宜删减 7.3 条款。

——组织承揽的工程施工项目,在施工承包合同中包括施工图设计内容时不宜删减。目前在国内的高速公路施工项目中已经有此情况发生。

——从事建筑装饰工程、网架制作安装工程、爆破工程等的组织,由于承揽的工程在施工承包合同中通常包括工程设计或单独承揽工程设计任务,因此,该类组织不宜删减。

3.2.2　小型施工企业可以删减 7.3 条款。施工组织设计、施工方案和施工工艺设计都属于标准 7.1 条款“产品实现的策划”的控制范畴。

3.2.3　标准 7.1 条款“产品实现的策划”注 2 规定:“也可将 7.3 的要求应用于产品实现过程的开发”。因此,施工企业在涉及新技术、新工艺、新材料、新设备的工程项目中,其“四新”技术的实现过程具有一定的开发性质,因此,可以按照标准 7.3 条款要求进行开发管理。如科技管理部门在进行科技项目开发时即可按照标准 7.3 条款的要求实施对开发项目的全过程管理。对于那些想要证实组织是具有施工技术开发实力的企业,保留标准 7.3 条款是适宜的做法。

3.2.4　施工企业对其工程产品可以删去 7.5.5 产品防护条款中产品“包装”的要求,但不涉及该条款的删减问题。如对外提供设计和开发服务,仍存在产品包装问题,此时,对包装仍应作出规定。

4　对条款的任何删减应在质量手册中详细说明删减的细节和合理性,不能只说要素/条款在本单位不适用。面向合同的质量计划有条款的删减时,也应做出同样的说明。如顾客财产在项目中未发生,则标准第 7.5.4 条款就可以在质量计划中做出删减说明。

2 引用标准

下列标准所包含的条文,通过在本标准中引用而构成为本标准的条文。本标准出版时,所示版本均为有效。所有标准都会被修订,使用本标准的各方应探讨使用下列标准最新版本的可能性。

GB/T 19000—2000 质量管理体系 基础和术语(idt ISO9000:2000)

标准释义与应用

1 标准明确提出凡在 GB/T 19001—2000 标准中引用的 GB/T 19000—2000 的条文,均构成 GB/T 19001—2000 标准的条文。但应该从标准"1"范围开始,引言部分不属于标准正文内容。因此,凡标准中引用术语,组织在建立体系时也应予以满足和符合。

3 术语和定义

本标准采用 GB/T 19000 中的术语和定义。

本标准表述供应链所使用的以下术语经过了更改,以反映当前的使用情况:

供方⟶组织⟶顾客

本标准中的术语"组织"用以取代 GB/T 19001—1994 所使用的术语"供方",术语"供方"用以取代术语"分承包方"。

本标准中所出现的术语"产品",也可指服务。

标准引用的相关术语

1 供方(见 GB/T 19000—2000 标准"3.3.6")

提供产品的组织或个人。

示例:制造商、批发商、产品的零售商或商贩、服务或信息的提供方。

注 1:供方可以是组织内部的或外部的。

注 2:在合同情况下供方有时称为承包方。

2 组织(见 GB/T 19000—2000 标准"3.3.1")

职责、权限和相互关系得到安排的一组人员及设施。

示例:公司、集团、商行、企事业单位、研究机构、慈善机构、代理商、社团或上述组织的部分或组合。

注 1:安排通常是有序的。

注 2:组织可以是公有的或私有的。

注 3:本定义适用于质量管理体系标准。术语"组织"在 ISO/IEC 指南 2 中有不同的定义。

3 顾客(见 GB/T 19000—2000 标准"3.3.5")

接受产品的组织或个人。

示例:消费者、委托人、最终使用者、零售商、受益者和采购方。

注:顾客可以是组织内部的或外部的。

4 产品(见 GB/T 19000—2000 标准"3.4.2")

过程的结果。

注1:有下述四种通用的产品类别:

—服务(如运输);

—软件(如计算机程序、字典);

—硬件(如发动机机械零件);

—流程性材料(如润滑油)。

许多产品由不同类别的产品构成,服务、软件、硬件或流程性材料的区分取决于其主导成分。例如:外供产品“汽车”是由硬件(如轮胎)、流程性材料(如:燃料、冷却液)、软件(如:发动机控制软件、驾驶员手册)和服务(如:销售人员所做的操作说明)所组成。

注2:服务通常是无形的,并且是在供方和顾客接触面上至少需要完成一项活动的结果。服务的提供可涉及,例如:

—在顾客提供的有形产品(如维修的汽车)上所完成的活动;

—在顾客提供的无形产品(如为准备税款申报书所需的收益表)上所完成的活动;

—无形产品的交付(如知识传授方面的信息提供);

—为顾客创造氛围(如在宾馆和饭店)。

软件由信息组成,通常是无形产品并可以方法、论文或程序的形式存在。

硬件通常是有形产品,其量具有计数的特性。流程性材料通常是有形产品,其量具有连续的特性。硬件和流程性材料经常被称之为货物。

注3:质量保证主要关注预期的产品。

标准释义与应用

1 组织应结合单位的特点至少对以下术语做出解释,如:供方、分包(包括实物和服务)、组织、顾客(包括组织内部和外部的顾客)、相关方、单位工程、分部工程、分项工程、单元工程、项目部、产品(包括实物和服务)、监视、测量、顾客满意以及体现组织的结构和管理特点、产品特点的其他名词术语,等等。本书结合行业特点给出以下名词解释,以便企业参考。

1.1 建设单位

建设工程的投资人,是工程建设项目建设全过程的总负责方,拥有确定建设规模、功能、外观、选用材料设备、按照法律法规规定选择施工单位等权力。也称“业主”。建设单位可以是法人(如建设指挥部、房地产开发商等)或自然人。

1.2　施工单位

经过建设行政主管部门的资质审查,对承接的建筑工程、设备安装、装修装饰工程进行具体施工、安装的单位。

1.3　工程总承包单位

经过建设行政主管部门的资质审查,受建设单位委托,依照国家法律法规要求和建设单位要求,在建设单位委托的范围内对承接的建筑工程、设备安装、装修装饰工程的设计、施工、安装活动进行管理的企业。

1.4　施工总承包单位

经过建设行政主管部门的资质审查,受建设单位委托,依照国家法律法规要求和建设单位要求,在建设单位委托的范围内对承接的建筑工程、设备安装、装修装饰工程的施工、安装活动进行管理的企业。

1.5　工程项目

具有独立的设计文件,建成后可以独立发挥生产能力或使用效益的工程。工程项目可以由一个单位工程或若干单位工程组成。

1.6　单位工程

它是具备独立施工条件并能形成独立使用功能的工程项目。如一幢房屋就可以作为一个单位工程。按照《建筑工程施工质量验收统一标准》(GB 50300—2001)的规定,对于规模较大的单位工程,可将其能形成独立使用功能的部分作为子单位工程。

单位工程一般由若干分部工程组成。

不同的行业对单位工程有不同的划分方法。如小桥、涵洞,在公路工程中作为分部工程存在,而在铁路工程中则作为单位工程存在。组织可根据合同和(或)监理的规定、根据标准要求确定单位工程。

1.7　分部工程

属于单位工程的组成部分。一般是按建筑物的专业性质、建筑部位确定。当分部工程较大或较复杂时，可按材料、施工特点、施工程序、专业系统及类别等划分为若干子分部工程。以建筑工程为例，典型的分部工程有：地基与基础，主体结构，建筑装饰装修，建筑屋面，建筑给水、排水及采暖，建筑电气，智能建筑，通风与空调，电梯。以智能建筑为例，子分部工程有：通信网络系统，办公自动化系统，建筑设备监控系统，火灾报警及消防联动系统，安全防范系统，综合布线系统，智能化集成系统，电源与接地，环境，住宅(小区)智能化系统。

分部工程一般由若干子分部工程及分项工程组成。

1.8 分项工程

属于分部工程的组成部分。按照主要工种、施工工艺、材料、设备类别等将分部工程或子分部工程进一步划分而成。在建筑工程中，桩基子分部工程可划分为：锚杆静压桩及静力压桩，预应力离心管桩，钢筋混凝土预制桩，钢桩，混凝土灌注桩(成孔、钢筋笼、清孔、水下混凝土灌注)。

在各类质量检验评定标准中，对单位工程、分部工程、分项工程都有明确的划分原则。针对具体的项目，监理和施工单位应在开工前，对单位工程、分部工程、分项工程做出具体的划分。

一些行业如水电工程在分项工程之下还细分有单元工程。

1.9 施工方案

依据施工组织设计、国家/行业/地方的相关法令法规、标准规范和施工图纸的要求，针对工程项目中某一重点分项工程、关键施工工艺、季节性施工工艺、特殊或“四新”内容等单独进行质量策划时形成的文件。

施工方案阐述以下主要内容：编制依据、适用范围、施工内容、施工部署、施工方法、施工工艺及其流程、技术措施、设备要求、人员技能要求、质量要求、材料及质量要求、安全措施、注意事项以及相关施工图纸要求等内容。一般在施工图纸审核之后、项目开工之前编制。施工方案应具有针对性和实用性。

1.10 施工组织设计

指导建设工程施工准备和施工全过程的技术管理文件。一般在投标或工程/项目开工前编制。是工程项目质量策划的文件之一。按照目前的惯例,按照《建设工程施工现场管理规定》(1991年12月5日中华人民共和国建设部15号令)第十一条的规定,工业与民用建筑工程的施工组织设计的主要内容应包括:工程任务概况;施工总方案,主要施工方法,工程施工进度计划,主要单位工程综合进度计划和施工力量、机具及部署;施工组织技术措施,包括工程质量,安全防护以及环境污染防护等各种措施;施工总平面布置图;总包和分包的分工范围及交叉施工部署等。从GB/T 19001—2000标准的角度看,施工组织设计的内容涉及到标准7.1条关于确定产品过程以及文件和资源需求等的要求,因此,将其列入策划活动范畴是合理的,施工组织设计是产品实现策划的成果之一。

其他行业的施工组织设计可以参照建设部的规定执行。

建设工程项目由多个单位工程组成时需要编制施工组织总设计,内容全面地覆盖各个单位工程,在单位工程开工前应编制单项工程施工组织设计。

工程项目实行总包和分包时,总包单位和分包单位应分别编制施工组织设计。

不同阶段可以有不同的施工组织设计,如投标时应编制指导性施工组织设计,项目开工前应编制实施性施工组织设计。

施工组织设计应结合工程实际,具有合理性和指导性。

1.11 质量计划

对用于特定产品、项目或合同的质量管理体系的过程(包括产品实现过程)和资源作出规定的文件可以称之为质量计划。是工程项目质量策划的文件之一。在投标时可以编制指导性质量计划,项目开工前可以编制实施性质量计划。

当顾客要求项目部按照惯例编制施工组织设计文件时,由于本标准要求的策划内容不能在施工组织设计文件中给予完整的反映，因此，质量计划仍是项目部必须编制的文件。当顾客要求按照本标准的规定编制一个完整的质量策划文件时，项目部可将质量计划和施工组织设计合并编写，至于文件的名称并不重要。

1.12　技术交底

为参与施工的人员了解和掌握工程特点、设计意图、顾客要求、技术要求、施工工艺以及相关注意事项，确保向顾客交付合格产品的一项技术管理工作，是施工安装企业技术管理制度的基本内容之一。在组织/项目部内以书面形式逐级（一般包括：单位有关部门向项目部交底、项目部有关部门向工区/工长交底、工区/工长向班组长交底、总包向分包交底等）进行。交底的事项可以是合同、设计图、施工组织设计、质量计划、施工方案、作业指导书、单位/分部/分项/单元工程、设计变更/工程洽商等，是对交底对象的具体化。内容可以涉及与施工有关的、要求项目部执行或施工人员掌握和注意的内容，主要有：工程概况，工程特点，设计和顾客要求，组织质量管理体系要求，图纸要求，施工方案，施工工艺/方法，规范、规程的有关规定和控制参数，验收评定标准，施工准备，现场布置要求，设计变更或工程洽商，设备要求，人员技能要求，"四新"技术施工的特殊要求，工期、质量、安全要求，成品保护要求，交叉作业及其协作要求，其他注意事项，等等。不同层次、不同对象的交底有不同的内容要求和不同的方式。技术交底的内容可以根据具体的交底需求对上述内容进行选择，同时应使交底内容具备可行性和可操作性。交底的方式可以是会议交底、现场口头交底。组织可根据实际情况做出具体规定。

各级交底、各类方式的交底，均应保留交底的记录。记录内容应包括交底双方在交底活动所确认的各项内容，而不应该仅仅是相关标准/规范/施工方案/作业指导书等交底文件的内容摘要。以施工图交底为例，交底记录应明示得到双方确认的以下内容：

——设计意图是否清晰和理解；

——施工图是否存在错漏碰缺；

——工艺流程是否清晰和理解；

——控制参数是否能达到；
——验收标准是否清晰和理解；
——资源配备(包括人员、技术、设备等)是否有保障；
——对交底文件的补充和修改意见；
——其他必要的内容。

同时附交底所使用的施工图或图纸编号、施工方案/作业指导书。

1.13 项目

由一组有起止日期的、相互协调的受控活动组成的独立过程，该过程要达到符合包括时间、成本和资源的约束条件在内的规定要求的目标。

工程施工、安装项目均具有上述特点。项目的时间、成本、资源等约束条件由合同和组织的附加要求两部分组成。

1.14 项目经理部

施工安装企业为实施某一承包项目而调配人员组成的项目管理班子。它在公司的监控下实施开工准备、施工全过程、竣工验收、交付后的维修/服务等过程，是一次性组织。以下简称项目部。根据不同的职能，项目部也可以进一步划分为施工项目部、施工总承包项目部、工程总承包项目部。

1.15 质量

一组固有特性满足要求的程度。“质量”一词可使用形容词如差、好或优秀来修饰。“固有的”(其反义是“赋予的”)就是指在某事或某物中本来就有的，尤其是那种永久的特征。

1.16 工程质量

工程质量是针对工程项目而言的，工程项目是讨论工程质量的基础和载体。在质量定义中，对“要求”一词的内涵并未做出限定，可以认为与项目定义中的“规定要求”具有相同的内涵。因此，工程质量的固有特性应与要求相对应，其内涵可包括工程实体质量、成本、进度、安全等内容。按照 GB 50300—2001《建筑工程施工质量验收统一标准》第 2.0.2 条的规定，建筑工程质量也是被定义成“反映建筑工程满足相关标准规定或合同约定的要求,包括其在安全、使用功能及其在耐久性能、环境保护等方面所有明显和隐含能力的特性总和。”在工程项目的相关标准规范和合同约定中,工程实体质量(通常以质量等级反映)、进度、安全、环境、成本(通常以工程造价、合同价款等反映)等都是有明确规定的。

因此,建筑工程质量的内涵从狭义角度可理解为工程实体质量。本标准中,工程质量可以包括工程实体质量、施工工期、施工费用和施工安全和环境保护等内容。

1.16.1　工程实体质量。包括单元/分项、分部、单位工程和整个工程项目的质量。工程质量以行业要求的方式和验收评定标准进行检验和验收。

1.16.2　施工工期。在施工承包合同中规定。施工工期可能由于各种原因,经建设单位、监理单位、施工单位协商后修订。

1.16.3　施工费用。在施工承包合同中规定。项目部的成本控制以施工企业内部承包合同为准。

1.16.4　施工安全及环境。须符合相关法令、法规、标准的规定。由于本标准并未包括环境管理和职业健康与安全管理体系的特定要求,因此,组织还可以建立适应组织产品特点、符合相应标准的特定要求的环境管理体系和职业健康安全管理体系。三个体系的公共部分要求可以制定统一的规定。

1.17　顾客

按照 ISO 9000—2000 标准的定义,顾客指“接受产品的组织或个人。”他可以是消费者、委托人、最终使用者、零售商、受益者和采购方。当接受产品的顾客同时属于组织内部人员时,既构成内部顾客;否则既为外部顾客。出现内部顾客时,应与外部顾客一样对待。

示例:某建筑施工单位承建的商住楼,本单位职工如购买了该商品房,既构成内部顾客。

对建筑安装单位来讲,在不同的阶段,顾客可能发生变化。

1.17.1　在工程交付之前,施工、安装单位的顾客指:建设单位。

1.17.2 在工程交付/验收之后,施工、安装单位的顾客指:建设单位(产权人)和用户(产权人或经营运作人或使用者。如房地产的租户、工厂工人、剧院的观众、公路桥梁的使用者,等等)。

1.18 相关方

按照 ISO9000—2000 标准的定义,相关方指"与组织的业绩或成就有利益关系的个人或团体。"施工、安装企业的主要相关方指:从不同的职能角度对工程施工进行全过程监控的政府各主管部门、质检站、环保机构、贷款银行、组织的员工、监理、建设单位、设计单位以及施工场地周围的单位和居民、物业管理公司、工程的使用和养护单位等。

1.19 要求

GB/T 19000—2000 标准 3.1.2 定义,"要求"指:"明示的、通常是隐含的或必须履行的需求或期望。"要求的分类可以有隐含的与明示的;特定的与规定的;顾客的与组织附加的;等等。所谓"通常隐含"指组织、顾客和其他相关方的惯例或一般做法,因此,所考虑的需求或期望是不言而喻的;而明示的要求通常是规定的,其要求在记录、标准规范、法令法规、合同文件、程序文件、施工技术与管理文件、报告、图纸等文件(其中也包括了合同文件等特定要求)中阐明。不论是顾客要求或组织的附加要求,都有可能是明示的或隐含的。在 FIDIC 条件下,隐含的要求通常较少。必须履行的要求指法令法规或强制性标准规范中的要求。

1.20 过程

在本标准中,"过程"一词的使用频率极高,有 75 次,可见标准对过程的重视程度。在 GB/T 19000—2000 标准中,过程指一组将输入转化为输出的相互关联或互相作用的活动。因此,一个过程的输入通常是其他过程的输出。比如:原材料采购过程的输入之一是材料的需用量计划,而需用量计划则是施工图纸审核过程的输出。八项管理原则之一的"过程方法"指出,将活动和相关的资源作为过程进行管理,可以更高效地得到期望的结果。可见,过程可以带来增值的效应。为了使过程能带来增值,组织需要对其进行策划和识别,并确保其在受控条件下运行。对过程进行有效的策划或识别,使管理活动既无疏漏、又不降低管理效率,是质量管理体系有效运行的基础。在建筑施工安装企业,施工中经常会遇到对工程质量是否合格不易或不能经济地进行验证的情况,此时可以称其施工过程为"特殊过程"。特殊过程的控制要求有别于非特殊过程,特殊过程的识别和控制,对减少工程返工、降低成本有积极的意义。对其的控制要求主要反映在 GB/T 19001—2000 标准第 7.5.2 条的有关规定之中。

1.21 评审

在本标准中,"评审"一词有较高的使用频率,达 35 次之多。GB/T 19000—2000 标准 3.8.7 条规定,评审指为了确定主题事项达到规定目标的适宜性、充分性和有效性所进行的活动。本标准中评审活动的类型包括:文件评审、管理评审、产品要求的评审、与设计和开发活动有关的评审、施工过程确认时的过程评审、不合格的评审、纠正措施的评审、预防措施的评审。组织应结合评审的主题事项的特点、复杂性和组织对职责、权限的划分,分别采取以下几种方式之一或其组合。

1.21.1 会议评审。召开专门会议,讨论主题事项达到规定目标的适宜性、充分性和有效性。当组织内人员的评审意见不能达成评审的目的时,应聘请组织外的专家参加评审会议。会议评审一般适用于涉及组织内相关部门较多、主题事项复杂、讨论议题多、应广泛听取意见等的情况。如管理评审、重大不合格的评审、质量方针和目标的评审、重大设计方案的评审等。

1.21.2 会签评审。一般适用于常规事项、涉及人员较少的情况。如一般性文件的评审、一般性合同的评审等。会签人员应在会签单上发表明确的意见。

1.21.3 函件评审。由组织向评审人员寄发评审事项的有关材料,评审人员发表评审意见后将其寄回组织,组织再对评审意见进行分析汇总的一种评审方式。适用于对主题事项不宜即时发表评审意见、评审人员比较分散不易集中、评审时间比较宽松、希望评审人员独立发表意见并且予以保密等的情况。如对设计方案、开发方案的评审,开发成果的评审等。

1.21.4 岗位授权评审。由最高管理者授权的人员直接进行的评审活动。适用于岗位职责范围的评审活动。如小额合同的评审等。

1.22 验证

GB/T 19000—2000 标准 3.8.4 条规定,验证指通过提供客观证据对规定要求已得到满足的认定。规定要求是指经明示的要求,如在记录、程序文件或管理文件、图纸、报告、施工标准规范、产品标准等文件中明确的要求。在本标准中,"验证"使用有 17 次,验证活动涉及产品(包括交付产品和采购产品)验证、顾客财产验证、测量试验仪器的验证、与设计和开发活动有关的验证、不合格项/品纠正后验证。标准使用"验证"之处,都是为了认定客观证据是否符合了相应的规定要求。因此,验证活动的关键是客观证据与规定要求之间具有明确的对应关系和符合性。如钢筋在验收时,应验证钢筋的出厂材质证明书、钢筋标牌以及采购文件之间的对应关系和符合性。设计和开发验证时,则可以采用重新计算、与以往成功设计进行比较、进行试验/实验。在以下情况,评审可以作为验证的一种方式,如:设计方案的验证,这一阶段很多具体的规定要求尚不明确,只能就方案的功能是否能满足项目的设计目标进行评价,此时,以设计评审代替设计验证是可以接受的。

1.23 确认

GB/T 19000—2000 标准 3.8.5 条规定,确认指通过提供客观证据对特定的预期用途或应用要求已得到满足的认定。特定要求指产品要求、顾客要求或合同要求、质量管理要求等。在本标准中,确认的使用有 15 次,包括:产品所要求的确认活动、对未形成文件的顾客要求组织在接受前的确认、设计和开发策划时应包括适合于各阶段的确认活动、设计和开发的确认、适当时对设计和开发更改的确认、施工过程的确认、计算机软件用于检测时对软件的确认等。不难看出,确认是针对某事项的总体来进行的一项活动,而认定的标准是预期的用途或应用要求。

1.24 合同

根据《中华人民共和国合同法》(1999 年 10 月 1 日起执行)第二条规定,合同是平等主体的自然人、法人、其他组织之间设立、变更、终止民事权利义务关系的协议。第十条规定,当事人订立合同,有书面形式、口头形式和其他形式。第十一条规定,书面形式包括合同书、信件和数据电子文件(包括电报、电传、传真、电子数据交换和电子邮件)等可以有形表现所载内容的形式。

2 标准中“产品”一词,即可以指实物产品,也可以指组织所提供的各类服务,如电梯的维修服务等。

4 质量管理体系

4.1 总要求

组织应按本标准的要求建立质量管理体系，形成文件，加以实施和保持，并持续改进其有效性。

组织应：

a）识别质量管理体系所需的过程及其在组织中的应用（见1.2）；

b）确定这些过程的顺序和相互作用；

c）确定为确保这些过程的有效运行和控制所需的准则和方法；

d）确保可以获得必要的资源和信息，以支持这些过程的运行和对这些过程的监视；

e）监视、测量和分析这些过程；

f）实施必要的措施，以实现对这些过程策划的结果和对这些过程的持续改进。

组织应按本标准的要求管理这些过程。

针对组织所选择的任何影响产品符合要求的外包过程，组织应确保对其实施控制。对此类外包过程的控制应在质量管理体系中加以识别。

注：上述质量管理体系所需的过程应当包括与管理活动、资源提供、产品实现和测量有关的过程。

标准引用的相关术语

1 质量管理体系（见 GB/T 19000—2000 标准"3.2.3"）

在质量方面指挥和控制组织的管理体系。

2 体系（系统）（见 GB/T 19000—2000 标准"3.2.1"）

相互关联或相互作用的一组要素。

3 信息（见 GB/T 19000—2000 标准"3.7.1"）

有意义的数据。

标准释义与应用

1 标准要求组织建立质量管理体系，编制出符合标准 4.2.1 条款要求的体系文件，加以实施和保持，并且持续改进体系的有效性。

2 要达到实施、保持和持续改进，从标准 4.1.a)～ f)各条款的要求看，既有具体的要求，也充分体现了对过程方法的运用和 PDCA 循环的思想。

2.1 策划/计划

2.1.1 识别本组织的质量管理体系所需的全部过程，这些过程包括与管理活动(涉及 4、5 二个要素)、资源提供(涉及要素 6)、产品实现(涉及要素 7)和测量(涉及要素 8)有关的过程，以及这些过程在组织中的应用(包括删减)。

2.1.2 确定这些过程的实施顺序和相互作用。组织可充分运用框图的方法，表述过程识别的成果。

2.1.3 确定为确保这些过程的有效运行和控制所需要的准则和方法。组织在制定的过程控制程序/管理文件中，应包括各项工作的质量标准和评价方法，以满足标准的此项要求。在有效运行和控制的评价指标体系和评价方法方面制定的有关规定，应使评价的结论具有可比较性和客观性，便于定期或按计划对持续改进和过程的业绩进行评价。

2.2 实施

2.2.1 确保在过程运作时获得必要的资源和信息，使识别的过程在正常的条件下运作和接受监视；

2.3 检查

2.3.1 对过程运作进行监视、测量，获取充分和必要的信息，并分析这些过程是否得到有效的实施；

2.4 处置

2.4.1 针对上述分析结果制定和实施必要的措施，以便最终实现策划的结果，满足顾客要求，并且根据需要对这些过程进行持续改进。

2.5　一个成功企业的管理体系具有两个特点:考虑并满足顾客需求和对各项过程的持续改进。标准4.1条款的各项要求的有效实施,将对这两个特点做出积极的支持。

3　对组织所需的、影响到产品符合要求的任何工程(指分包的工程或工序)和服务(如工程总承包单位的设计外包,检验试验、设备租赁、施工测量、检验试验设备的检定、招标代理、报关服务、金融服务、远洋运输等)的外包过程,应予以识别,并做出说明。组织应确保对其实施必要的和有效的控制,在标准的相关条款中应体现控制的具体要求,以保证产品的符合要求。

4　识别质量管理体系所需过程的原则:该过程能带来增值,能实施有效的、相对独立的管理或控制。如采购的招投标过程、对外包单位的管理/监控、文件管理与控制过程等。本条款要求识别的过程主要指相对独立、比较大的管理过程。同时应结合组织结构及相关的职责分配,对这些过程在组织中的具体应用做出说明。

4.2　文件要求

4.2.1　总则

质量管理体系文件应包括:

a) 形成文件的质量方针和质量目标;

b) 质量手册;

c) 本标准所要求的形成文件的程序;

d) 组织为确保其过程的有效策划、运行和控制所需的文件;

e) 本标准所要求的记录(见4.2.4)。

注1:本标准出现"形成文件的程序"之处,即要求建立该程序,形成文件,并加以实施和保持。

注2:不同组织的质量管理体系文件的多少与详略程度取决于:

a) 组织的规模和活动的类型;

b) 过程及其相互作用的复杂程度;

c) 人员的能力。

注3:文件可采用任何形式或类型的媒体。

标准引用的相关术语

1　质量手册(见 GB/T 19000—2000 标准“3.7.4”)

规定组织质量管理体系的文件。

注:为了适应组织的规模和复杂程度,质量手册在其详略程度和编排格式方面可以不同。

2　程序(见 GB/T 19000—2000 标准“3.4.5”)

为进行某项活动或过程所规定的途径。

注 1:程序可以形成文件,也可以不形成文件。

注 2:当程序形成文件时,通常称为“书面程序”或“形成文件的程序”。含有程序的文件可称为“程序文件”。

3　记录(见 GB/T 19000—2000 标准“3.7.6”)

阐明所取得的结果或提供所完成活动的证据的文件。

注 1:记录可用于为可追溯性提供文件,并提供验证、预防措施和纠正措施的证据。

注 2:通常记录不需要控制版本。

标准释义与应用

1　质量管理体系文件。

1.1　组织的质量管理体系必须首先以文件形式来体现。

体系运行的好坏与文件有密切的关系。因为文件的使用具有以下明显的增值作用,并可制定相应的规定,从文件的制定、使用和控制角度评价组织制定的文件是否起到了这些作用。

1.1.1　满足顾客要求和质量改进;

1.1.2　提供适宜的培训;

1.1.3　重复性和可追溯性;

1.1.4　提供客观证据;

1.1.5　评价质量管理体系的持续适宜性和有效性。

1.2　组织的质量管理体系文件。

1.2.1　质量方针和质量目标。由组织编制。该文件可以与质量手册一同发布,也可以单独发布。

1.2.2　质量手册。由组织编制、发布。

1.2.3 本标准所要求的形成文件的程序。共六处,详见下述第4条的阐述。程序文件应由组织编制、发布。

1.2.4 组织为确保其过程的有效策划、运行和控制所需的文件。此类文件由两部分组成:一部分由组织编制,这些文件可以程序文件的形式出现,也可以作为组织的管理性文件出现;另一部分为外来文件,组织可直接引用。

a)确保过程进行有效策划的文件主要有:对编制质量计划、施工组织设计、设计和开发策划等文件所作出的文件规定。对监理单位来讲,与过程策划有关的文件还有:《监理规划》、《监理大纲》等。

b)确保过程有效运行的文件主要有:测量规范、施工技术规范、技术交底、各类管理规定和规章等。

在施工安装单位对计算机辅助设计的应用越来越多的情况下,体系文件中还应包括计算机辅助设计文档的管理规定。尤其应包括对设计文档的变更、文件的保存等方面的管理和控制要求。

c)确保过程有效控制的文件主要有:各类工程质量评定验收标准、主要产品的技术标准和试验标准、各部门和岗位的工作质量标准等。

1.2.5 本标准所要求的记录(见4.2.4)。

2 标准4.2.1条款要求的是质量管理体系文件应包括的内容,并不意味着这些文件必须单独批准发布。因此,质量管理体系文件的各项内容可以合成一个文件编写,也可以分别单独编写,也可以采用嵌套/逐级引用的方式编写。如质量手册与程序文件可以分开单独编写、出版,也可以将质量手册与本标准规定的程序文件合并编写,在标准的相应条款处直接以程序文件的形式出现,其他程序和文件在质量手册中应予以引用。

3 质量手册的编写应符合标准4.2.2条款的要求。

4 程序规定了进行某项活动或过程的途径。本标准要求的程序有:

4.1 文件控制程序;

4.2　记录控制程序；
4.3　内部审核程序；
4.4　不合格品控制程序；
4.5　纠正措施程序；
4.6　预防措施程序。

上述规定的程序皆为质量管理体系中必须编制的管理工作的程序。其他程序可以根据组织的需要进行编制。

5　组织是否编制策划、运行和控制所需的文件取决于是否能确保其过程的有效实施。标准中带有“应”、“建立并保持”、“确保”、“确定”等词语的要求，都应该在各个部门和岗位上沟通意图，统一行动。因此，组织均可以考虑编制文件。对于大中型建筑施工、安装企业，可以推荐编制的程序文件内容有：

5.1　职责及内部沟通控制程序；
5.2　管理评审控制程序；
5.3　人力资源管理程序；
5.4　施工设备招标采购、管理和租赁设备管理程序；
5.5　培训控制程序；
5.6　项目信息和合同评审控制程序；
5.7　顾客沟通和顾客满意度评价程序；
5.8　施工技术创新和开发控制程序；
5.9　原材料、半成品招标采购及材料管理程序；
5.10　劳务招标采购及管理程序；
5.11　工程分承包招标采购及管理程序；
5.12　试验、试验设备及试验招标采购及仪器设备检定控制程序；
5.13　工程测量、测量设备采购及仪器设备检定控制程序；
5.14　施工质量管理控制程序；
5.15　施工进度控制程序；
5.16　项目质量策划控制程序；
5.17　施工成本控制程序；
5.18　施工安全控制程序；

5.19 施工环境管理控制程序;

5.20 施工现场管理控制程序;

5.21 工程保修期控制程序;

5.22 信息管理程序。

注1:对于从事国内工程总承包企业,可以增加《设备监造控制程序》、《运输过程控制程序》、《现场监理控制程序》。

注2:对于从事国外工程总承包的企业,可以增加以下程序:

——《设备监造控制程序》;

——《设计监理控制程序》;

——《工程监理控制程序》;

——《运输过程控制程序》;

——《进出口业务、服务质量控制程序》;

——《劳务输出控制程序》。

注3:设计单位可以增加以下程序:

——《设计控制程序》;

——《现场设计服务控制程序》。

注4:监理单位可以增加《监理服务质量标准及其评价控制程序》。

注5:拟在环境和职业健康安全方面加强管理的企业至少还应针对以下内容编制程序,如:

——如何对施工现场的环境因素、职业健康安全危险源进行识别与评价;

——如何编制环境管理方案、职业健康安全管理方案;

——如何编制应急计划和做出响应准备;

——其他必要的内容。

5.23 组织可根据下设的各部门职责规定,决定上述内容单独或合并编制相应的程序文件。

6 组织自行编制的文件还应符合有关标准规范的要求。以施工安全为例,编制的施工安全技术文件应符合JGJ 59—99《建筑施工安全检查标准》的有关规定。应编制的文件内容至少有:

6.1 安全责任制(含安全管理目标)。

6.2 经济承包协议书中应包含安全生产指标。

6.3 各工种安全技术操作规程。

6.4 安全管理责任目标考核规定。

6.5 施工组织设计中应包括安全措施。

6.6　专业性较强的项目,应单独编制专项安全施工组织设计。
6.7　分部、分项工程应做书面安全技术交底。
6.8　定期安全检查制度。
6.9　安全教育制度。
6.10　现场安全标志布置总平面图。
6.11　落地式外脚手架施工方案。
6.12　落地式外脚手架高度超过规范规定时应做设计计算,并保留计算书。
6.13　落地式外脚手架搭设前应作书面交底。
6.14　落地式外脚手架搭设后应予验收,并有定量的验收内容。
6.15　落地式外脚手架卸料平台应进行设计计算。现场应有限定荷载标识。
6.16　悬挑式脚手架应制定施工方案、设计计算书,并经上级审批。
6.17　悬挑式脚手架搭设前应作书面技术交底。
6.18　门型脚手架应制定施工方案。
6.19　门型脚手架高度超过规范规定时应做设计计算,并保留计算书。
6.20　门型脚手架搭设前应作书面交底。
6.21　挂脚手架应制定施工方案、设计计算书。
6.22　挂脚手架搭设前应作书面交底。
6.23　吊篮脚手架应制定施工方案、设计计算书。
6.24　吊篮脚手架的提升和作业前应作书面交底。
6.25　附着式升降脚手架应制定专项施工组织设计。
6.26　附着式升降脚手架应作设计计算,保留计算书,并经上级技术部门审批。
6.27　附着式升降脚手架应绘制制作安装图。
6.28　附着式升降脚手架操作前应向现场技术人员和工人进行安全交底。
6.29　基坑支护应制定支护方案,深度超过5米时还应进行支护设计。

6.30　模板工程应编制施工方案(应根据混凝土输送方法),并经审批。

6.31　现浇混凝土模板的支撑系统应进行设计计算。

6.32　模板支拆前应作书面安全技术交底。

6.33　施工用电应制定专项施工组织设计。

6.34　物料提升机(龙门架、井字架)应作设计计算,计算书应经上级审批。

6.35　物料提升机架体安装拆除应制定施工方案。

6.36　外用电梯拆卸应有书面交底。

6.37　塔吊安装拆卸应制定方案。

6.38　高塔基础应有设计。

6.39　两台以上塔吊作业,应制定防碰撞措施。

6.40　起重吊装作业应制定方案,并经上级审批。

6.41　起重扒杆应进行设计计算,并经审批。

6.42　起重吊装的地锚应进行设计。

6.43　打桩机械应制定打桩作业方案。

7　本标准所要求的各项记录(见 4.2.4 的要求)。

8　程序文件的详略程度可根据组织的规模、产品特点、施工过程的复杂性、组织层次、接口的多少以及人员的平均能力等因素决定。

4.2.2　质量手册

组织应编制和保持质量手册,质量手册包括:

***a*) 质量管理体系的范围,包括任何删减的细节与合理性(见 1.2);**

***b*) 为质量管理体系编制的形成文件的程序或对其引用;**

***c*) 质量管理体系过程之间的相互作用的表述。**

标准释义与应用

1　手册中应说明组织的质量管理体系所覆盖的范围。组织质量

管理体系的范围应包括以下内容:

1.1 产品的覆盖范围。应根据国家经济活动名称的标准和行业的专业表述要求具体写明产品的名称。如:工业与民用建筑工程、铁路工程、公路工程、装饰装修工程、电梯安装工程等。对于组织想予以特别突出的产品,也可以单独表述,如:砂石料系统的制造、安装和砂石的生产等。

1.2 过程类型。建筑业单位一般以工程施工、工程安装活动为主,服务过程一般不予单独表述,因为施工安装单位的质保期属于施工总合同或法令法规规定必须进行的活动,并不构成一种独立的产品。但从事电梯安装和空调安装的企业有可能单独承接维修合同,这类企业的过程可以增加"服务"的过程表述。从事国外工程总承包的单位一般均包括劳务的输出,但如果劳务输出仅服务于本单位承接的国外工程,劳务输出可以不单独表述,如果还受其他组织的委托向国外派遣劳务,则应在证书上明示"劳务输出的服务"范围。

1.3 组织结构及地域范围。组织结构包括部门、分公司、子公司和项目部。这些部门都有工作地址,因此,组织的地域范围包括公司组织结构的所有工作场所。一般来讲,一次性的项目部属临时现场,分公司和子公司属于固定现场,但一些特殊的项目部如水电站工程,其工期通常都超过了质量管理体系认证证书的有效期(中国规定为三年),将其视作固定现场更为合适。质量手册中,应将组织的质量管理体系所包括的所有固定现场予以明示。固定现场的界定可以参见附件 7《多现场认证审核的一般要求》的解释。按照 CNACR-210 文件附录《多现场认证》第 3 条的规定:**"认证机构应在评定过程开始前向组织提供本文件规定的准则的有关信息,并且只要准则的任何一方面未得到满足,就不能按抽样方法实施评定。"**因此,本书在附件 7 中阐述了该文件的主要规定。

1.4 对标准的删减。应在质量手册中予以明示,并说明具体的理由。对于本组织不适用的条款应按照标准 1.2 条款的要求,充分说明删减的细节与合理性,不能只说"本企业不适用"。

2　手册中应说明组织如何贯彻标准各项条款的要求,以体现标准4.1条款总要求。内容应叙述准确、便于使用。

3　质量手册与程序文件的编写可用二种方式加以处理。

3.1　质量手册中包括本标准要求六个程序文件。其他程序文件和必要的其他文件在手册中引用并另行发布。

3.2　质量手册对所有程序均只予引用,程序文件另行单独发布。此时的文件体系为典型的嵌套方式。采用嵌套方式编制质量管理体系文件的一般要求有:

3.2.1　手册应引用所有已编制的程序文件和相关的其他文件。

3.2.2　程序引用相应的支持性管理文件,包括作业指导书、以"红头"文件下发的各类管理性文件或记录要求。

3.2.3　支持性管理文件应引用相关文件和记录的要求。

3.2.4　质量计划也可以使用嵌套方式编写,但应引用相关的质量手册要求、程序文件、支持性管理文件和记录要求。

4　质量管理体系中各过程及其之间的相互作用应在手册中做出说明(可以使用框图方式)。质量管理体系的过程有:管理活动、资源提供、产品实现、测量。因此,质量手册的内容至少应包括第5条至第8条。并明确表述可能的分包内容。

5　程序文件的内容应遵循过程方法编写。因此,程序文件可以某部门的工作为主线展开,尽量避免/减少部门间和部门内的各类接口,以便于程序的执行和控制,最大限度地提高工作效率,并使文件规定和实际运作的要求相一致。本书在对标准第0.2条款的解释中的表1可以对此提供具体的技术支持,运用该表可以帮助编写人员充分识别过程,理解过程及其相互关系、输入与输出要求和岗位工作内容,合理分配岗位职责、权限,设置必要的监视点、控制点,必要的记录要求等。

程序文件编制的主要内容应不少于:

5.1　建立和实施程序的目的。

5.2　相关的法令法规和组织的管理文件。可列出国家、行业、地方有关的强制性标准规范清单和组织相关管理文件清单。

5.3　识别各过程/流程及各个过程之间的相互关系。可用框图形式表述。

5.4　按照过程/流程的顺序展开，明确每一个过程/流程的工作内容、要求/标准，以及评价考核的准则和方法。

5.5　根据对过程/流程进行有效管理的设想，区分项目部、子公司/分公司、办事处等与组织管理部门之间的管理内容和权限，设置必要的岗位。应区分的职责、权限主要有：

5.5.1　组织管理部门与项目部之间的职责、权限；

5.5.2　总承包单位与分包单位之间的职责、权限；从事国外工程总承包单位的国外项目组与国内项目组之间的职责、权限；

5.5.3　总部与办事处、分公司/子公司之间的职责、权限；

5.5.4　不同岗位的职责、权限。

5.6　识别并明示本程序中可能的外包(包括产品和服务)工作，根据外包工作的特点对供方评价、选择作出规定；采购过程及采购文件的要求；产品的验证、检验和试验的要求；产品放行的要求；日常管理与再评审的要求；不合格的评审、处置要求；等。

5.7　相关部门的接口关系和内部信息沟通要求。

5.8　记录的要求和表格样式。

5.9　资料/数据的分析和持续改进的要求。

5.10　其他要求。

注：其他文件的编制可以参考上述要求。

4.2.3　文件控制

质量管理体系所要求的文件应予以控制。记录是一种特殊类型的文件，应依据 4.2.4 的要求进行控制。

应编制形成文件的程序，以规定以下方面所需的控制：

a）文件发布前得到批准，以确保文件是充分与适宜的；

b）必要时对文件进行评审与更新，并再次批准；

c）确保文件的更改和现行修订状态得到识别；

d）确保在使用处可获得适用文件的有关版本；

e）确保文件保持清晰、易于识别；

f）确保外来文件得到识别，并控制其分发；

g）防止作废文件的非预期使用，若因任何原因而保留作废文件时，对这些文件进行适当的标识。

标准引用的相关术语

1 文件（见 GB/T 19000—2000 标准“3.7.2”）

信息及其承载媒体。

示例：记录、规范、程序文件、图样、报告、标准。

注 1：媒体可以是纸张，计算机磁盘、光盘或其他电子媒体，照片或标准样品，或它们的组合。

注 2：一组文件，如若干个规范和记录，通常被称为“documentation”

注 3：某些要求（如易读的要求）与所有类型的文件有关，然而对规范（如修订受控的要求）和记录（如可检索的要求）可以有不同的要求。

2 评审（见 GB/T 19000—2000 标准“3.8.7”）

为确定主题事项达到规定目标的适宜性、充分性和有效性所进行的活动。

注：评审也可以包括确定效率。

示例：管理评审、设计和开发评审、顾客要求评审和不合格评审。

标准释义与应用

1 组织应编制文件控制程序，对质量管理体系要求的所有文件进行控制。

2 记录是一种特殊类型的文件，其建立和执行过程均应按照文件控制程序执行。记录的管理要求见标准 4.2.4 条款的说明。

3 文件控制程序应包括以下内容：

3.1 组织的各类文件（包括组织自己编制的文件和外来文件）在发布（发布的目的是执行，因此，也可以理解为是执行前）前必须得到授权人员的批准。授权人员必须确保文件内容的阐述是充分的和适宜的，与其他现有文件不矛盾、不冲突。

案例 1：某组织为维护在技术上和经济上的权益，对档案做出保密规定，凡具有秘密等级的档案未经保密委员会的批准，不得外借。但同时在组织制定的另一份关于档案鉴定的文件中又规定，档案的密级鉴定每5年进行一次。导致密级鉴定以后的5年期间形成的新档案的密级得不到及时的鉴定，在此期间对本应属于秘密的档案外借无法按照保密规定执行。两份文件的不协调规定，可能导致部分保密档案管理的失控。

案例2：某项目部在项目《质量计划》中对有关岗位职责作出规定，其中，项目部专职质检员的职责之一为：对各施工工区的工程质量负最终责任，而公司《各部门岗位职责规定》文件中规定，项目经理对工程质量负主要责任，公司法人代表负领导责任，两份文件的规定发生矛盾。

3.2 必要时对文件进行评审与更新，并再次批准。如：

3.2.1 某文件变更/换版后，应对有相关内容的其他文件是否需要进行变更作出评审，无论是否需要进行变更，均应做出说明/批准。如程序文件的有关规定变更后，应对质量手册的相关部分内容进行评审，并用适当的方式表明评审的结果。

3.2.2 按照逻辑关系应在某文件编制之前进行的某项工作，但因故滞后，则在该项工作完成之后，对已编制的文件进行评审，确认文件是否应做出相应的变更。比如在实施性质量计划或施工组织设计文件编制之前，应对施工图进行审核，但如果施工图不能及时提供，而又必须及时地根据当时的信息对项目质量管理体系进行实施性策划时，尽管文件已经批准发布，但在施工图收到并进行审核后，仍应对已经编制的质量计划/施工组织设计等策划文件进行再评审，以确定是否需要对相关文件做出变更，并做出批准意见。

3.3 确保文件的更改得到识别的方式、方法。从实践效果来看，建筑安装企业比较有效的方法仍然是由组织建立统一的《有效/受控文件清单》(可与下条要求一同考虑)以及文件更改后在更改处进行标识等规定。包括设计变更内容确认后，应及时在原图的相应部位做出变更标识的规定。

3.4 确保文件的现行修订状态得到识别。识别文件现行修订状态的关键是建立文件的版号(如A版、B版、C版或发布的年月日,不同文件可以灵活运用)和修订号(如第1次修订、第2次修订等)。如在文件的相应部位可以标注第几版、第几次修改字样以及相应的发布日期。

3.5 确保各层次、各岗位均可得到必需和适用的有效版本的文件。比较有效的做法是规定:

3.5.1 在项目部赴现场/开工之前,责成组织有关部门确认项目部对现有各类文件的需求已经得到了满足,否则不得开赴现场;

3.5.2 责成项目部有关部门确认施工班组在分项或单元工程开工前,相关的文件已经获得并满足施工的要求。

3.6 确保文件保持清晰、易于识别。因此:

3.6.1 各层次、各部门持有的文件在内容上应保持清晰,以便于阅读、学习、培训和执行时使用。应规定文件不得擅自涂/修改。内容不完整的文件不得使用。

3.6.2 各级、各部门发布的文件均应在文件上明示其编号、发布日期、批准人等,以便于识别。文件接收部门应编制收文目录,以便于识别和检索。

3.7 外来文件的控制

3.7.1 外来文件的种类

a)国家、地方颁发的法令法规。我国法令法规的基本结构:

——宪法。在所有法律形式中居于最高地位,具有最高法律效力。由全国人民代表大会通过。

——法律。其法律地位和法律效力仅次于宪法。由全国人民代表大会及其常务委员会制定。如《建筑法》、《电力法》、《消防法》、《公路法》、《铁路法》、《城市房地产管理法》、《环境噪声污染防治法》、《固体废弃物污染环境防治法》、《招投标法》等。

——行政法规。指由国务院制定的各类有关的条例、办法、规定、实施细则、决定等。如《建设工程质量管理条例》等。

——地方性法规。为执行宪法、法律和行政法规,由省、自治区、直辖市及计划单列市的人民代表大会及其常务委员会制定。

——规章。指由国务院行政主管部门以及有关地方政府部门在法律规定的范围内,依职权制定、颁布的有关行政管理的规范性文件。如:《房屋建筑和市政基础设施工程施工招标投标管理办法》等。

——国际公约。经我国批准生效的国际公约。

b) 标准、规范、规程。我国的标准规范的基本结构:

——国家标准。由国家技术监督主管部门与国家行业主管部门联合批准发布。如:《钢结构工程施工质量验收规范》(GB 50205—2001)等。

——行业标准。由国家行业主管部门批准发布。如:《钢筋焊接及验收规程》(JGJ 18—96)、《公路工程质量检验评定标准》(JTJ 071—99)等。

——地方标准。由地方政府主管部门批准发布。如:《建筑安装工程资料管理规程》(DBJ 01—51—2000　北京市地方性标准)等。

——协会标准。由行业协会批准发布。如:《混凝土及预制混凝土构件质量控制规程》(CECS40:92 中国工程建设标准化协会标准)等。

——企业标准。由企业批准发布。根据《中华人民共和国标准化法》(1988 年 12 月 29 日,中华人民共和国主席令第 11 号令发布)第六条的规定,"企业的产品标准须报当地政府标准化行政主管部门和有关行政主管部门备案",以取得标准使用的合法地位。

c) 标准的强制性分类。

根据《中华人民共和国标准化法》分为强制性国家标准、强制性行业标准和强制性地方标准。内容应包括:体系覆盖产品的各类施工规范、验收标准;可能使用到的主要原材料、半成品、成品以及主要施工设备、仪器等的产品标准、试验标准、检定规程,如水泥、钢材、外加剂、地材、防水材料等。

强制性标准可分为全文强制和条文强制两种形式:①标准的

全部技术内容需要强制时,为全文强制形式;②标准中部分技术内容需要强制时,为条文强制形式。强制性内容的范围包括:有关国家安全的技术要求;保障人体健康和人身、财产安全的要求;产品及产品生产、储运和使用中的安全、卫生、环境保护要求及国家需要控制的工程建设的其他要求;工程建设的质量、安全、卫生、环境保护按要求及国家需要控制的工程建设的其他要求;污染无排放限值和环境质量要求;保护动植物生命安全和健康要求;防止欺骗、保护消费者利益的要求;国家需要控制的重要产品的技术要求。

强制性标准的表述方式:①对于全文强制形式的标准在"前言"的第一段以黑体字写明:"本标准的全部技术内容为强制性"。②对于条文强制形式的标准,应根据具体情况,在标准"前言"的第一段以黑字体并采用下列方式之一写明:

——当标准强制性条文比推荐性条文多时,写明:"本标准的第×章、第×条、第×条 ...... 为推荐性的,其余为强制性的";

——当标准强制性条文比推荐性条文少时,写明:"本标准的第×章、第×条、第×条 ...... 为强制性的,其余为推荐性的";

——当标准强制性条文比推荐性条文在数量上大致相同时,写明:"本标准的第×章、第×条、第×条 ...... 为强制性的,其余为推荐性的。"

——标准的表格中有部门强制性技术指标时,在"前言"中只说明"表×的部分指标强制",并在该表内采用黑体字,用"表注"的方式具体说明。

d)上级单位/地方主管部门的行政性公文、工作计划等。

e)业主、监理文件。如建设单位下发的年度施工进度计划等。

f)合同及合同变更,设计变更等。

3.7.2 控制分发

a)控制分发应该有二层含义:一是控制分发的范围;二是确保需要此文件的部门/岗位都能及时得到有效版本的文件。

控制分发的另一措施是控制复印。可以通过复印登记或使用有色纸张做文件用纸等手段来实现。对于网络,也可通过网上阅读权限和限制下载得到控制。

b）控制可以分层次、按权限进行。结合有效/受控文件清单和部门/岗位应具备的文件要求的规定一同控制会比较有效。

c）对在文件发放之后新组建的项目部,程序文件应作出规定,确保予以补发。尤其是以行政文件(或"红头文件")形式下发的程序支持性管理文件等。

3.8 作废文件控制

3.8.1 作废文件的类别与标识。文件作废有很多种情况,一般可以归纳成以下几种。

a）文件的时效性。如年度工作计划;关于某某工作的紧急通知等。这些文件内容一旦执行完成,文件即告作废。此类文件的作废标识即使不作规定也不致产生文件的误用问题。

b）文件内容的部分变更、补充。对于施工图纸来讲,通常只是对原设计的部分内容进行变更,一般以设计变更通知单/会议纪要等形式出现。也有一些文件最初制定时考虑不周,执行时做出部分修改。此类文件的作废标识应做出规定,有效的做法有:列出变更清单并在原文相关部分做出变更标识(可注明变更内容或变更文号以便追溯)。

c）文件换版。作废标识:列出变更文件清单并收回作废文件或在作废文件的明显部位标注"作废"字样。

3.8.2 作废文件的控制。组织可通过建立各类文件清单以公示和控制组织的文件使用。清单是控制使用的有效方法。如:

a）有效文件清单。侧重于需要控制文件版本的情况。如法令法规、标准规范、记录等。

b）受控文件清单。侧重于需要控制文件发放的情况。如有密级的文件、控制阅读和使用范围的文件等。

c）作废文件清单。用于各类文件作废时的情况。

编制清单的目的是在组织内向员工公布文件的状态,以便员工在工作中选择和使用相应的有效文件。因此,清单也是文件,也应有文件编号以及编制、批准和发放。

4　对于工程总承包、施工总承包和监理等单位,部分文件的管理应覆盖到组织以外但仍受自己控制的范围。如:工程总承包或施工总承包企业的外包单位,项目监理部的工程承包商,等等。

4.2.4　记录控制

应建立并保持记录,以提供符合要求和质量管理体系有效运行的证据。记录应保持清晰、易于识别和检索。应编制形成文件的程序,以规定记录的标识、贮存、保护、检索、保存期限和处置所需的控制。

标准释义与应用

1　建立记录的过程应执行文件控制程序。保持记录是文件的执行过程,同样应执行文件控制程序。因此,施工单位使用的多数记录也应赋予编号和版本号,并注明修订状态。对于施工日志等记录,可用日期进行标识,而不以版本控制。

2　对于已经填写的记录,组织应编制记录控制程序予以管理。程序的内容是规定记录在内容(包括实现可追溯性要求的内容)、标识/识别、贮存、保护、检索/编目、保存期和处置方面等的管理要求,包括职责、权限和必要的程序规定以及项目部根据实际需要自行编制质量记录的控制要求。

建筑安装单位使用的记录具有种类多、不同地区和行业不统一的特点。因此,可建立记录的清单,规定记录的版号、编号和保存期等内容。一般情况下,组织(尤其是项目部)可以直接引用上述外来表格,以及相关的记录编号等内容。

3　本标准明确要求建立和保持的记录至少有:

3.1　标准 5.6.1 条款的管理评审的记录。

3.2　标准 6.2.2 条款的教育、培训、技能和经验的适当记录。

3.3　标准 7.2.2 条款的与产品有关的要求的评审结果及评审所引起的措施的记录。

3.4　标准7.3.2条款的设计和开发输入的记录。

3.5　标准7.3.4条款的设计和开发评审的结果及任何必要措施的记录。

3.6　标准7.3.5条款的设计和开发的验证结果及任何必要措施的记录。

3.7　标准7.3.6条款的设计和开发的确认结果及任何必要措施的记录。

3.8　标准7.3.7条款的设计和开发更改的评审结果及任何必要措施的记录。

3.9　标准7.4.1条款的供方能力评价的结果及评价所引起的任何必要措施的记录。

3.10　标准7.5.2条款的对生产和服务提供过程需要进行确认时的确认记录。

3.11　标准7.5.3条款的产品惟一性标识的控制记录。

3.12　标准7.5.4条款的向顾客报告其财产发生丢失、损坏或不适用情况的记录。

3.13　标准7.6条款的“应记录校准或检定的依据”。

3.14　标准7.6条款的“当发现设备不符合要求时,组织应对以往测量结果的有效性进行评价和记录”。

3.15　标准7.6标准的“校准和验证结果的记录应予保持”。

3.16　标准8.2.2条款的内部审核的策划、审核以及审核报告的记录。

3.17　标准8.2.4条款的产品的监视和测量记录以及“记录应指明有权放行产品的人员”。

3.18　标准8.3条款的对不合格品性质的评审以及随后所采取的任何措施、包括让步接收的记录。

3.19　标准8.5.2条款的纠正措施实施结果的记录。

3.20　标准8.5.3条款的预防措施实施结果的记录。

标准对“记录”的要求不应理解为是一张“表格”,有些过程可能需要多张“表格”才能对过程有完整的记录。

其他记录可以根据组织实际控制的需要予以制定，或直接使用业主、监理或地方主管部门的记录。

4　根据需要，记录可以是文件、光盘、照片、磁带、样件等各种媒体形式(见 4.2.1 条注 3)。

5 管理职责

5.1 管理承诺

最高管理者应通过以下活动，对其建立、实施质量管理体系并持续改进其有效性的承诺提供证据：

a）向组织传达满足顾客和法律法规要求的重要性；

b）制定质量方针；

c）确保质量目标的制定；

d）进行管理评审；

e）确保资源的获得。

标准引用的相关术语

1 管理（见 GB/T 19000—2000 标准“3.2.6”）

指挥和控制组织的协调的活动。

注：在英语中，术语“management”有时指人，即具有领导和控制组织的职责和权限的一个人或一组人。当“management”以这样的意义使用时，均应附有某些修饰词以避免与上述“management”的定义所确定的概念相混淆。例如：不赞成使用“management shall……，”而应使用“top management shall……。”

2 最高管理者（见 GB/T 19000—2000 标准“3.2.7”）

在最高层指挥和控制组织的一个人或一组人。

标准释义与应用

1 最高管理者是第5部分“管理职责”从建立、实施到持续改进全过程运行水平高低的关键。因此，最高管理者应熟练掌握和运用本部分条款的要求。

2 最高管理者应通过下列活动，对建立、实施质量管理体系并持续改进其有效性做出承诺，并能提供相关证据（应保留适当的证据）。最高管理者应通过一定的渠道（如刊物、会议、网络等）、方式（如培训、讲座、案例分析与研究等）或者实际案例，向组织内的所有员工传达和强调满足顾客和法律、法规要求的重要性，提高他们的认识水平。根据标准的要求，最高管理者应通过自己的言行来体现以下的要求：

2.1　向员工传达满足顾客要求的重要性。组织的成功取决于是否理解并满足现有及潜在顾客的当前和未来的需求和期望。因此，组织应当：

2.1.1　识别顾客及其需求和期望，以及与产品有关的法律法规要求；

2.1.2　将识别的需求、期望和法律法规要求转化为组织的附加要求；

2.1.3　在组织内沟通这些要求；

2.1.4　采取措施确保这些要求通过相应的合同、项目体现到预期交付的产品之中；

2.1.5　注重过程的持续改进，以确保为顾客创造价值。

2.2　与建筑安装单位的产品有关的顾客需求和期望可包括以下内容：

2.2.1　工程质量的符合性，包括工程质量的合格率、优良率以及定向满足顾客质量要求的能力，工程业绩等；

2.2.2　组织的施工能力，包括技术、人员、设备等；

2.2.3　组织在质量保证期/缺陷责任期内的维修保障活动，包括人力、财力和物力等的安排和保障；

2.2.4　组织施工安全的业绩和现状；

2.2.5　组织现场施工环境的管理和控制能力。

2.3　对于工程总承包企业，顾客的需求和期望还将包括工程的建设投资、运营及其运营费用之间的关系等。

2.4　向员工传达满足法律法规要求的重要性。满足法律法规，首先应使组织的员工具有相关法律法规的知识。因此，组织应制定计划对相关法律法规知识进行培训，以便倡导在职业道德的规范下，有效和高效地遵守法律法规的要求。

2.5　主持制定质量方针。最高管理者应将质量方针作为领导组织进行业绩改进的一种手段。因此,在制定质量方针时,最高管理者可考虑以下因素。

2.5.1 为使组织在经营和管理上获得成功,在可预见的将来对各项工作的改进计划和主要内容。所提要求不宜提得过高,并便于实施和考核。时间跨度一般以3~5年为宜,将各项工作分解到年度工作目标之中,并逐年做出滚动发展计划。做到这一点,对质量方针的定期评审才会有基础。

2.5.2 预期和期望的顾客满意程度。满意程度可以用形容词来修饰,如:100%满意、满意、基本满意、不发生因组织原因引起的顾客不满意、最终结果让顾客满意、确保过程和结果都让顾客满意等。具体表述可根据组织的有关调查和工程特点决定。满意程度的任何一种表述,都将为质量目标提供评价指标的框架。如:质量方针中选择"交付工程让顾客满意",则在质量目标的计算中可以按工程交付时的顾客满意度评价为测评依据;若质量方针选择"确保过程和结果都让顾客满意",则在质量目标的测评中,除考虑工程交付时进行顾客满意度调查外,还应增加施工过程中对顾客满意度的调查信息。至于100%满意、满意、基本满意等用词,都需要组织在采用的同时考虑相应的测算方法。

2.5.3 对组织内人员发展的要求。仍以顾客满意为例,组织对项目经理、项目总工程师等岗位人员的实际管理水平与岗位要求之间的差异应有所评估,以识别对其发展的具体要求和可能性,因为他们直接影响着顾客的满意状况和满意水平。质量方针的内容不能脱离对人员现状和发展可能性的评价。必要时,应制定符合组织发展要求的人才引进计划。

2.6 满足本标准对质量方针的要求,用明确和有效的方式进行文字表述。

2.7 质量方针是质量管理体系文件之一,因此,对质量方针应进行定期评审,对其更新和再次批准作出规定。

2.8 应确保质量目标在组织层面及各部门、层次和岗位上都得到制定。质量目标应以文件化的方式来体现。对于组织机构庞大、层次比较多的单位，最高管理者应制定相应的程序，以达到“确保”质量目标得到合理分解和制定的要求。质量目标是质量管理体系文件之一，因此，对质量目标应进行定期评审，对其的更改和再次批准作出规定。

2.9 应按照规定的时间和内容要求进行管理评审。

2.10 确保资源的获得。资源包括人、财、物各个方面，其中最关键的是资金问题。因此，最高管理者应建立制度，以便恰当地制定和考核项目的目标成本，并及时提供项目所需的资金。

5.2 以顾客为关注焦点

最高管理者应以增强顾客满意为目的，确保顾客的要求得到确定并予以满足(见 7.2.1 和 8.2.1)。

标准释义与应用

1 “以顾客为关注焦点”是质量管理八项原则之一。它不仅是八项管理原则的重要组成部分，也是组织建立质量管理体系的出发点之一。如：某装饰企业在某高档酒店的装饰工程设计时，发现原房间的隔音效果不好，为解决这一问题，设计时在饰面内层增加了隔音棉，并对共用墙体的各类插座错开位置设置，彻底解决了房间的隔音问题。

2 最高管理者的职责应以增强顾客对组织的满意为目的，凡是顾客的要求，应确保得到识别并予以满足。因此，最高管理者应关注：

2.1 按照本标准 7.2.1 的规定识别出的与产品有关的要求。包括工程施工活动中的环境管理问题和职业健康安全问题。

2.2 按照本标准 8.2.1 的规定对顾客满意情况进行监视的工作结果，以评价组织满足顾客要求的程度。

2.3 综合上述 2.1 和 2.2 的情况，可通过以下手段和方式增强顾客的满意程度。

2.3.1 建立内部沟通机制，确保顾客要求能迅速传递；

2.3.2 进行市场调研(可自己进行或请专业咨询公司进行)，进一步识别顾客要求，尤其是顾客的隐含要求；

2.3.3 针对新识别的顾客要求，调整和配备资源，确保满足要求。

3 “以顾客为关注焦点”在本标准中的体现。

3.1 标准5.1条:最高管理者应向组织传达满足顾客要求的重要性。

3.2 标准5.2条:最高管理者应以增强顾客满意为目的,确保顾客要求得到确定和满足。

3.3 标准5.3条:质量方针应包括满足要求的内容。“要求”包括了顾客要求。

3.4 标准5.4.1条件:质量目标应包括满足产品要求的内容。“产品要求”包括顾客提出的产品要求。

3.5 标准5.5.2条:管理者代表应确保在整个组织内满足顾客要求的意识逐步得到提高。

3.6 标准5.6.2条:管理评审输入中应输入顾客反馈的信息。“顾客反馈”包括顾客满意的信息。

3.7 标准5.6.3条:管理评审输出中应包括与顾客要求有关的产品的改进。

3.8 标准6.1条:资源管理中通过提供满足顾客要求的资源,增强顾客满意。

3.9 标准7.1条:产品实现的策划应包括与产品有关的要求。

3.10 标准7.2条:与顾客有关的过程。

3.11 标准7.3.2条:应确定与产品要求有关的输入。

3.12 标准7.3.3条:设计输出应满足输入的要求。

3.13 标准7.3.4条:评价设计和开发的结果满足要求的能力。

3.14 标准7.3.5条:为确保输出满足输入的要求,对设计和开发进行验证。

3.15 标准7.3.6条:确认产品是否满足使用或已知预期用途的要求。

3.16 标准7.5.4条:对顾客财产应予以管理。

3.17 标准8.2.1条:对“顾客满意”的监视和测量。

3.18 标准8.4条:对“顾客满意”进行数据分析。

5.3 质量方针

最高管理者应确保质量方针:

a) 与组织的宗旨相适应;

b) 包括对满足要求和持续改进质量管理体系有效性的承诺;

c) 提供制定和评审质量目标的框架;

d) 在组织内得到沟通和理解;

e) 在持续适宜性方面得到评审。

标准引用的相关术语

1 质量方针(见 GB/T 19000—2000 标准"3.2.4")

由组织的最高管理者正式发布的该组织总的质量宗旨和方向。

注 1:通常质量方针与组织的总方针相一致并为制定质量目标提供框架。

注 2:本标准中提出的质量管理原则(见附件 12 质量管理原则简介)可以作为制定质量方针的基础。

标准释义与应用

1 最高管理者应确保质量方针在内容上满足以下要求:

1.1 与组织的宗旨相适应。组织的宗旨可能是要将组织发展成跨国企业、国内同行业领先企业、地区最大的企业、满足顾客的高标准要求等等。因此,组织的宗旨是会变化的,质量方针应随组织宗旨的变化而变化,必须与宗旨相适应。业务相同的两个企业,如果其宗旨不相同,则质量方针也会有所不同。

1.2 对满足要求做出承诺。要求包括了"明示的、习惯上隐含或必须履行的需求和期望"(见 GB/T 19000—2000 标准 3.1.2 术语"要求")。它可能来自顾客、法律法规的要求(如某类工程的质量验收标准等),也可能来自组织对产品质量特性发展的预期(如一定使用期内免予维修的屋面工程等)。

1.3 对持续改进质量管理体系有效性做出承诺。此项内容在质量方针中应做出明确的表述。

1.4　提供制定和评价质量目标的框架。“框架”意味着不同事物之间的关系得到了某种规定。因此，质量方针的内容应为质量目标的制定和评价提供框架，质量目标的指标应能恰当地反映质量方针的内容。

案例1：某监理组织的质量方针中列入“配备有效资源，满足顾客要求”的内容，在质量目标中相应的指标为：组织具备监理工程师资格的人员占全部职工人数比重不小于40%。该组织的目标未全面反映方针的要求。从“配备有效资源”的方针看，应从总量和配置两个角度进行考虑，单从总量考虑是不全面的，更何况当总量数值的确定缺乏依据时，问题会更加突出。审核员在审核时就发现存在以下问题，在该公司向十家业主单位发出的“顾客满意调查”中，业主均提出了现场监理资源配备不足或某专业监理工程师未予配备的问题，而人事部门提供的数据又表明，当年底监理工程师占职工总数的比重已达到42%，从而造成在总量上已实现了组织的质量目标，但又由于监理资源的配置问题造成了顾客不满意的情况。

2　在组织内得到沟通和理解。如以文件方式对质量方针的内涵做出必要的阐述，以便于员工的理解和在组织内的沟通。对质量方针应以文字形式逐句阐述其内涵，与质量方针一同发布，以便于沟通和统一理解其精神实质，与质量方针的制定者保持一致。

3　确保组织内各级岗位在工作时获得必要的资源。

5.4　策划

5.4.1　质量目标

最高管理者应确保在组织的相关职能和层次上建立质量目标，质量目标包括满足产品要求所需的内容[见7.1.*a*]。质量目标应是可测量的，并与质量方针保持一致。

标准引用的相关术语

1　质量目标(见GB/T 19000—2000标准“3.2.5”)

在质量方面所追求的目的。

注 1:质量目标通常依据组织的质量方针制定。

注 2:通常对组织的相关职能和层次分别规定质量目标。

标准释义与应用

1 最高管理者应确保各相关职能部门和各层次机构建立各自的质量目标。

1.1 职能的定义:根据《现代汉语词典》第 1438 页的定义,职能指:人、事物、机构应有的作用。在工程施工安装单位,事物通常可以指合同或项目;机构通常指部门、分公司/子公司、办事处、项目部;人的作用只能通过岗位来体现。因此,建立质量目标的范围包括以下三个方面:

1.1.1 公司总部的管理层、职能部门、分公司/子公司、办事处、项目部;

1.1.2 施工安装项目(通常以项目部的质量目标体现);

1.1.3 在 1.1.1 中所示各机构下设的工作岗位。

1.2 组织内各层次的质量目标通常可以直接引用组织的全部或部分质量目标,如项目部、子公司/分公司或非法人的下属公司的质量目标。

案例 1:某承担工业与民用建筑施工的组织的质量目标如下:

① 单位工程合格率 100%;

② 单位工程优良率 50%;

③ 杜绝质量安全事故;

④ 每年争创省部级优质工程奖 3 项;

⑤ 主体结构的混凝土质量达到优良。

该组织下属的 5 个分公司在质量目标分解时,第①、②、③、⑤项均可以直接引用,第④项不宜直接引用。

该组织的项目部在质量目标制定时,首先应根据合同或组织要求,视其是否有优良工程和创优质工程的内容直接确定。一般情况下第①、③、⑤三项是可以直接引用的。

1.3 管理部门/岗位的质量目标通常难以与组织的质量目标直接

挂钩，只能以“贡献”来度量，通常可以用工作质量要求和评价标准（应与工作内容相区别）来体现，质检员、安全员、施工技术部等的工作要求评价标准。

案例 2：仍以案例 1 为基础，继续讨论项目部有关岗位的质量目标分解问题。

项目部根据合同和组织的要求，制定了如下的质量目标：

① 分项工程合格率 100%；

② 分项工程一次验收合格率 70%；

③ 单位工程一次验收合格；

④ 杜绝质量安全事故；

⑤ 主体结构的混凝土质量达到优良。

以项目部技术管理岗位为例，其质量目标与项目部质量目标各指标之间均难以直接挂钩，因为管理岗位不是其第一责任人。因此，项目部技术管理岗位的质量目标只能以工作目标的内容来体现。其常规工作的质量目标可分解如下：

——图纸审核应逐张对图面几何尺寸、工程量、各类材料用量进行全面审核，估算用工和设备使用，做出记录，并换人复核。应规定设计资料和施工图审核时对精度的要求。

——发现的任何问题或及时以书面形式通报业主/监理，或在条件允许时进行索赔策划。

——各项审图记录应保存，传递有关部门，满足项目部工作计划的安排。

——设计变更、工程洽商、现场变更会议等一旦形成结果，则在 2 天内（或按照工作计划）完成：对原图面的标注，计算对工料机的影响，评估是否影响原定施工方案以及确有影响时应制定相关措施（如修改方案、补充技术交底等）和要求。

——编制施组或制定施工方案前，应进行图纸审核和现场考察。重大的现场考察应编写考察报告。施组和施工方案的内容应符合编写要求，达到规定的深度。

——任何技术交底均应予以记录，并记载提出和讨论的问题以及相应的补充措施。

——现场指导和检查应及时并符合或满足工作计划的安排。内容应在《施工日志》中记载。检查内容应包括施工方案的实施效果并做出评价以及可能的改进措施。

1.4 若组织在制定了总质量目标的同时,还制定有年度质量目标,则年度质量目标必须与总目标对应,以便在逐年的分目标实现后,总目标能顺利实现。

案例3:如组织制定了在5年内要达到分项工程一次验收合格率90%的目标,年度目标则可以制定为第一年要达到75%,第二年80%,第三年85%,第四年87%,第五年90%。

案例4:总目标中若列有顾客满意的指标,则在年度分目标中就一定要有顾客满意的指标。

1.5 组织应根据上述特点,制定相应的质量目标并以文件方式予以批准发布。同时应在组织内以有利于理解和有效实施的方式加以沟通。如做出必要的文字说明、宣讲、对质量目标的动态控制、定期评价作出明确规定等。

案例5:某组织的相关部门在制定了岗位质量目标后,未以文件方式批准发布。与标准第4.2.1条"质量管理体系文件应包括:*a*)形成文件的质量方针和质量目标"的规定不符合。

2 质量目标制定时应考虑以下内容。

2.1 质量目标应该包括满足产品要求所需的内容。

对于工程施工单位而言,质量目标均应包含工程的质量目标。如:工程合格率、优良率指标。

对于监理单位而言,质量目标应包括监理服务质量的指标。在国家和行业对监理服务质量尚未制定评价标准之前,组织应自行制定监理服务质量的评价标准。

对于工程总承包单位,质量目标除工程质量目标外,还应包括项目工程设计的质量特点。

2.2 组织所处的市场的当前和可预见未来的需求。组织可对市场/社会对工程质量的关注焦点进行必要的调查,以适应/满足需求。

2.3　现有的工程质量水平和过程控制状况。组织在制定质量目标时，目标值不宜定得过高和过于笼统。以下目标在使用时应慎重考虑，如分项工程一次验收合格率100%；顾客满意率100%；履约率100%；等。

2.4　目前顾客对组织的满意程度。

2.5　组织自我评定的结果。

2.6　对竞争对手的分析以及进行的水平对比结果。

2.7　达到目标所需配置的资源。

2.8　质量目标必须是可以测量的，以便于操作和评审。"可测量"可以用以下方式来体现：一是定量方法；二是排序方法；三是水平比对方法。组织对顾客满意率、合同履约率、分项工程一次验收合格率等指标的计算方法应作出规定，以便理解和执行。

2.9　质量目标各指标之间应保持协调关系。组织在制定质量目标时，应评估指标之间的相互关系，避免矛盾或不协调。

案例6：某组织质量目标规定：合同履约率98%；顾客投诉不多于2次/年。由于该组织年合同量不超过40项，因此，只要顾客有一次投诉，就意味着合同履约率必然低于98%。故指标之间的协调性不够。

案例7：某监理公司服务质量制定的《驻地监理工作考核办法》规定：评分91～100时，监理服务质量为优秀。

在具体的评分规定中：

——分项工程验收时工程质量有问题可扣6～12分。导致监理在监项目可以出现质量问题，而监理服务质量却仍然可以评为优秀。

——现场监理工程师未按照规定进行旁站的扣2分。导致不能坚持旁站的监理服务却仍然可以是优秀的监理服务的情况。

2.10　质量目标与质量方针应保持一致。

2.11　组织对质量目标应进行动态控制与管理，当发现组织的总体质量目标或某项目的质量目标的实际水平低于目标值时，组织应采取有效的纠正措施，以确保组织质量目标的实现。

案例8：查某施工单位2001年月度分项工程质量统计数据如下：

2001年1月，分项数19，优良项数13，优良率68.%；

2001年2月，分项数42，优良项数37，优良率88.1%；

2001年3月，分项数56，优良项数53，优良率94.6%；

2001年4月，分项数35，优良项数32，优良率91.4%；

2001年5月，分项数33，优良项数27，优良率82%；

2001年6月，分项数56，优良项数51，优良率90.1%；

2001年7月，分项数34，优良项数20，优良率58.8%；

2001年8月，分项数68，优良项数49，优良率72%；

2001年9月，分项数72，优良项数46，优良率63.8%；

2001年10月，分项数94，优良项数81，优良率86.1%；

2001年11月，分项数84，优良项数83，优良率98.8%；

2001年12月，分项数73，优良项数72，优良率98.6%。

查该项目合同，规定工程质量等级为优良；项目部在《质量计划》中确定的项目质量目标为分项工程优良率90%。审核员请该组织的质量安全部提供在项目实际的质量目标水平未达到规定值时，按照文件规定职责向项目部提出整改要求的相关证据。部长向审核员提供了2001年2月向项目部发出的《关于要求××项目部提高工程质量的函》，主要内容如下：你部在1月份工程质量评定优良率低于质量目标，要求你部在十日内分析原因，制定纠正措施，并报公司质量安全部。项目部按规定要求提供了相应的纠正措施。但2001年7月工程质量水平再次下降时，质量安全部未能提供对2月份项目部制定的纠正措施的评审记录以及再次分析原因和制定纠正措施的有关记录。

2.12　质量目标制定时还应考虑标准规范的要求，尤其是当标准规范发生变化时，应及时评价对质量目标的影响。

案例9：某工业与民用建筑施工企业，制定的质量目标中包括

“分项工程优良率80%”的指标。根据《建筑工程施工质量验收统一标准》GB 50300—2001的规定，建筑工程质量验收只有合格与不合格之分，不再设置优良等级。因此，组织制定的质量目标失去了标准的依据而变得缺少可操作性。但未见组织对此进行评价，以便对质量目标进行必要的调整。

3 项目部的质量目标可以与组织的质量目标不完全一致，但制定时应考虑二者的联系和便于实施动态评价。比如，某组织的质量目标中仅有“单位工程合格率100%，优良率50%。”一项指标，当项目合同范围只有一项单位工程时，项目部的质量目标则不宜以“单位工程合格率100%，优良率50%”来实施控制，而应以分部/分项/单元工程的合格率和优良率指标作为质量目标，以便对项目质量实施动态控制/评价。

5.4.2 质量管理体系策划

最高管理者应确保：

***a*）对质量管理体系进行策划，以满足质量目标以及4.1的要求。**

***b*）在对质量管理体系的变更进行策划和实施时，保持质量管理体系的完整性。**

标准释义与应用

1 质量管理体系策划是最高管理者必须履行的职责。即策划如何建立和实施质量管理体系，以满足质量目标和标准4.1条款“总要求”的规定。策划时最高管理者应以下内容做出决定：

1.1 决定本标准要求的质量管理体系各个过程在组织中的应用，确保对过程的识别、顺序和相互关系进行设计。至少应将各主管部门和项目部的主要职责用框图方式反映组织的主要工作流程和相互关系。

1.2 制定各个过程有效运行和控制的方法和标准。对施工安装过程，指施工技术的标准规范和工程质量的验收评定标准；对管理过程，指管理制度、办法和管理工作的质量标准。

1.3　确保各工作岗位可以获得必要的资源和信息，以支持相关过程的运行和对其的监视活动。

1.4　策划对过程的监视、测量活动，内容可以包括监视和测量的形式、内容、人员和设备仪器要求、时机、责任人员、记录要求、信息传递要求等。

1.5　对相关信息进行数据分析，采取必要的措施实现过程策划的结果，促进过程的持续改进。应明确组织各项工作中进行数据分析的需求以及相应的分析方法、信息/数据来源、分析和评价结果的报告与沟通形式、改进措施的制定责任和验证要求、措施有效性的评价责任等。

1.6　对各过程实施管理，确定各过程的管理和实施权限，规定责任部门/责任人，并赋予相应的职责和权限，以实现过程目标。

1.7　组织外包过程的识别以及相应的控制要求。

2　当质量管理体系需要进行变更时，策划和实施均应确保质量管理体系的完整性。完整性至少应从以下方面予以理解：

2.1　保持文件之间的自洽性。文件更改时，应评价相关文件是否应同时做出相应的更改。

2.2　实施时，应确保各相关部门/岗位之间有协调的接口关系，确保体系运行顺畅。

2.3　因变更带来的过程及其相互关系的变化，应能及时做出识别，并对控制要求作出规定。

5.5　职责、权限与沟通

5.5.1　职责和权限

最高管理者应确保组织内的职责、权限得到规定和沟通。

标准释义与应用

1　最高管理者应确保组织内的职责、权限得到规定。可以规定的职责有：

1.1　对于施工安装单位，根据组织结构的具体情况，可以规定职

责的岗位至少应包括:

1.1.1　组织管理层人员,各管理部门及其管理者;

1.1.2　组织内设置的与质量管理体系有关的一些协调机构(如质量领导小组等)及其管理者;

1.1.3　分公司及其管理者;

1.1.4　子公司及其管理者;

1.1.5　具有经营职权的项目部及其管理者;

1.1.6　一次性项目部及其管理者;

1.1.7　部门和机构的内部岗位设置及职责和权限,包括项目部下设的施工队、工区、班组;

1.1.8　组织内质检员、安全员、内审员的岗位职责与权限等。

1.2　监理单位应规定职责的岗位可以有:组织管理层人员,各部门及其管理者,分公司及其管理者,监理部及项目总监、总工程师、总监代表等;各部门/分公司/监理部内部的岗位设置及职责和权限;内审员;监理服务质量检查员等。

1.3　设计单位应规定职责的岗位可以有:组织管理层人员,各部门及其管理者,分院及其管理者,设计总负责人、技术负责人、专业负责人、现场设计代表等;内审员;设计质量检查员等。

2　最高管理者应确保组织内的职责、权限得到沟通。沟通的有效方法有:

2.1　在职责和权限的规定批准与发布前,将内容在组织内进行讨论,让各有关部门充分发表意见,以便细化职责、权限和接口关系的规定,避免矛盾、不协调和职责权限的"真空"。

2.2　文件发布后将文件进行公示,以便相关部门了解。

3　在组织编制的质量手册中,至少应明确最高管理者和管理者代表的职责权限。其他岗位的职责可以引用相关文件。

3.1　最高管理者在本标准要求下至少应赋有以下职责:

3.1.1　通过各种有效方式和活动,实现对建立、实施质量管理体系并持续改进其有效性的承诺。

3.1.2　通过各种有效的方式和活动,增强顾客满意,确保顾客要求得到确定并予以满足。

3.1.3　制定质量方针。

3.1.4　确保在组织的相关职能和层次上建立质量目标。

3.1.5　确保对质量管理体系进行策划以及在体系变更时保持体系的完整性。

3.1.6　确保组织内的职责、权限得到规定和沟通。

3.1.7　指定管理者代表。

3.1.8　确保在组织内建立适当的沟通过程。

3.1.9　按策划的时间间隔进行管理评审。

3.2　管理者代表的职责和权限至少包括以下内容：

3.2.1　确保质量管理体系所需的过程得到建立、实施和保持；

3.2.2　向最高管理者报告质量管理体系的业绩和任何改进的需求；

3.2.3　确保在整个组织内提高满足顾客要求的意识。

3.2.4　与质量管理体系有关事宜的外部联络。

4　职责和权限的规定是相对的，职责的细节程度也是相对的，因此，职责和权限规定的同时，还应对如何协调接口职责作出规定，以不断细化和规范岗位与部门的工作。在出现的新的工作内容和需求时，各部门能积极有效的进行协调、开展工作，避免出现部门间互相推诿的现象。

5　职责的规定应考虑组织对标准的删减。如某单位对标准 7.3 进行了删减，但同时又规定技术部负责公司“新技术、新工艺、新材料、新设备”的研究和推广应用，造成职责和体系完整性方面的矛盾。

6　用框图形式绘制组织机构图，并编制质量管理体系要求的部门职责分配表。部门职责可以按照主管部门、执行部门、相关部门的层次予以表述。

5.5.2　管理者代表

最高管理者应指定一名管理者，无论该成员在其他方面的职责如何，应具有以下方面的职责和权限：

a）确保质量管理体系所需的过程得到建立、实施和保持；

b）向最高管理者报告质量管理体系的业绩和任何改进的需求；

c）确保在整个组织内提高满足顾客要求的意识。

注：管理者代表的职责可包括与质量管理体系有关事宜的外部联络。

标准释义与应用

1　最高管理者应指定一名管理者，作为管理者代表。管理者代表可以来自最高管理层，也可以来自中层管理干部。但最高管理者必须授予管理者代表以相应的职责和足够的权限，以确保标准 *a*）～*c*）条款以及注解的要求得到落实。

2　向最高管理者报告意味着这种渠道应该是畅通的。尤其当管理者代表来自组织中层干部时更应明确这一点。

3　最高管理者指定了管理者代表，并不意味着最高管理者从此可以减轻在质量管理体系中的职责。

5.5.3　内部沟通

最高管理者应确保在组织内建立适当的沟通过程，并确保对质量管理体系的有效性进行沟通。

标准释义与应用

1　对于具备一定规模的企业，最高管理者应制定相应的文件，对内部沟通的过程和要求作出规定，确保对提高质量管理体系有效性的信息能得到及时和准确的沟通。

2　有关内部沟通的文件至少应规定以下内容：信息的收集、分析、整理、沟通方式、渠道和责任部门等。

3　以施工安装企业为例，内部沟通的信息很多，如：

3.1　来自项目部的信息，如：

3.1.1　项目管理的信息。如合同信息、合同变更、重大的设计变更、项目管理的经验或问题、质量、安全、进度、设备状况、原材料采购与试验、工程与劳务供方等；

3.1.2 建设单位的信息。如建设单位组织的质量安全检查等；
3.1.3 监理单位的信息。如监理单位对相关承包人进行的质量安全检查等；
3.1.4 社会媒体宣传的信息。包括对项目质量和管理的评价、意见甚至投诉等。
3.2 企业的质量管理动态:如持续改进体系有效性的措施、内部审核、外审及管理评审等。
3.3 新材料、新工艺、新结构、新设备信息。
3.4 新颁布的法律、法规、标准、规范信息。
3.5 建设市场的新动向。
3.6 上级主管部门、同行业其他单位的质量管理动态。
3.7 上述信息通常是由不同部门分别予以搜集和管理,在制定内部沟通的有关文件时,组织对此应作出规定。
4 内部沟通的方式可以有:各种报表、各种例会、声像和电子媒体、内部通报、内部刊物/简报、布告栏、组织内人员的调查表和建议书等。

5.6 管理评审

5.6.1 总则

最高管理者应按策划的时间间隔评审质量管理体系,以确保其持续的适宜性、充分性和有效性。评审应包括评价质量管理体系改进的机会和变更的需要,包括质量方针和质量目标。

应保持管理评审的记录(见4.2.4)。

标准释义与应用

1 管理评审是最高管理者的职责之一。因此,最高管理者有责任召开好每一次管理评审会议。最高管理者应使管理评审会议成为交换新观念、对管理评审输入进行开放式的讨论和评价的平台,使管理评审给组织带来增值。
2 最高管理者应按计划的时间间隔评审质量管理体系。管理评审可以有例行会议和特别会议之分。例行会议的时间间隔可以在质量手册或有关程序文件中明确,也可以在年度工作计划或以其他文件形式反映。例行管理评审会议的时间间隔不应超过 12 个月,以便与认证、年度监督或复评审核相协调。在认证注册之后的例行管理评审会议,时间上可以与年度或半年工作会议相继召开,以便相关部门和有关人员都能参加会议,但应在认证机构进行年度监督审核或复评审核之前召开。

管理评审特别会议指在例行会议之外召开的管理评审会议,通常针对特别或突发事件进行。与会人员可以仅限于当事人、有关部门和领导。会议内容主要是评价特别或突发事件对体系适宜性、充分性和有效性造成的影响,以及质量管理体系因此需要作出的改进和变更需要。

3 管理评审的目的是要确保质量管理体系持续的适宜性、充分性和有效性。在质量管理体系的建立和实施过程中,适宜性、充分性和有效性是一个有机的整体。

3.1 持续的适宜性指组织建立并实施的质量管理体系与内外部环境的适宜程度。组织的质量管理体系应能够不断地满足内外部环境变化的需要。内外部环境变化的因素主要有:

3.1.1 新法律、法规、标准、规范的颁布。

3.1.2 产品市场形势及市场机制的变化。

3.1.3 "四新"技术的出现。

3.1.4 质量特性内涵或顾客的要求和期望的变化。

3.1.5 组织内部分配机制、人才机制等存在一定的问题。

3.1.6 组织准备开拓新的产品或市场。

3.2 持续的充分性针对过程而言。主要指质量管理体系各过程是否已经得到充分的识别和展开。

3.3 持续的有效性是相对组织的质量方针和质量目标而言。主要是分析质量管理体系的建立和实施是否能确保质量方针和目标的实现。

3.4 上述内容应成为组织召开例行管理评审的主要内容。

4 管理评审应通过对体系适宜性、充分性、有效性的评价,评审体系改进的机会和变更的需要，包括质量方针和质量目标的改进和变更。因此，在质量管理体系的内部或外部环境有重大变化或有突发事件发生时，应及时开展管理评审。

5 管理评审会议记录应保持完整。记录内容至少应包括：会议通知、签到记录、会议讨论议题的各项资料、会议纪要以及各项纠正预防措施的验证记录和必要的整改证据。

5.6.2 评审输入

管理评审的输入应包括以下方面的信息：

***a*）审核结果；**

***b*）顾客反馈；**

***c*）过程的业绩和产品的符合性；**

***d*）预防和纠正措施的状况；**

***e*）以往管理评审的跟踪措施；**

***f*）可能影响质量管理体系的变更；**

***g*）改进的建议。**

标准引用的相关术语

1 纠正措施(见 GB/T 19000—2000 标准“3.6.5”)

为消除已发现的不合格或其他不期望情况的原因所采取的措施。

注1:一个不合格可以有若干个原因。

注2:采取纠正措施是为了防止再发生，而采取预防措施是为了防止发生。

注3:纠正和纠正措施是有区别的。

2 审核(见 GB/T 19000—2000 标准“3.9.1”)

为获得审核证据并对其进行客观的评价，以确定满足审核准则的程度所进行的系统的、独立的并形成文件的过程。

注：内部审核，有时称第一方审核，用于内部目的，由组织自己或以组织的名义进行，可作为组织自我合格声明的基础。

外部审核包括通常所说的“第二方审核”和“第三方审核”。

第二方审核由组织的相关方(如顾客)或由其他人员以相关方的名义进

行。

第三方审核由外部独立的组织进行。这类组织提供符合要求(如:GB/T 19001 和 GB/T 24001—1996)的认证或注册。

当质量和环境管理体系被一起审核时,这种情况称为“一体化审核”。

当两个或两个以上审核机构合作,共同审核同一个受审核方时,这种情况称为“联合审核”。

标准释义与应用

1 管理评审的输入信息有:

1.1 内审、外审的结论及应改进的问题。

1.2 顾客的反馈信息。顾客的识别见前述。信息包括:意见、建议、抱怨或满意的内容。

1.3 过程的业绩指过程实施的效果。按照定义,过程将带来增值的效应,因此,应对实际的过程增值效应在管理评审上进行评价。

1.4 产品的符合性指产品符合标准、规范和合同要求的程度。产品包括半成品、成品。产品标准可以是国际标准、国外标准、国内标准、行业标准、地区/地方标准、企业标准或合同约定。应规定适当的途径收集和汇总产品符合性的信息,结合质量方针和质量目标进行分析,并提交管理评审。

1.5 预防及纠正措施的状况包括对预防和纠正措施从制定、实施到控制、验证等各个环节的情况分析。

1.6 以往管理评审提出的改进措施的实施和验证情况以及措施有效性的说明。

1.7 可能影响质量管理体系的变更内容。如组织机构变动,职责、权限的变化,新产品的开发,顾客要求的变化,产品标准的变化等。

1.8 改进的建议。各质量管理体系主管部门、管理者代表、各层次机构均应提出改进的建议。包括对质量方针和质量目标的改进建议。

组织的制度创新、管理创新、机制创新等均与质量管理体系有密切的关系,改进的建议应该而且也必须成为它们之间的接口或切入点。否则创新的结果就不可能转化为制度而产生实际效益。

2 对于因突发事件而召开的特别管理评审会议,至少应包括1.2~1.5和1.7~1.8的内容。

组织应充分意识到突发事件给组织识别质量管理体系的不足所带来的机会。当组织发生重大质量、安全事故时,应及时召开管理评审会议,以分析、判断体系的有效性和改进的可能。

3 对管理评审输入信息的渠道/职责应作出规定。除了质量管理体系主管部门、管理者代表外,还可以要求适当的部门或岗位提供信息,以保证信息的全面、准确和客观。

4 输入信息应有事实、有分析、有评价、有建议,以供会议评审之用。

5 会议组织部门应作好会前准备工作,向会议充分反映各部门/岗位提出的问题。不能以任何借口阻挠各部门/岗位发表意见。

5.6.3 评审输出

管理评审的输出应包括与以下方面有关的任何决定和措施:

a)质量管理体系及其过程有效性的改进;

b)与顾客要求有关的产品的改进;

c)资源需求。

标准释义与应用

1 管理评审的输出应考虑和包括以下内容:

1.1 与质量管理体系有关的改进要求。如:

1.1.1 现有文件对过程的识别存在问题。通常是过程未被识别出来,造成失控或控制要求不明确的情况。

1.1.2 职责规定问题。通常是职责规定不明确、不具体或与实际控制水平不符的情况。

1.2 与提高过程控制有效性有关的改进要求。如:

1.2.1 过程被划分的过细、工作路线设置或衔接不合理、环节太多,造成过程控制有效性的降低。管理工作过程和施工工艺都可能存在类似的问题。

1.2.2 岗位职责规定过细、缺乏灵活性,遇事互相推诿、扯皮,造成过程控制有效性的降低。

1.2.3 因任务分配、岗位工作质量评价、利益分配机制等存在问题,造成员工的工作积极性降低,造成过程控制有效性的降低。

1.2.4 施工、测量、试验等工作的仪器设备陈旧,技术落后,降低了过程控制的有效性。

1.2.5 因操作人员技术、技能不适应工作要求,造成过程控制有效性的降低。

1.3 与顾客要求的产品有关的改进要求。如:

1.3.1 改进施工工艺/施工方案要求。组织可以将一些关注的质量通病与科研开发工作相结合,设立课题进行攻关。提出有效方案/措施后,在组织内实施。

1.3.2 不合格品控制措施的改进。包括在产品质保期或维修期间的活动记录。

1.4 资源配置方面的改进措施。在管理评审会议上提出的各项问题中,是否存在资源配置方面的问题。资源配置得过多、过少、不合理或不及时等,都是应该予以改进的内容。资源包括人、财、物甚至时间方面的内容。

2 在管理评审输出中提到的各项改进措施,除提出改进的内容要求外,还应规定责任部门/责任人、必要的资源投入、改进工作的时间要求和整改标准,以便改进措施的有效实施以及随后验证工作的开展。

6　资源管理

6.1　资源提供

组织应确定并提供以下方面所需的资源：

a）实施、保持质量管理体系并持续改进其有效性；

b）通过满足顾客要求，增强顾客满意。

标准释义与应用

1　标准要求的资源包括人力资源、基础设施及工作环境三方面。

2　资源管理的目的是要确保 a）、b）要求的实现。

3　组织应为以下情况确定并提供所需的资源。

3.1　实施和保持质量管理体系。实施和保持质量管理体系所需的资源是相对稳定和可以预知的，因此，组织可以根据企业的规模、工程的特点，制定明确的各类资源的配备要求。比如就项目部而言，其部门设置、人员配备、开办费用、办公住宿条件、设施设备仪器以及工作文件等方面的基本要求是可以根据项目的性质、规模、地区予以确定的，因此，组织可通过文件方式加以规定。

3.2　持续改进体系运行的有效性。改进体系运行有效性的措施可能涉及制度、技能、仪器设备、工艺方案等多种因素，其相关的资源投入差异很大，组织可视措施的具体内容确定。

3.3　增强顾客满意。这时对资源的需求会随采取措施的难度和复杂性而有所不同。因此，可采取一事一议的方式决定所需资源的配备问题。

6.2　人力资源

6.2.1　总则

基于适当的教育、培训、技能和经验，从事影响产品质量工作的人员应是能够胜任的。

标准引用的相关术语

1　质量（见 GB/T 19000—2000 标准“3.1.1”）

一组固有特性满足要求的程度。

注1:术语"质量"可使用形容词如差、好或优秀来修饰。

注2:"固有的"(其反义是"赋予的")就是指在某事或某物中本来就有的,尤其是那种永久的特性。

标准释义与应用

1 组织对影响工程质量工作的人员应作出规定,形成文件。此类人员一般可以分成两部分,主要包括:

1.1 直接影响人员:包括项目部管理人员如项目经理/副经理、总工程师/技术负责人、施工队长、工班长、各职能部门负责人、"十一大员"和特殊工种等。

1.2 间接影响人员:包括组织的领导、各层次机关职能部门的有关人员。

2 标准要求从事影响工程质量工作的人员必须有能力胜任其工作岗位。

3 判断是否胜任岗位要求的基础是建立人员的教育、培训、技能和经验的评价机制。评价应定期或按照具体工作/项目来进行,包括任命前、上任后。人员评价过程包括以下主要工作:

3.1 依据本标准第5.5.1条的规定,对岗位职责、权限作出规定;再依据本标准第5.4.1条的要求,进一步明确岗位工作目标或工作标准,该目标或标准应是可测量的。

3.2 以岗位工作标准为依据,建立岗位评价指标和评价准则。

3.3 在完成上述工作的基础上,建立评价制度,规定评价的时间、人员和记录的要求。

4 任命前对人员能力的评价主要应综合考虑其教育、培训、技能和经验以及对人员的预期等因素。上任后的能力评价则还应包括具体的工作业绩内容。

4.1 人员的教育和培训评价可以通过相关学历证明和培训合格证据进行。

4.2 技能评价可以分为以下二种形式:

4.2.1 岗位技能。可以通过岗位技能鉴定证书进行评价。如焊工、电工、场内驾驶、起重工、信号工等。

4.2.2 专项技能。可以通过现场操作进行考核。如钢筋试焊、样板墙、首件评定等。

4.3 经验评价应更多的依据工作业绩,而不能仅仅是工作经历或履历。因为有经历并不意味着一定有经验。

5 对人员的评价可以分层次进行。按照有利于公正、客观地做出评价为原则,设计评价的路线和相关的职责权限。

6 评价的时间。可以按照规定的时间间隔或按照项目和工作进行。

7 分包和外聘/外招劳务的相关人员也应按照上述要求予以评价。

6.2.2 能力、意识和培训

组织应:

a)确定从事影响产品质量工作的人员所必要的能力;

b)提供培训或采取其他措施以满足这些需求;

c)评价所采取措施的有效性;

d)确保员工认识到所从事活动的相关性和重要性,以及如何为实现质量目标作出贡献;

e)保持教育、培训、技能和经验的适当记录(见4.2.4)。

标准引用的相关术语

1 能力(见GB/T 19000—2000标准“3.9.12”)

经证实的应用知识和技能的本领。

标准释义与应用

1 在岗位职责、权限和工作标准的基础上,规定从事影响工程质量工作岗位所必要的能力要求。能力可以从教育程度、培训经历、岗位技能要求及经验等几方面反映。

2 以质量管理体系各岗位能力的需求为依据,对未能满足要求的人员提供各类培训或采取其他措施(如岗位实习、考察观摩、技能等级鉴定、调离岗位等)使任职人员能够满足岗位的能力需要。

案例1:某消防工程安装公司,领导发现某项目部的安装工人在消防水管道的安装时明显存在管道不顺直的问题,而主要问题是工人经验不足。因此,领导要求该项目部的专业工程师带领工人到另一项目部进行观摩、学习。并要求在观摩学习之后进行现场实习,以验证学习效果。通过这一活动,该项目部工人的安装技能有了明显的提高。

2.1　对能力需求的识别应包括以下内容

2.1.1　与组织发展战略以及相应的实施计划、实施目标有关的未来需求。

案例2:如某大型施工企业,组织计划积极开拓海外建筑市场,为此,组织计划花3至5年的时间,培养50至70名适应国外工程施工要求的管理人员。

2.1.2　产品实现和管理过程、施工工具和设备的变化。如在工程安装施工中采用了新技术、新设备、新材料、新工艺,将使施工过程发生变化,对相应岗位人员的能力也会提出的新要求。

案例3:某铁路施工企业,在铁路长大隧道施工中采用了TBM施工设备,国外设备厂家要求操作人员6人均从大学本科毕业生中选择,并派送国外生产厂家进行驻厂培训6个月后方能上岗。

2.1.3　对在岗人员的个人能力的评价。在岗人员的能力评价时应考虑:学历、专项培训及持证上岗的要求,在岗人员的实际施工/工作业绩。目前对在岗人员的考核通常采取年度考核的办法,主要内容分德、能、勤、绩四个部分,其中,仅“勤”的指标可以进行定量考核,原本同样应该定量考核的“能”、“绩”的指标,还停留在定性的层面上。可以说,该要求目前仍构成组织执行本标准的难点之一。

2.1.4　法律法规对人员的要求和标准。如施工单位的项目经理、质检员、安全员、试验员、测量员以及“十一大员”;监理单位的注册监理工程师、总监理工程师、监理员、注册造价师等;设计单位的注册建筑工程师、注册结构工程师、注册造价师以及行业专业资格要求(如压力管道审核资格证、防火审核资格等)。

2.2 组织在制定教育和培训计划时应考虑以下内容。

2.2.1 人员的经验或技能。如经验交流会、现场交流会、岗位技能培训等。

2.2.2 隐含的和明示的知识。比如就项目经理而言,除了对项目经理明示的必备知识的培训外,还应对财务、会计、组织心理学、社交能力、逻辑分析能力、领导艺术、语言表达能力、合同谈判能力甚至心理素质等进行必要的培训,这些能力甚至可能成为项目管理成败的关键因素。

2.2.3 领导和管理艺术。面向中层管理者和项目经理等。

2.2.4 策划和改进的工具。如网络计划、数据分析技术等。

2.2.5 团队建设的案例。

2.2.6 解决复杂问题的实践和案例。

2.2.7 沟通的技巧与案例。

2.2.8 项目所在地的文化和社会习俗培训。在少数民族地区或国外进行工程项目施工时尤其应予注意。

2.2.9 "四新"技术的案例。

2.3 培训计划的主要内容。

2.3.1 培训目标。如使学员初步掌握解决复杂问题的思路、方法和技巧等,可按照具体的培训项目分别制定。

2.3.2 培训方案和方法。如委培、自培、自学等。

2.3.3 培训所需的资源。如师资、教材、教学场地等。

2.3.4 培训所需的内部支持。如人员的工作安排等。

3 通过对实际工作业绩的考核来评价采取措施(包括培训和采取的其他措施)的有效性。培训效果的评价可采用:

3.1 针对人员能力或工作质量的提高评价培训效果;

3.2 测量培训的效果和对组织的影响。测量的方法可采用对工作效果进行水平对比的方式进行。

4　采取各种有效措施，确保每一员工都能认识到自己所从事活动与其他活动之间的相关性和自己所从事活动的重要性，以及如何为实现组织的质量目标作出贡献。组织应通过采取诸如培训等措施，使每一个员工都能达到：

4.1　熟练掌握本岗位的工作内容和工作质量要求；

4.2　与本工作相关的上下序接口关系和输入输出要求，如：对上序工作的接收要求，对下序移交工作的内容要求和质量要求；

4.3　本岗位工作在整个工作中的重要性。

5　保留员工的教育、培训、技能认可和经验的适当记录。组织应对记录的要求作出规定。

6　第1至第4所涉及的人员即包括本组织员工，也包括分包和外聘/外招劳务。第5对本组织员工和非本组织员工可以做出不同的要求。

6.3　基础设施

组织应确定、提供并维护为达到产品符合要求所需的基础设施。适用时，基础设施包括：

***a*）建筑物、工作场所和相关的设施；**

***b*）过程设备（硬件和软件）；**

***c*）支持性服务（如运输或通讯）。**

标准引用的相关术语

1　基础设施（见GB/T 19000—2000标准“3.3.3”）

组织运行所必需的设施、设备和服务的体系。

标准释义与应用

1　为使产品符合要求，组织应确定、提供并维护所需的基础设施。因此，本要求重点是针对项目经理部。组织应做出规定，对项目部的基础设施的配备作出要求。

2　建筑物、工作场所和相关的设施指：办公生活用房、工作场所和相关办公、生活条件。通常，施工单位为项目部所提供的最低限度的上述条件通常是可以预先确定的。因此,组织对此可以做出相应的文件化规定。在一些特定地区,对项目部应配备的办公生活用房、工作场所和相关生活设施在合同中已经做出明确的要求,组织同样应予以满足。

一些条件应根据项目现场施工条件和合同要求来确定和提供。如:施工道路、施工场地、材料库房等。

3 过程设备有:模板、脚手架、施工设备、施工机具、测量设备、检验试验设备等。这些条件应根据不同的需要具体确定和提供。

4 支持性服务设备包括:运输设施/车辆、通讯设备(如短波无线通讯等)等。这些条件同样应根据需要具体确定和提供。

5 维护为达到产品符合要求所需的基础设施。因此,组织应:

5.1 对于建筑物、工作场所及相关设施,组织或项目部在必要时应制定管理规定,以保证它们的正常使用。

5.2 对于过程设备和支持性服务设施/设备,或由组织自已向项目部提供,或由项目部向外租赁。此时,组织的职责转化为确保资金的提供,而项目部的职责也转化为如何有效地利用资金去使用基础设施,并对其进行监督检查,以确保租赁的基础设施能为施工项目的顺利进行提供必要的保障。

5.2.1 组织自有施工设备/设施和运输工具,应按照设备/设施和运输工具的使用要求、组织的设备管理规定和国家的有关规定,对其实施维修、保养、年检等。

5.2.2 对于由项目部向外租赁的施工设备/设施和运输工具,组织应制定相应的管理规定。该规定至少应包括以下内容:

——明确租赁需求、制定租赁计划。该计划应得到授权人员的批准。

——确保在租赁合同签订之前,对出租方进行评价,以确保租赁设备满足施工要求。

——租赁合同的要求。

——对进场设备/设施和运输工具进行必要的验证。如起重设备、运输工具的年检情况等。

——对设备操作人员、指挥人员的操作证、上岗证等进行验证，确保人员具备必要的技术和技能。

——对进场设备/设施和运输工具以及相关人员的动态管理要求，如起重设备和车辆的年检、人员资格的定期审查等。

——记录出租方的设备和人员在现场的工作业绩，包括施工质量和服务质量。

——相关记录的要求。

6　采用计算机网络进行质量管理时，应建立运行及维护的管理制度。内容至少应包括：

6.1　计算机硬件管理制度；

6.2　计算机软件和网络管理制度。

7　当合同规定项目部的部分基础设施由顾客提供时，其财产应按照顾客财产的要求进行管理和控制。但当顾客未能按照合同约定提供基础设施时，将构成合同的变更或修订，对工期造成的影响将构成索赔的基础。

在另一些情况下，组织仍应制定相应的应急措施，给项目部及时配备必要的资源，确保项目部的工作需要，同时与顾客进一步进行协商，以求问题得到尽快解决。

6.4　工作环境

组织应确定并管理为达到产品符合要求所需的工作环境。

标准引用的相关术语

1　工作环境(见 GB/T 19000—2000 标准"3.3.4")

工作时所处的一组条件。

注：条件包括物理的、社会的、心理的和环境的因素(如温度、承认方式、人体工效和大气成分)。

标准释义与应用

1　工作环境包括：物理的、社会的、心理的和环境的因素(如温度、承认方式、人体工效和大气成分)。

2 组织应确定对工作环境的要求并对其实施管理。以做出文件规定为宜。

建筑安装施工单位的工作环境重点在项目部，考虑的因素有：办公/居住环境，试验室环境，文明施工，环境保护，劳动保护，安全施工等的控制和管理要求。

2.1 施工现场的环境管理、文明施工要求应满足合同条件中的有关规定和国家、行业的有关规定。组织也可以通过建立和环境管理体系，来达到对环境因素进行有效控制、系统管理、持续改进和提高对法律法规执行自觉性的目的。

2.2 施工单位的施工安全与劳动保护要求。在国外的工程/施工总承包项目的合同条件中有明确的规定。如某国的水电站土建施工招标文件中就规定，承包商应执行国际劳工组织发布的《职业健康安全管理体系标准》以及其他国际组织发布的对爆炸物品的贮藏、管理、运输、使用等方面的标准。我国也已发布了 GB/T 28001—2001《职业健康安全管理体系　规范》，并于 2002 年 1 月 1 日起实施。因此，组织也可以通过建立和实施职业健康安全管理标准来达到对危险源进行有效的识别、控制风险、持续改进和提高对法律法规执行自觉性的目的。

3 不论组织是否已经建立和实施了 GB/T 24001—1996 和 GB/T 28001—2001 标准，都应该在工作中识别组织和施工现场的重大环境因素和职业健康安全的危险源，并针对组织在环境与职业健康安全方面的特点、相关法律法规的要求及合同要求等，制定相应的管理方案，予以实施和评估，进行持续改进。当组织尚未按照 GB/T 24001—1996 和 GB/T 28001—2001 标准建立环境管理体系和职业健康安全管理体系时，着手分析和制定一些环境与职业健康安全方面的文件和规定，对加强施工管理，改善组织在这些方面的绩效都是极有意义的工作。以下内容主要针对未建立环境管理体系和职业健康安全管理体系的组织而言的。

3.1 环境管理

3.1.1 环境因素的识别。对工程施工企业而言，可识别的环境因素有：

——施工污水。钻孔灌注桩施工时的废弃的泥浆水，混凝土搅拌设备清洗时的废水，试验室使用过的化学试剂、药品，生活废水，等。

——施工废气。如施工机械排放的废气，水利水电工程中地下厂房、隧道和挖孔桩等的施工时可能产生的有毒有害气体，施工和生活使用的锅炉废气，等。

——噪声污染。如爆破施工以及其他工程施工时的机械噪声。

——固体废弃物。如施工、生活用煤造成的燃料废渣，施工产生的各类废弃物(如弃渣、废混凝土、废沥青、粉尘等)，生活垃圾、粪便，畜禽饲养，等。

——土壤污染。如因污水、固废造成的土壤污染。

——放射性污染。各类岩层开挖施工时可能会出现放射性物质。

——原材料和资源的有效利用。如减少原材料的损耗，节约施工和生活用电、用水，减少土地占用、尤其是农田的占用，减少各类办公用品等的消耗量，等。

3.1.2　环境因素识别时应考虑的几个因素。

——组织应对环境因素进行具体的分析/分类，对不同工程产品在不同施工条件、不同地点情况下进行施工时可能出现的环境因素予以识别，尤其应对重要环境因素做出识别。

——识别时应考虑：时态：过去、现在和将来；状态：正常、异常和紧急。

3.1.3　组织或项目部应根据工程的具体情况识别其中的重大环境因素、制定相应的环境管理方案、应急计划和应急程序，在组织或项目部予以实施和控制。

3.2　职业健康安全管理

3.2.1　参考 GB/T 13861—1992《生产过程危险和有害因素分类代码》的规定，施工企业可遇到的危险源有：

a）物理性危险、危害因素。

——设备、设备缺陷。

——防护缺陷。

——电危害。

——噪声危害。

——振动危害。如施工机械设备操作时的。

——运动物危害。物体空中搬运时。

——明火。

——造成灼伤的高温物质。电气焊。

——造成冻伤的低温物质。

——粉尘与气溶胶。

——作业环境不良。

——信号缺陷。

——标志缺陷。

——其他。

b）化学危险、危害因素。

——易燃、易爆性物质。(化学品、乙炔气、炸药等)；

——自燃性物质。

——有毒物质。

——腐蚀性物质。

——其他。

c）生物性危险、危害因素。

——致病微生物。

——传染病媒介物。

——致害动物。(如毒蛇等)；

——致害植物。

——其他。

d）心理、生理性危害性因素。

——负荷超限。

——健康状况异常。

——心理异常。

——辩识功能缺陷。

——其他。

e）行为性危害因素。

——指挥错误。

——操作失误。

——监护失误。

——其他。

3.2.2 参考 GB/T 6441—1986《企业职工伤亡事故分类》的规定，施工安装单位可能遇到的危险源还可以作如下分类。

a）物体打击。

b）车辆伤害。

c）机械伤害。

d）起重伤害。

e）触电。

f）淹溺。

g）灼伤。

h）火灾。

i）意外坠落。

j）坍塌。

k）放炮。

l）火药爆炸。

m）化学性爆炸。

n）物理性爆炸。

o）中毒和窒息。

p）其他伤害。

3.2.3 按照能量原理进行职业健康安全危害的分类：

危害指可能造成人员伤害、职业病、财产损失、作业环境破坏的根源或状态。一般来讲，存在两大危害类型，但一起事故却又通常是两大危害共同作用的结果。

——第一类危害:施工过程中存在的可能发生意外释放的能量(或能量载体)和危险物质。即一旦约束或限制措施受到破坏或失效,将发生事故的因素或状态。

——第二类危害:导致能量或危险物质约束或限制措施破坏或失效的各种因素。包括导致物的故障、人的损失和环境条件的变化。

——第一类危害是事故发生的能量主体,决定事故的严重程度;第二类危害是第一类危害造成事故的必要条件,决定事故发生的可能性。

3.2.4 组织或项目部应结合具体情况,识别上述危险源,并采用适当的方法进行风险评价,以确定危险源的风险级别,针对重大的危险源制定管理方案、应急计划和应急程序,并予以实施和控制。

a) 管理方案的主要内容。

——明确应控制的风险。

——风险控制的目标。该目标应分解到组织各相关部门/层次、岗位,包括相应的职责、权限及接口。

——控制风险的技术方案、技术措施。

——配备必要的资源。包括人力资源、专项技能和技术、财力资源。

——实施目标和管理方案的时间表和进度计划。

——检查及验收的要求。

——对管理方案按照规定的时间间隔进行定期评审。

——管理方案的修改程序。

——其他规定。

b) 应急计划的主要内容。

——明确本计划针对的潜在的事故和紧急情况,可能的事故性质和后果。

——应急计划的启动。

——应急期间的组织机构、负责人、指挥中心的设置等。

——所有相关人员在应急期间的职责、权限及接口关系。尤其是关键岗位人员的责、权、义务。

——应急设备、设施的准备和启用(如报警系统、应急照明及动力系统、逃生工具等)。

——应急措施的具体内容。

——疏散程序、路线和标识。

——危险物料的确认、位置及防护。

——与外部机构的联系。包括消防、医院、防化等专业部门,以及上级机构、政府主管部门、邻居和公众等。

——重要记录和设备的保护。

——应急计划的定期演练要求。

——在事件或紧急情况发生后,对应急计划的评审规定。

——应急计划内容的修改程序。

c) 应急程序的主要内容。

——应急计划的编制。

——应急设备的配备。包括设备清单、位置等。

——对应急设备进行检查、性能测试。包括测试的记录要求。

——演练及演练的评审。包括评审提出的建议、对应急计划的修改和相关的记录要求。

——确认应急计划和应急设备的可行性、有效性。

3.2.5 组织应确保在项目/单位工程/分部工程/分项工程/单元工程开工之前,对相应的环境因素和危险源做出识别,以便进行风险评价、制定管理方案和应急计划。确保本项工作是主动性的而不是被动性的。上述内容是单独编制文件,还是与现有的技术文件(如施工组织设计、质量计划、施工方案等)合并,组织可根据实际情况自行决定。

7 产品实现

7.1 产品实现的策划

组织应策划和开发产品实现所需的过程。产品实现的策划应与质量管理体系其他过程的要求相一致(见 4.1)。

在对产品实现进行策划时,组织应确定以下方面的适当内容:

a) 产品的质量目标和要求;

b) 针对产品确定过程、文件和资源的需求;

c) 产品所要求的验证、确认、监视、检验和试验活动,以及产品接收准则;

d) 为实现过程及其产品满足要求提供证据所需的记录(见 4.2.4)。

策划的输出形式应适合于组织的运作方式。

注 1:对应用于特定产品、项目或合同的质量管理体系的过程(包括产品实现过程)和资源作出规定的文件可称之为质量计划。

注 2:组织也可将 7.3 的要求应用于产品实现过程的开发。

标准引用的相关术语

1 验证(见 GB/T 19000—2000 标准“3.8.4”)

通过提供客观证据对规定要求已得到满足的认定。

注 1:“已验证”一词用于表示相应的状态。

注 2:认定可包括下述活动,如:

—变换方法进行计算;

—将新设计规范与已证实的类似设计规范进行比较;

—进行试验和演示;

—文件发布前的评审。

2 确认(见 GB/T 19000—2000 标准“3.8.5”)

通过提供客观证据对特定的预期用途或应用要求已得到满足的认定。

注 1:“已确认”一词用于表示相应的状态。

注 2:确认所使用的条件可以是实际的或模拟的。

3　检验(见 GB/T 19000—2000 标准“3.8.2”)

通过观察和判断,适当时结合测量、试验所进行的符合性评价。

[ISO/IEC 指南 2]

4　试验(见 GB/T 19000—2000 标准“3.8.3”)

按照程序确定一个或多个特性。

5　项目(见 GB/T 19000—2000 标准“3.4.3”)

由一组有起止日期的、相互协调的受控活动组成的独特过程,该过程要达到符合包括时间、成本和资源的约束条件在内的规定要求的目标。

注 1:单个项目可作为一个较大项目结构中的组成部分。

注 2:在一些项目中,随着项目的进展,其目标需修订或重新界定,产品特性需逐步确定。

注 3:项目的结果可以是单一或若干个产品。

注 4:根据 GB/T 19016—2000 改写。

6　质量计划(见 GB/T 19000—2000 标准“3.7.5”)

对特定的项目、产品、过程或合同,规定由谁及何时应使用哪些程序和相关资源的文件。

注 1:这些程序通常包括所涉及的那些质量管理过程和产品实现过程。

注 2:通常,质量计划引用质量手册的部分内容或程序文件。

注 3:质量计划通常是质量策划的结果之一。

标准释义与应用

1　工程施工安装单位对产品实现的策划存在三个不同的对象:一是施工管理一般过程;二是施工过程;三是施工工艺过程。因此,针对上述不同的对象,客观上存在三种不同类型的策划活动。

施工管理一般过程、施工过程、工艺过程三者在策划活动上相对独立,策划内容上逐级向上提供支持,策划时间上依次向后顺延,实际发挥作用上由原则性规定向可操作性规定发展。

1.1　施工管理一般过程。面向项目管理制定的施工管理一般过程。该过程主要表述一般的施工管理程序,反映施工管理一般过程的主要内容，反映各项活动之间的逻辑顺序和相互关系，应覆盖施工准备、施工过程和维修质保期各阶段。其基本要求在 GB/T 50326—2001《建设工程项目管理规范》中有原则表述。但不同组织、不同行业或不同的工程，可能还有不同的具体要求。策划成果应采用质量手册或程序/文件形式由组织予以发布。根据合同中提出的特殊要求，项目部在质量计划或施工组织设计中对本项目如何应用施工管理一般过程的规定应做出具体表述，以满足招标文件/合同中的特殊要求，并说明实际的过程顺序和有关要求，以及与组织规定的体系要求之间的不一致之处；若一致，则可以直接引用。组织和项目部的职责、权限应做出明确的界定。无论是组织的策划，还是面向项目、合同或特定产品的策划，涉及的主要内容至少应包括：

1.1.1　项目进度控制过程；

1.1.2　项目质量控制过程；

1.1.3　项目安全控制过程(包括危险源识别和管理方案的制定)；

1.1.4　项目成本控制过程；

1.1.5　资源保障过程/项目生产要素管理过程(包括：人力资源、设备、材料、资金、技术、工作环境等)；

1.1.6　项目现场管理过程；

1.1.7　项目合同管理过程；

1.1.8　项目信息管理过程；

1.1.9　项目组织协调管理；

1.1.10　项目竣工验收阶段管理过程；

1.1.11　项目考核评价；

1.1.12　项目回访保修管理；

1.1.13　项目环境因素识别和管理方案的制定；

1.1.14　应急计划和响应过程管理(包括：环境、安全等)。

组织对上述内容的策划成果应反映在质量管理体系文件之中，项目部策划的成果通常以项目质量计划或施工组织设计中体现。

组织可根据其规模大小、结构复杂程度和产品特性进行上述内容的策划。它规定了组织对工程进行管理时各项工作的逻辑顺序和一般要求。

对施工管理一般过程的表述参见附件1。

1.2 施工过程。施工过程的策划一般由项目部进行。策划面向合同和项目特点,分析和确定各单位、分部、分项、单元工程的质量目标、施工技术、组织方案、施工顺序和相互关系、工期安排、工程量、工料机的配备等,对项目施工时的各项工作的逻辑关系作出规定,运用网络技术可以大大提高该项工作的科学性和工作效率。策划成果由项目部在质量计划/施工组织设计中具体表述。

1.2.1 网络计划编制执行《工程网络计划技术规程》(JGJ/T 121—99)。

1.2.2 网络计划应根据实际情况适时进行更改,以指导各项施工管理活动。

对施工过程的表述参见附件2。

1.3 工艺过程。工艺过程的策划一般由项目部进行,面向某一工序、分项工程制定的施工流程。由组织或项目部在作业指导书、施工方案、单项工程的施工组织设计、工法等文件中阐述。它根据现场实际施工条件,对具体施工对象的实施过程和控制要求作出规定。工艺过程的策划成果既可以项目部名义发布,也可以组织名义发布。组织统一发布施工工艺时,项目部可根据现场实际情况作适当调整。工艺过程的策划结果应包括:

1.3.1 适用范围、使用条件。

1.3.2 工艺过程及相互关系表述,用框图形式。

1.3.3 控制要求、技术参数。

1.3.4 验收标准(包括检验仪器、工具)。

1.3.5 设备配备及人员持证要求。

1.3.6 参考的工料机

1.3.7 施工中可能出现的问题及预防措施。

1.3.8 参考文件、标准。

1.3.9 其他。

对工艺过程及相互关系的表述参见附件 3。

1.3.10 比较有效的做法可以是组织先以工法形式发布工艺过程的一般性规定,项目部根据施工项目开工前的实际情况,在工法的基础上对其进行局部修改,形成项目部的具体施工工艺要求。这样的安排有以下优点:

第一,可以减少项目部的文件编制数量和难度;

第二,充分发挥现有文件的实际效用;

第三,工法的编制还可以与“四新”技术的开发工作和 QC 小组的活动成果相结合,以便随时更新和细化工法的内容和覆盖面。

2 组织应编制如何进行策划的文件或程序。

2.1 对于保留标准 7.3 条款的企业,组织应按照标准 7.3“设计和开发”的要求制定“四新”技术开发的策划和过程控制程序。

2.2 组织对产品实现的策划过程应编制控制程序。本标准明示了策划应与质量管理体系其他过程(包括与管理活动、资源提供、产品实现和测量有关的过程)的要求保持一致的规定。因此:

2.2.1 程序或文件应该从策划的内容上作出规定,确保覆盖组织质量管理体系的各项要求。

2.2.2 组织编制产品实现策划程序或文件时,至少应包括以下内容:编制的目的、要求、依据、范围、主要内容、策划的时机和阶段(包括指导性、实施性)、策划的对象(包括施工管理一般过程、施工过程和工艺过程)、策划的结果和形式(包括质量计划、施工组织设计、施工方案等)、文件的审批及更改的程序等。以确保能产生一个符合实际的、对施工具有指导作用的、好的策划。

附件 4 给出了一个可供参考的质量策划文件编制要求。

3 面向具体合同和项目的施工过程的策划应包括以下主要内容:

3.1 工程的质量目标(质量目标的内容可以参考标准 5.4.1 的要求)。一般应考虑以下情况:

3.1.1 工程的质量目标必须首先响应合同的要求。因此,凡是合同中对工程质量验收和质量等级提出的要求,在策划过程中必须首先予以满足。超出合同约定部分的质量目标,可以认为是组织的附加要求,有组织或项目部根据项目特点决定。

案例1:某工业与民用建筑施工企业的质量目标有"单位工程合格率100%,优良率50%"的内容。项目部在制定质量目标时,考虑到合同要求仅为满足招标文件的要求,为了确保合同要求的实现,项目部增加了"分项工程合格率100%、优良率80%,混凝土质量达到优良"三项指标,以便于对项目实施动态控制。

3.1.2 质量目标的制定既要考虑标准5.4.1条款"质量目标"的要求,也要便于项目部实施动态考核。并在项目部的相关职能和层次上均应制定质量目标。

a)相关职能指:项目部的物资设备、施工技术、质量安全、计划调度、分包管理等管理部门以及这些部门内的相关岗位。

b)不同层次指:一是项目部的内部结构层次。如项目部管理层、施工队、施工班组等,包括外包队伍;二是产品的结构层次,如单位工程、分部工程、分项工程、单元工程和混凝土质量等,包括外包工程。

在制定分项工程优良率指标的同时,应首先将优良项分解到具体的分项工程。同时必须保证质量验收标准中规定应达到优良的项目达到优良等级。

3.1.3 项目部和组织的主管部门对质量目标均应建立动态管理和评价机制。内容至少应包括资料收集、分析、评价和改进。对收集的质量评定数据,主管部门可采用数据分析的方法对收集数据进行分析,将分析结果与质量目标规定值进行比较。当出现偏差、实际质量水平低于规定值时,项目部/组织应分析原因,制定纠正措施,并对纠正措施的实施效果进行跟踪验证、评价实施效果。当达不到预计效果时,应再次进行原因分析,制定纠正措施,重复上述过程。通过上述过程,项目部/组织对质量目标的宏观控制能力将会得到明显提高。

3.2 产品要求

3.2.1 建筑产品要求提出渠道的一般阐述见标准第7.2条的释

义。对于具体项目,应具体指出和明示。

3.2.2　对产品要求的理解和控制,应符合标准7.2.2条款的要求。项目部评审的对象应是合同履约期和合同修订(包括设计变更)的内容。

3.3　组织在组建项目部的文件中通常会提出项目部机构设置的要求,因此,应对项目部各职能部门和岗位的职责、权限和沟通作出规定。

3.4　识别工程项目施工的各个过程和对文件、资源的需求

3.4.1　工程项目施工的过程应围绕施工管理一般过程、施工过程和工艺过程三个方面展开。详见附件1、附件2、附件3的提示。

3.4.2　施工单位的文件主要应包括:合同、法令法规、质量管理体系文件、公司的各类管理文件、项目部的技术/施工管理文件、测量规范、施工规范/规程、验收标准、主要材料的产品标准、检验试验标准、设备验收标准、检测试验设备的自校规程等。

a)招投标环境下的合同文件包括:中标通知书、合同协议书、补遗文件、招标书/投标书及其附件、合同条款(包括商务条款和技术条款)、图纸、工程量清单、组成合同的其他文件(如项目质量计划、施工组织设计、施工期业主的施工进度计划等)。

b)项目部编制的技术和施工管理文件包括:实施性质量计划/施工组织设计,施工方案,作业指导书,安全/技术交底,工法以及各项工作的管理性文件等。

c)明确项目部可直接应用和应自行编制的文件的目录。文件控制应符合标准4.2.3的要求。

d)组织对项目部使用文件(包括表格)明确规定之后,有关部门可以将相关文件“打包”,在进驻现场之前交项目部,并在工作中执行。项目结束后,项目部应将上述文件与竣工文件一起交回有关部门。

3.4.3　资源包括:人力资源、基础设施、工作环境。必要时,还可以包括以成本控制为主的资金计划。

a)人力资源。至少包括有岗位职业技能/资格要求的人员数

量,劳动力配置计划。如:

1) 项目部对"十一大员"的基本配备要求(可根据项目规模大小确定);

2) 零散劳务采购计划;

3) 成建制劳务和工程分包采购计划。

b) 基础设施。包括临建、办公设备,施工设备/机具(含租赁设备),测量、检验和试验设备,形成相应的采购文件。如:临建计划;施工设备使用计划;施工设备租赁计划;测量、检验和试验设备使用计划;测量、检测和试验工作的采购计划;等等。

3.5 根据项目的具体特点和要求,确定项目所要求的验证、确认、监视、检验和试验活动。开展这些活动的"要求"首先应符合法令法规和强制性标准规范的要求,并包括产品的进货阶段、中间过程、验收阶段、保修期阶段的全过程。招标文件或监理有具体文件规定时,可执行招标文件或监理的要求。

3.5.1 产品进货阶段的验证、确认、监视、检验和试验活动。

① 对原材料应按照合同规定进行进场验证,并按照产品的质量或技术标准对技术参数进行测量、检验和试验,确认材料出厂检测报告。

② 对采购的半成品应安排进场验证,必要时,按照产品的质量或技术标准对技术参数进行测量、检验和试验。

③ 对自有或采购的施工设备应安排进场验证,并按照设备验收标准对进场设备进行测试(必要时部分指标的测试应到厂家进行监测),带有计量功能的仪器应请计量测试部门进行计量检定。租赁设备进场时,应验证设备性能和机驾人员的资质或上岗证。

④ 对采购的工程分包单位应按照合同规定对进场人员和设备进行验证和确认。对劳务单位可仅对进场人员进行验证和确认。

⑤ 对采购的其他服务类产品应视其特点,安排验证、确认、监视、检验和试验活动。

3.5.2 产品中间过程阶段的验证、确认、监视、检验和试验活动。

① 在工程施工过程中,应按照国家、行业、地方的工程质量检验评定标准,对已完工的单元、分项工程进行检验和测试,包括施工中的各类隐蔽检查和过程监控活动。

② 对采购的各类产品和服务在使用过程中满足要求的能力进行动态的监视,必要时还应进行检验、试验和能力的评价、验证与确认。对自有仪器和施工设备还应执行组织的其他规定。

③ 对工程分包、劳务、设备租赁或其他服务类项目的工作成果应进行确认和必要的检验和试验。

④ 若组织的产品具有服务性质,应对服务质量进行检查、评定,包括顾客的评价。

3.5.3 产品验收阶段的验证、确认、监视、检验和试验活动。

① 工程的验收应按照国家、行业、地方的工程质量检验评定标准,对已完工的单元、分项工程进行检验和测试,包括施工中的各类隐蔽检查和过程监控活动。

② 对采购的各类产品和服务的质量以及满意要求的能力进行评估、确认,以便今后采购工作参考。

3.5.4 工程缺陷责任期阶段的验证、确认、监视、检验和试验活动。工程缺陷责任期阶段的验证、确认、监视、检验和试验活动可根据上述内容和实际情况具体确定。如对钢材、水泥、骨料、外加剂、防水材料、锚具等的(见证)送检要求;变形测量要求;试焊要求;混凝土浇筑时对坍落度的检测要求;等。

3.6 产品的接收准则。

产品的接收准则与验收标准可能相同,也可能不同。在国外工程项目中,应特别注意对招标文件中有关施工、技术标准规范的评审,为确定产品的接收准则奠定基础。

案例 2:某国外纺织厂工程项目,议标项目,业主提出了以美国和英国标准作为项目的设计和施工依据,项目验收以及德国标准为依据。但纺织厂验收标准的主要指标之一是纱锭和布匹的质量。总包单位通过考察认为所在国的棉花纤维短,难以达到德国标准,达到中国标准都有困难。通过双方谈判,认为中国纺织机械质量稳定，项目验收可采用纱锭、织布的产量和各工序之间的设备能力的协调匹配为接收准则。并最终将此接收准则纳入了合同条款。

案例3:查某组织的国外水电站工程，按照招标文件的规定，混凝土浇筑时冷却系统应保证日降温不得大于0.7℃，但组织根据在国内的成功经验，将指标提高到1℃，经过与业主的商讨，最终达成一致意见，并同意作为合同补充文件，以便在施工执行。

3.7 确定所需的各种用以证实项目施工过程和工程质量满足要求的记录。

按照文件控制程序的要求列出项目使用的各类记录的清单，并在质量计划/施工组织设计相应条款处注明应使用的记录。应准备好使用记录的表格样式。项目因管理需要制定的特殊记录和业主/监理/地方主管部门指定要使用的记录应一同纳入控制范围。记录的管理应符合标准4.2.4条款的要求，并考虑可追溯性标识在各项记录中的应用。

4 策划后文件形式应适于本组织的运作方式。对于施工单位，策划后的文件形式可称为质量计划、施工组织设计、施工方案或其他文件名称。

GB/T 19000—2000 idt ISO9000—2000标准3.7.5将“质量计划”定义为:“对特定的项目、产品、过程或合同，规定有谁及何时应使用哪些程序和相关资源的文件”。因此:

4.1 对签订的每一项合同，均应进行质量策划，编制相应的策划文件，如质量计划(可参见附录4)等。

4.2 质量策划还可以针对合同中特殊的、施工难度大的施工项目单独进行。其结果以单项工程的施工组织设计形式反映，如特大桥、长大隧道，铁路综合承包合同中的土建和“三电”、“四电”项目，工业与民用建筑中的结构、装饰和设备安装项目等。

4.3 对于单位工程中某一重要的分部或分项工程(如桥梁工程中的高墩、基础工程中的大型沉井等)，也可以进行的单独的策划。策划的结果可以单项工程的施工组织设计或施工方案或作业指导书形式反映。

4.4 施工企业在承接到以往没有/很少类似施工经验的工程项目时,可视为是“特定产品”,应进行质量策划,编制质量计划,以确保体系运行的完整性。

4.5 在建设单位不要求质量计划而只要求报审施工组织设计时,也可以将质量策划的结果分成两部分内容分别以质量计划和施工组织设计两种或多种文件形式体现。质量计划应对本项目策划的分类、层次做出说明。

5 策划活动在招投标条件下通常应区分为用于投标的指导性策划和用于施工的实施性策划,并形成相应的文件。由于指导性策划的成果文件纳入了投标文件范围,因此,不论是指导性质量计划还是指导性施工组织设计,均构成项目的合同条件。在这一前提下,实施性策划的成果文件要得到顾客的批准应属必然的要求,同时也构成了合同文件的一部分。

6 策划应建立在对顾客要求的理解和对相应图纸的审核的基础之上,并在工程开工/施工前编制策划的文件。如果在质量策划文件有效期内有其他相关施工图纸(包括顾客要求的改变和补充内容)下发,则在对最新的施工图纸进行审核以后,应对原质量策划文件的适用性进行重新的评价,对不适用的部分应进行补充和更改。

7 策划提出的各项要求应在项目部范围得到有效的实施,包括外包过程。因此,在项目部对质量计划执行情况所进行的检查活动中,应包括外包单位。

8 用于合同条件下的质量计划。

8.1 质量计划的内容和编制要求与上述要求一致。

8.2 质量计划用于分包管理。具体做法:

8.2.1 将质量计划(必要时,包括施工组织设计和其他策划文件)纳入工程分包合同。质量计划可以是分包单位根据组织要求编制,也可以由组织编制。

8.2.2 项目部根据工程施工进度、施工项目技术特点和控制重点,策划按照质量计划等的要求单独对工程分包单位的施工现场实施系统检查或专项检查。这种检查也可以称为第二方审核。第二方审核可以按照第三方审核的方式进行。

8.2.3 审核/检查的文件依据:质量计划、施工组织设计或其他策划文件;分包工程施工合同;分包单位的质量体系文件;法令法规、标准规范;其他必要的文件。

8.2.4 检查活动可以安排在项目施工准备阶段、施工阶段、交付阶段和质保期阶段。

8.2.5 施工阶段的检查可以结合工程施工的关键部位、特殊工序的施工之前进行。

8.2.6 审核员在实施审核之前应进行审核策划,经项目部主管人员批准后,提前一定时间通知分包单位。审核员应客观记录检查结果。

8.2.7 对审核中发现的不合格事实,审核员有权要求分包单位在规定时间范围进行整改(包括必要的纠正预防措施),重要的问题必须在项目施工前整改完成,验证合格后方可开工/继续施工。

8.2.8 审核及整改、验证结果,审核员应及时形成专题报告,报项目部主管人员和主管部门,与分包单位的工程施工质量信息一起,纳入对分包单位的评价体系。

9 施工项目部对下设各部门和施工工区/班组按照质量策划文件的要求,对执行运行情况进行监督检查,这类检查可以称之为项目部内审。项目部内审应与组织的内审区分开。项目部内审属项目部的自查性质工作,时间上也应与组织的内审错开;组织的内审在规定时间进行,项目部内审可根据需要随时开展,比较灵活,可以较好地适应项目部现场管理的实际需要;项目部内审同样可以借鉴内外审的经验,比较规范地进行。

10 工程/施工总承包项目部对设计分包单位、设备制造单位、施工分包单位按照相应的质量策划文件的要求实施的检查,属于第二方审核的范畴,可以参照上述要求进行。

11 比较有效的组织自我完善机制应包括:

11.1　组织按照标准要求进行的内部审核；
11.2　各主管部门的专项检查；
11.3　下属二级公司按照标准要求进行的内部审核；
11.4　项目部以项目《质量计划》为基础的自查自纠活动。

7.2　与顾客有关的过程

7.2.1　与产品有关的要求的确定

组织应确定：

a）顾客规定的要求，包括对交付及交付后活动的要求；

b）顾客虽然没有明示，但规定的用途或已知的预期用途所必需的要求；

c）与产品有关的法律法规要求；

d）组织确定的任何附加要求。

标准释义与应用

组织应确定的产品要求有：

1　顾客的规定要求，即顾客在合同中明确的要求。

建筑产品质量要求的提出在不同阶段有不同的渠道。如：

1.1　项目招投标阶段。项目招投标期间，由建设单位或通过代理单位向施工企业提出，具体内容包括在施工承包合同、工程设计文件、招标文件及标书澄清等有关文件之中。

1.2　项目施工期阶段。在施工期间，建设单位以合同为基础向施工单位提出的施工进度计划/要求，以及建设单位、监理单位针对施工状况随时提出的质量安全管理要求。这些要求可以文件形式出现，也可以合同修订（包括设计变更）的形式出现。

1.3　项目缺陷责任期阶段。施工单位应予保修的工程范围及期限，一般应在合同中予以规定，同时应符合法令法规的要求。如果合同中未予明示，则施工单位也应按照法令法规的要求履行缺陷责任期的职责和义务。

2　顾客的隐含要求。

2.1　顾客虽未明示，但规定的用途或已知的预期用途所必须的要求，如原材料的产品标准、试验及取样标准，工程的缺陷责任期限，顾客的宗教和社会习俗等。

案例1：某中国公司在某伊斯兰国家援建一项民用住宅工程，按照中国的习惯，水表设置在单元住房内，而没有考虑到伊斯兰国家对妇女的某些宗教习俗，如妇女在结婚后一般在家中从事家务劳动以及不得与不相识的男子在家中见面等。水表设置在住宅内使得每月的水表抄写工作与这些宗教规定发生了尖锐的矛盾。因而该设计在施工中受到了所在国主管部门的反对，也不得不因此而更改设计。这些宗教方面的细节在合同中通常不会有明确的规定，但设计部门却是应该考虑顾客的要求，即顾客的隐含要求。

2.2 顾客的隐含要求还可以体现在顾客的某些原则性要求之中。如装饰工程中顾客要求装饰效果应"简洁、明快"；住宅的建筑布局中要求"三大一小"等。

3 与产品有关的法律、法规、标准、规范等的要求，组织应以某种方式或渠道予以确定。因此：

3.1 组织应结合质量管理体系所覆盖产品的特点，确定所使用的法律、法规、标准、规范，编制有效/受控文件清单，并以文件方式予以控制和发布。范围应包括国家、行业和地方的以下文件：

3.1.1 施工规范，测量规范；

3.1.2 验收标准；

3.1.3 主要原材料、半成品、设备仪器的产品标准、试验标准和抽样标准；

3.1.4 相关的法令、法规。如《建筑法》、《合同法》等。国外工程项目应将法律法规、标准规范问题作为一个独立的对象进行专项评价。

3.2 项目部应结合组织编制的相应的有效/受控文件清单和合同的特殊规定，对项目部应使用的法律、法规、标准、规范做出具体要求。

4 组织的附加要求。指组织确定的顾客要求之外的要求。一般可以在组织与项目部以及项目部与下属各部门和施工单位之间签订。附加要求的内容一般有：

4.1　内部经济承包协议。经济承包协议在内容上可以是上缴管理费比例、上缴利润比例或成本核算办法等。具体承包内容应根据他们之间的相互关系决定。

4.2　与质量有关的内部协议。主要内容有质量目标、不合格的控制标准及责任、奖励与罚则等。内部的质量目标通常可以高于顾客的有关要求。

案例2:某公路项目,建设单位在质量活动年中提出了如下工程质量目标:分项工程合格率100%,分部、单位工程优良率90%。项目部为了有效控制质量目标的实现,在项目部与下属施工单位签订的内部质量协议中,提出的目标是:分项工程合格率100%,优良率90%。高于了建设单位提出的目标。

4.3　与安全有关的内部协议。安全协议的签署对象可以细化到每个员工,包括必要的外包单位。内容一般可以从伤亡事故、机电设备事故、交通事故和火灾四个方面予以规定或从危险源角度作出规定,以及奖励和罚则的规定。

7.2.2　与产品有关的要求的评审

组织应评审与产品有关的要求。评审应在组织向顾客做出提供产品的承诺之前进行(如:提交标书、接受合同或订单及接受合同或订单的更改),并应确保:

***a*) 产品要求得到规定;**

***b*) 与以前表述不一致的合同或订单的要求已予解决;**

***c*) 组织有能力满足规定的要求。**

评审结果及评审所引起的措施的记录应予保持(见4.2.4)。

若顾客提供的要求没有形成文件,组织在接受顾客要求前应对顾客要求进行确认。

若产品要求发生变更,组织应确保相关文件得到修改,并确保相关人员知道已变更的要求。

注:在某些情况下,如网上销售,对每一个订单进行正式的评审可能是不实际的。而代之对有关的产品信息,如产品目录、产品广告内容等进行评审。

标准释义与应用

1　组织应在向顾客做出提供产品的承诺之前,对与产品有关要求进行评审。评审阶段与相关内容:

1.1　项目信息阶段

1.1.1　评审对象:项目信息。包括工程信息、资格预审要求等。

1.1.2　评审主要内容:项目的可信度、规模大小、业主的资金来源、组织在竞标中的地位等情况。

1.1.3　必要时,对联合投标的供方进行合格评价与选择,签订合作意向协议书。

1.2　招投标阶段

1.2.1　评审对象:招标公告,招标文件,招标文件修正书、补遗书及有关澄清和解答,合同条件,技术规范,图纸,标价的工程量清单,合同协议书样本,合同协议书附件;投标书及有关问题的答疑和澄清资料,投标书(对投标书的评审还应分解为对施工技术方案(包括施工组织设计或质量计划的内容)和商务方案两部分内容,分阶段按照实际需要进行,以确保投标文件充分响应标书要求和充分体现组织的能力。)及其附件。

联合投标时,按照分工的规定进行招投标阶段的评审工作。

1.2.2　对招标文件评审的主要内容:工程的有关要求(如工期、内容、规模、质量等)是否得到规定,是否明确,技术指标、控制参数与规范、验标是否存在差异或矛盾,工程量与设计图纸是否存在差异,等等。应逐项对文件进行评审。

国外工程施工或工程总承包项目,对招标文件的评审还应特别关注与施工和技术有关的法律法规和标准规范问题,并进行单独的评价。评价前应首先列出招标文件中所涉及到的所有法律法规和标准规范,利用各种途径获取相应的文本,组织相关的法律和技术专家进行评审,以确保顾客要求(包括工程施工活动中的环境问题和职业健康安全问题)得到识别,并评估组织满足要求的能力。

案例1:某PCCP管道安装项目的合同专用条款规定:管道构件验收按照ANSI/AWWA C301—99和JC625—1996标准执行。查内表面纵向裂缝指标,ANSI/AWWA C301—99标准(美国)第4.6.10条规定为不大于1.5mm,而JC625—1996标准第5.3.1.3条规定为不大于0.1mm。如存在此类问题,必须提出与顾客协商,协调/统一参数的取用。

案例2:某水电工程项目部在厂房标段土石方支护工程施工时,根据设计规定对边坡进行喷射混凝土施工。2001年12月15日进行喷射混凝土施工时,混凝土用量为19立方米,并现场制作混凝土试块一组共三块。审核员查招标文件的相关条款,仅规定执行国家、行业标准规范。项目部标准规范清单表明,相关规范有GBJ 86—85《锚杆喷射混凝土支护技术规范》和SDJ 249—88《水利水电基本建设工程单元工程质量等级评定标准》。GBJ86—85《锚杆喷射混凝土支护技术规范》第8.1.2条第二款规定,喷射混凝土每50~100立方米,制作试块不少于一组;而SDJ 249—88《水利水电基本建设工程单元工程质量等级评定标准》第10.0.3条规定,每100立方米喷射混凝土,制作试件数不少于二组。可见,两项标准对制作混凝土试块的取样标准规定不一致,尤其在单元工程喷射混凝土数量少于50立方米时。因此,在评审阶段应充分注意相关标准规范之间存在的类似问题。

案例3:在某组织中标的国外铁路工程合同文件中,招标文件涉及美国、英国和ISO关于材料、设备、施工等方面的标准规范,以及国际劳工组织制定的《建筑及土建工程安全及健康标准》和国际隧道协会(ITA)在储藏、运输、拥有及使用炸药方面制定的安全标准。但组织主管部门未能提供对招标文件中上述标准规范进行评审的记录。

1.2.3 对投标文件评审的主要内容:组织的能力(包括人员、技术、设备、材料、工期、资源配置等)是否满足顾客规定的要求,等等。

1.3 签订合同阶段

1.3.1 评审对象:中标通知书,合同谈判中的内容,合同协议书,合同协议书的附件及构成合同的其他部分文件。

1.3.2 评审主要内容:对合同文件评审的主要内容:是否存在与以前的合同条件、投标文件、招标文件内容不一致的条款,这些条款是否已经理解并已经决定接受,等等。

联合投标时,按照分工规定进行评审。

1.4 合同履约期

1.4.1 评审对象:业主的年度施工计划等合同补充文件。

1.4.2 评审的主要内容:满足进度要求的能力。可以从项目部的施工计划及相应的工、料、机计划反映,等等。

项目部根据联合体协议组建时,按照分工协议或由主承包商组织评审活动。

1.5 合同修订/变更

1.5.1 评审对象:合同商务条款、工期要求的变更,设计变更,等等。

1.5.2 评审主要内容:变更内容对项目在技术、经济方面的影响;对工艺、施工方案的影响;对工料机和采购工作的影响;对工程质量评价的影响等。评审结果或形成综合报告,或形成单项报告(如进度计划修订报告、工料机修订报告、施工方案补充/修订文件、工程结算补充文件等)。

对施工阶段发生的合同商务条款、工期要求以及设计变更的评审职责/权限和评审方式组织/项目部应作出规定。

项目部根据联合体协议组建时,按照分工协议或由主承包商组织评审活动。

1.6 不论在哪个阶段,如果顾客(包括监理)提出的要求没有形成文件,则在正式接受顾客要求之前,有关人员应将其内容形成文字,交由组织的授权人员对其进行确认或认可。相关记录应予以保存。

2 对于房地产公司来讲,与房地产项目有关的信息包括在以下内容之中,如:小区模型、房屋布局模型、沙盘、宣传材料、广告;订房协议、购房协议、房屋质量保证书、房屋使用说明书等,这些内容均构成合同条件或要约性质。上述项目信息在发布前,房地产公司应对其进行审批,尤其应关注与政府主管部门批准的项目规划审批意见的一致性。

3 评审的目的和要求是为了确保:

3.1 对工程项目的要求得到规定。因此,评审内容必须完整、明确,便于相关部门/人员能准确理解。

3.2 合同或订单上的要求与以前的表述不一致之处已得到解决。

3.3 组织有能力满足与工程项目有关的规定要求,包括明示、隐含和组织附加的要求。

4 评审结果应按照规定的记录要求予以保留。

5 评审所引起的措施指:为保证有能力满足要求,企业需进一步采取的措施(如聘请技术专家、采购特定的施工设备以满足工程质量和施工技术的要求等)。该措施应保留相关记录。

6 如工程项目的要求(如合同、图纸等)发生变更,组织应确保相关文件得到修改,并确保相关人员得知变更的要求。施工图纸发生变更时,还应在原图上做出修改/标注,同时评审是否因此已经影响到了原施工方案、作业指导书、技术交底、材料采购、机械设备安排等的工作,并做出是否应修改/重新编写相关文件、下发设计变更通知单、重新/补充交底、调整采购计划和机械设备等决定。该评审应保留记录。

7 顾客如提高了对工程质量等级的要求,则应在相关文件(如合同、项目质量计划等)中进行文件修改,并对是否需要改变相关的控制措施做出评审。

对于网上销售或采购的情况,组织可以根据需要予以关注并作出相应的规定。

8 组织应编制文件,以识别从项目信息获取到施工承包协议签订为止的各相关过程、岗位职责要求、工作质量要求、评审时机和记录要求等。可以制定的文件有:

8.1 对于大型施工组织,按照工作流程为原则,市场/合同主管部门可设以下主要处室:市场信息、商务、技术、综合管理等。各处室再按照工作流程的要求,设置具体岗位。对上述部门、岗位应规定职责、权限和工作质量要求。

8.2　按照项目管理的原则编制项目法招投标管理办法。该文件应予规定的内容可以包括:

8.2.1　岗位的设置和岗位职责、权限、责任、义务、待遇、考评等。

8.2.2　项目负责人和项目技术、报价、商务负责人的产生和任职条件。

8.2.3　工作流程及工作内容、工作标准。

8.2.4　工作计划的编制内容。

8.2.5　编制网络计划。

7.2.3　顾客沟通

组织应对以下有关方面确定并实施与顾客沟通的有效安排:

***a*) 产品信息;**

***b*) 问询、合同或订单的处理.包括对其修改;**

***c*) 顾客反馈,包括顾客抱怨。**

标准释义与应用

1　组织应制定文件,对如何与顾客进行有效的沟通做出安排,相关部门予以实施。

为了对顾客反馈意见进行有效的沟通,首先应为顾客创造一个客观、公正地发表意见和评价的环境,并消除顾客的顾虑。因此:

1.1　不应采用“立等可取”的方式进行顾客意见调查。应给顾客一个较为宽松的时间,使其有一个考虑问题和发表意见的时间。

1.2　为调查顾客意见所编制的表格应易于理解和发表意见。

1.3　产品信息的有效沟通,首先应规定获取此类信息的有效途经,并安排有能力对此类信息进行有效分析、处理的人员负责此项工作。对合同及其修订的处理,同样应安排有能力的人员、按照规定的程序进行处理。因此对沟通过程应制定一个简洁而明确的程序和内容要求,并以形成文件为宜。

2 需要与顾客沟通的内容包括:

2.1 产品信息。如合同技术条款、图纸要求、产品的技术参数、产品目录、产品广告内容等。

2.2 双方关于问询、问题的澄清、合同或订单实施中对出现问题进行的处理以及合同/订单的修改的途径、程序、职责、权限等。

案例1:某设计委托书明确要求:供水管采用Φ720×9规格的钢管。在设计评审时,明确要求钢管采用Φ720×8规格,但却未提供与顾客进行沟通并得到顾客确认的记录。对于上述情况,组织应对其途径、程序、职责、权限等作出规定。

2.3 顾客反馈包括抱怨的内容。顾客意见的沟通可以分定期和不定期两种方式进行。不定期沟通随意见的出现而及时进行。定期沟通按照计划进行。

3 沟通方式一般有:会议、函件、个别谈话、问卷调查等,沟通的手段有:电话、传真、电子邮件、普通邮件等。这些方式应灵活运用。目的在于确保/提高沟通的有效性。

7.3 设计和开发

7.3.1 设计和开发策划

组织应对产品的设计和开发进行策划和控制。

在进行设计和开发策划时,组织应确定:

***a*) 设计和开发阶段;**

***b*) 适合于每个设计和开发阶段的评审、验证和确认活动;**

***c*) 设计和开发的职责和权限。**

组织应对参与设计和开发的不同小组之间的接口进行管理,以确保有效的沟通,并明确职责分工。

随设计和开发的进展,在适当时,策划的输出应予更新。

标准引用的相关术语

1 设计和开发(见GB/T 19000—2000标准"3.4.4")

将要求转换为产品、过程或体系的规定的特性或规范的一组

过程。

注 1:术语“设计”和“开发”有时是同义的,有时用于规定整个设计和开发过程的不同阶段。

注 2:设计和开发的性质可使用修饰词表示(如产品设计和开发或过程设计和开发)。

标准释义与应用

1　组织对标准要求的删减与应用

1.1　对于岩土工程、爆破工程、装饰工程,设计过程不得删减标准 7.3 的要求。

1.2　小型施工企业可以删减标准 7.3 的要求。

1.3　对于一些具有施工技术开发能力的施工单位,其施工技术的开发过程一般难以按照标准 7.1 条款“产品实现的策划”的要求来展开,而按照标准 7.3 条款“设计和开发”的要求展开比较适宜。因此,对于这些想体现施工技术开发能力的组织,保留标准 7.3 的要求是适宜的。

组织的技术创新工作可结合本要求予以控制,取得与本标准的工作接口。

2　组织应编制设计和开发的控制程序。以便对产品的设计和开发活动进行策划,并对设计和开发活动进行控制。

2.1　保留开发过程的单位可编制开发控制的文件/程序。承担设计工作的爆破工程、岩土工程和装饰工程单位,可编制设计控制程序。设计和开发均保留的单位,则可编制设计和开发控制程序,但由于设计和开发的控制要求可能存在明显的差异,设计控制程序和开发控制程序分别编写也是可以接受的方式。

2.2　组织可以在程序中对设计和开发项目进行分类。并对不同的项目规定设计和开发各项活动的职责和权限。如对于小型开发项目而言,开发项目的最终确认可规定为由项目部自行组织;项目结束后,开发小组编写开发成果报告,报开发项目批准部门备案/推广等。

3　设计和开发的策划至少应确定以下内容：

3.1　明确划分设计和开发的阶段。

3.1.1　设计阶段。对于施工单位，设计阶段一般可以分为方案设计、初步设计和施工图设计。具体项目应根据合同约定恰当选择设计阶段。对于工程总承包单位，除上述设计阶段外，还可以有预可行性研究、工程可行性研究两个阶段。

3.1.2　开发阶段目前尚无统一的划分标准。单位可以根据经验和实际需要确定。对于一些开发对象明确、内容比较清楚和简单的开发项目，只要通过立项申请，即可直接进入开发过程；对于一些复杂的技术，可以按照可行性研究和开发实施两个阶段进行。

3.2　确定适合于各阶段的评审、验证和确认活动。应规定活动开展的时间/时机以及内容要求。

3.2.1　装饰工程的单位一般没有预可行性研究、工程可行性研究阶段，但在没有初步设计阶段时，通常会增加方案设计阶段。但根据合同，也可能会直接从施工图阶段开始。施工图阶段可以删减设计评审的要求。装饰工程单位的方案阶段，设计评审和验证活动可以合二为一（如涉及工程量计算，则验证活动仍应保留）。

3.2.2　开发项目的可行性研究阶段，主要是评审和确认活动。在开发实施阶段，视项目的特点和复杂程度，评审、验证和确认活动可以按照需要作出规定并予以实施。

3.3　设计和开发职责和权限，必要时可以规定到各个阶段。内容包括：有分包时组织的内部及外部/设计和开发的不同小组/各设计岗位之间的职责和权限规定。

4　组织应对参与设计和开发的不同小组之间的接口实施管理，确保它们之间的有效沟通。接口有组织接口和技术接口二种。

技术接口包括内部接口和外部接口。内容包括：何时、由谁、向谁提交那些规定的设计内容。

组织接口包括内部接口和外部接口。主要内容：相互关系、输入输出的内容和要求、职责权限、联系方式、联系人等。

5　设计和开发策划的结果应形成文件。随设计和开发过程的开展,可以根据需要对原策划要求进行更新/修改。

6　2000版标准对设计和开发人员的要求体现在标准6.2条的有关规定中,以人员的能力为判断准则。这一点对于开发活动和一些目前国家尚未作出设计人员资格规定的行业(如装饰行业等)来讲尤为重要。但为了确保设计和开发活动的质量,组织还是应该对相关人员做出能力的规定,如设计和开发项目的负责人等。对于国家已经做出明确规定的行业,设计人员的上岗资格仍应执行国家的规定。

7.3.2　设计和开发输入

应确定与产品要求有关的输入,并保持记录(见4.2.4)。这些输入应包括:

a)功能和性能要求;

b)适用的法律、法规要求;

c)适用时,以前类似设计提供的信息;

d)设计和开发所必需的其他要求。

应对这些输入进行评审,以确保输入是充分与适宜的。要求应完整、清楚,并且不能自相矛盾。

标准释义与应用

1　设计和开发输入即设计和开发的依据或要求,应形成记录。内容包括:

1.1　产品的功能和性能要求。如:设计等级、技术标准、设计参数等。

1.2　适用的法律、法规要求,包括设计标准、规范、规程、验收标准以及主要材料的产品技术标准、检验标准。

1.3　适用时以前类似设计提供的信息,可能有助于明确设计要求或确认设计产品的功能。

1.4　设计和开发所必需的其他要求。如设计质量要求,设计周期,设计输出文件的要求、保密要求等。

2　设计和开发的输入可以来自顾客,也可以来自组织;可以来自既定标准,也可以来自社会/技术/经济/产品/用户调查。无论何种设计和开发输入,均应进行评审,以确保设计和开发输入内容是充分和适宜的。所提到的各项要求应是完整的、清楚的,且不能自相矛盾。评审方式和阶段主要有:

2.1　会议评审。即召开会议对设计和开发输入进行评审。适用于设计和开发的控制参数需进行调查/实验/试验、汇总、分析、评价才能予以确定的情况。以技术参数为例,可采取调查/实验/试验的情况有:

2.1.1　道路/公路设计中对交通量及其构成的调查;

2.1.2　投资估算、工程概预算工作中对劳动力、材料单价、定额、取费等的调查;

2.1.3　水文、地质等的调查/水力学实验;

2.1.4　产品的市场调查;

2.1.5　力学参数试验,如光弹试验、风洞试验、土力学试验等;

2.1.6　其他应调查/试验/实验的内容。

2.2　主管人员评审。适用于设计和开发中应使用的各类比较明确的输入要求。如:各类相关的标准、规范、规程,各类相关文件和资料,包括顾客提供的有关文件和资料。

2.3　集中评审。在设计和开发项目开工之前,对设计和开发输入的部分内容进行集中评审。如标准、规范、相关文件以及其他设计资料。不能具体的内容,应列出文件和资料的类型,如 2.1 条的内容。

2.4　阶段评审。对不可能在项目开工前予以确定的设计和开发的输入内容,可以在项目进行的不同阶段适时对设计输入进行进一步的评审,主要针对一些设计参数进行。如:如 2.1 条的内容。

7.3.3　设计和开发输出

设计和开发的输出应以能够针对设计和开发的输入进行验证的方式提出,并应在放行前得到批准。

设计和开发输出应:

***a*) 满足设计和开发输入的要求;**

b）给出采购、生产和服务提供的适当信息；

c）包含或引用产品接收准则；

d）规定对产品的安全和正常使用所必需的产品特性。

标准引用的相关术语

1　放行（见 GB/T 19000—2000 标准"3.6.13"）

对进入一个过程的下一阶段的许可。

注：在英语中，就计算机软件而论，术语"release"通常是指软件本身的版本。

2　特性（见 GB/T 19000—2000 标准"3.5.1"）

可区分的特征。

注 1：特性可以是固有的或赋予的。

注 2：特性可以是定性的或定量的。

注 3：有各种类别的特性，如：

—物理的（如：机械的、电的、化学的或生物学的特性）；

—感官的（如：嗅觉、触觉、味觉、视觉、听觉）；

—行为的（如：礼貌、诚实、正直）；

—时间的（如：准确性、可靠性、可用性）；

—人体工效的（如：生理的特性或有关人身安全的特性）；

—功能的（如：飞机的最高速度）。

标准释义与应用

1　输出的形式

1.1　设计的输出就是设计文件。主要包括：说明书、图纸、工程量清单、概预算文件，必要的计算书，等等。

1.2　开发的输出就是开发成果。通常可以包括实物产品、说明书、测试/试验报告、开发工作总结等。

1.3　根据不同的设计和开发阶段，设计和开发输出均可以分成阶段性成果和最终成果两种形式。本标准对设计和开发的输出提出的要求适用于对各个阶段成果的控制。

2　输出在放行/发放前应得到批准。鉴于对"放行"的定义，输出的批准应包括对阶段性设计和开发成果的批准。如工业厂房项目设计时,建筑专业向结构、电气、给排水、暖通专业提供的设计条件,对发出的图纸就应在发放前由专业负责人进行批准。对于组织对外发出的设计成品文件,应由组织的主要领导签署之后再予以发放。

3 输出的形式和内容应以能够针对输入进行验证的方式提出。输出的形式和内容应对输入的要求做出全面的响应,并提供相应的文件和记录,以便进行验证。

4 设计输出至少应证实和包括以下内容:

4.1 明示各项设计依据,满足设计输入的要求。

4.2 提供采购、施工和维修的适当、必要的信息。采购的信息以提出采购产品的规格、型号为主,一般不得指定厂家。施工信息主要指施工的重点/难点部位的工艺要求、施工控制参数和必要的提示信息。维修信息主要是维修技术要求等。

4.3 包含或引用工程质量验收标准,以便统一验收要求。

4.4 明确规定为使交付工程能够正常、安全使用所必须的产品特性。如明确标出公路桥梁能够通行的车辆的最大吨位。

5 开发输出除上述内容外,适当时还应提供维修工作的适当和必要的信息。维修信息的主要内容应包括维修的技术要求等。

7.3.4 设计和开发评审

在适宜的阶段,应依据所策划的安排(见 7.3.1)对设计和开发进行系统的评审,以便:

_a_) 评价设计和开发的结果满足要求的能力;

_b_) 识别任何问题并提出必要的措施。

评审的参加者应包括与所评审的设计和开发阶段有关的职能的代表。评审结果及任何必要措施的记录应予保持(见 4.2.4)。

标准释义与应用

1 设计和开发的评审只在设计和开发的适宜的阶段进行。

2 设计和开发评审的内容、范围应该是完整和系统的,不能有缺项。

3 评审应按照策划的安排来进行。

4 评审的目的

4.1 评价设计和开发结果满足要求的能力。评价应对照要求的不同内容予以逐条分析和评价,并尽量以定量资料来说明。以便能对达到的适宜性、充分性和有效性进行评价。

4.2 识别存在的任何问题并提出必要的解决措施。

5 评审的参加者包括与该阶段活动有关的相关职能代表。相关职能的"代表"可以来自组织内部,也可以来自组织外部、如组织聘请的专家。

6 建立和保持评审结果及任何必要措施的记录。构成设计和开发更改范围的内容应按照标准 7.3.7 条款的要求进行控制。

7 评审的方式

7.1 会议评审。召开与设计和开发项目有关的人员,对项目进行设计和开发的评审,必要时可以聘请有关专家参加。

7.2 函件评审。适用于向单位以外的专家征求评审意见的情况。

7.3.5 设计和开发验证

为确保设计和开发输出满足输入的要求,应依据所策划的安排(见 7.3.1)对设计和开发进行验证。验证结果及任何必要措施的记录应予保持(见 4.2.4)。

标准引用的相关术语

1 验证

通过提供客观证据对规定要求已得到满足的认定。

注 1:"已验证"一词用于表示相应的状态。

注 2:认定可包括下述活动,如:

——变换方法进行计算;

——将新设计规范与已证实的类似设计规范进行比较;

——进行试验和演示;

——文件发布前的评审。

标准释义与应用

1 对设计和开发的输出应按照策划的安排进行验证。目的是确保设计和开发的输出满足输入的要求。

2 设计输出的验证对象有两个:一是设计的阶段性产品,如一张图纸、一份计算书等;二是最终产品。验证活动均应在设计产品提供其他专业或提供给顾客之前进行。

3 开发输出的验证对象通常是施工的过程、工艺、设备、人员技能等。验证方式主要有:对技术参数、特性进行测试、试验或人员考核。

4 设计验证可以是对设计图纸、计算书、说明书、工程量等设计文件的校审。其中:计算部分可以采用变换方法计算、将新设计规范当已证实的类似设计规范进行比较的方式校审,也可用试验来验证计算的结果;对于设计的实际效果部分,可采用模拟演示或工程样板的方式验证其效果。如样板房对装饰效果的验证等;设计和开发成果在发布/交付前的评审也可以是验证的一种方式。

5 验证结果及针对存在问题采取的任何必要的措施应予记录。

5.1 针对设计验证的措施可以是重新计算、修改图纸、对照类似设计进行研讨等。

5.2 针对开发验证的措施可以是重新计算、修改图纸/工艺/施工过程、改变材料配比、提高人员技能要求、对照类似技术使用效果进行研讨等。

5.3 构成设计和开发更改的按照标准 7.3.7 条款的要求进行。

7.3.6 设计和开发确认

为确保产品能够满足规定的使用要求或已知的预期用途的要求,应依据所策划的安排(见 7.3.1)对设计和开发进行确认。只要可行,确认应在产品交付或实施之前完成。确认结果及任何必要措施的记录应予保持(见 4.2.4)。

标准释义与应用

1 对设计和开发的确认应按照策划的安排进行。目的是要确保设计和开发的产品能够满足规定的使用要求或已知的预期用途的要求。确认的对象应是拟交付顾客的最终产品。

1.1 设计产品的确认。不同设计阶段的设计确认有不同的要求和方式。方案和初步设计的设计确认一般由顾客进行。确认的形式可以是会议(如由建设单位组织,主管部门和相关单位参加的方案讨论会等),也可以是建设单位项目主管人员的签字。施工图的确认,按照目前的国家规定,应由建设单位委托具有资格的单位进行施工图审查,合格后图纸才能发往施工单位实施。

在国际工程总承包项目中,设计文件的确认通常由所在国建设项目负责人与项目设计负责人以逐页签字的方式予以确认。

当施工单位承担施工图设计时,设计文件的最终确认一般由设计单位进行。

1.2 开发项目的确认。开发项目的确认应视具体要求进行,但通常可以分两个阶段进行。

1.2.1 开发方案的确认。或由建设单位确认,或由监理确认。

1.2.2 开发产品的确认。最终一定是由建设单位进行确认。

2 规定或预期用途的要求如需要通过检测或试验或实际使用来证实,则应按照规定的途径和方式方法(如检测规程、试验规程和使用要求)来获取相应的客观资料。

3 确认应尽可能在产品交付或实施之前完成。在交付和实施之后进行时应说明具体的理由。确认可以根据产品的特点分阶段进行。

4 确认的结果及任何应采取的必要的措施应做出记录。必要的措施包括:补充测试、进一步的试验要求等。

7.3.7 设计和开发更改的控制

应识别设计和开发的更改,并保持记录。适当时,应对设计和开发的更改进行评审、验证和确认,并在实施前得到批准。设计和开发更改的评审应包括评价更改对产品组成部分和已交付产品的影响。

更改的评审结果及任何必要措施的记录应予保持(见4.2.4)。

标准释义与应用

1 设计和开发更改的识别是要区分更改对产品的影响。对于影响程度不同的更改,应分别采取评审、验证、确认和实施前得到批准等方式进行控制,以确保更改得到有效的实施。

当设计和开发的更改与原设计相比发生下述变化时,可以采取以下措施:

1.1 使结构或相关特性偏于不安全时,如钢筋直径由Φ14mm改为Φ12mm时,应重新进行结构计算;或与以往的成功设计相比较。相关记录应予以保留。

1.2 使结构或相关特性偏于安全以致过于保守时,应提出相应的依据。如钢筋间距由150mm改为100mm时,就应同时对更改的必要性做出针对性说明,阐述其理由。

2 对设计和开发更改的评审包括评价更改对产品其他组成部分和已交付产品的影响。

3 更改的识别、评审的结果及任何必要的措施都应有记录。

7.4 采购

7.4.1 采购过程

组织应确保采购的产品符合规定的采购要求。对供方及采购的产品控制的类型和程度应取决于采购的产品对随后的产品实现或最终产品的影响。

组织应根据供方按组织的要求提供产品的能力评价和选择供方。应制定选择、评价和重新评价的准则。评价结果及评价所引起的任何必要措施的记录应予保持(见4.2.4)。

标准释义与应用

1 产品有服务、软件、硬件和流程性材料四种形态。

1.1 施工单位的采购产品有:

1.1.1 服务产品:如运输,土工及各类材料试验,结构测试(如测桩),测量、检验和试验设备的检定,工程测量(如变形测量),劳务,工程分承包等。

1.1.2 软件产品:如计算、绘图软件,网络软件等。

1.1.3 硬件产品:如直接构成最终产品的各类建筑材料等;以及为产品实现所不可缺少的材料(如火工材料等)和设备(如施工设备,机具,测量、检验、试验设备,计算机等)。

1.1.4 流程性材料:如油料等。

2 组织应编制采购控制程序/管理文件,以确保采购的产品符合规定的采购要求。

2.1 采购控制文件的内容至少包括:对供方实施评价、选择和重新评价的条件和内容等的准则和程序,职责和权限,采购产品的类型、控制程度和供方的业绩记录和统计的要求等,控制程度取决于采购产品对产品实现过程或最终产品的影响程度。

2.1.1 采购原材料产品的评价内容和选择的要求。

a) GB/T 19001—2000 标准对"供方"和"采购的产品"做出了区分。而根据 GB/T 19000—2000 标准,供方可以指制造商、批发商、产品的零售商或商贩。因此,当直接从生产单位采购产品时,供方即指制造商。当从批发商、零售商处采购产品时,对批发商(或零售商)及制造商(或产品)均应按照采购文件的规定进行控制。

b) 采购产品的控制可根据实际情况进行适当的分类/分级。

c) 对经销商的评价可以围绕其服务质量和内容、价格和付款条件、供货能力等进行。

d) 对制造商的评价则应围绕产品的生产合法性(如营业执照、生产许可证)进行。

e) 对产品质量有关信息的评价内容可以有:型式试验报告、产品质量检验报告、产品认证、体系认证、地方建材市场准入证/准用证等、价格、供方的顾客满意情况、调查在本单位或其他单位的使用效果/业绩、对产品进行抽样试验等。

f) 对产品的选择可以采用试用等方式进行。

2.1.2 评价及选择设备租赁、检测试验机构、劳务和工程分包方

可以根据分包内容对工程质量的影响程度考虑的以下部分或全部的内容:

a) 营业执照,资质证书,施工安全许可证,业务销售、维修等的授权证书。应确认资质与拟委托/采购工程/产品的符合性,证书的有效期等。外地单位还应审核经过本地建筑主管部门核准的允许进入本地建筑工程市场承揽工程的许可证。

b) 与本企业或其他企业合作的业绩,应附有具体的说明,不能笼统叙述。

c) 必要时,对质量管理体系进行考察/审核/做出要求。

d) 专题考察。

e) 必须满足国家和地方有关法令法规的要求。如《合同法》规定,施工安装单位所选择的工程分包项目应在合同允许的范围内进行,或事先经建设、监理单位的认可。

f) 本项目的项目经理、总工程师等项目部主要人员的教育、培训、经历和经验等。

g) 投入本项目的重要施工设备装备的能力。

h) 其他要求。

上述企业资料的审核,应从国家、地方、行业的有关规定出发,审核其有效性和符合性。如国家规定建筑安装企业的施工资质应每年进行一次年审,在对工程分包方的企业资料进行审核时,除了审核施工资质的等级、专业范围外,还应审核施工资质是否按时通过了主管部门的年度审核。质量管理体系认证证书也应确认供方是否通过了认证机构的年度监督审核或复评审核。必要时,尚应了解上述年审活动中,是否被提出过严重不合格或被暂停过证书的使用等情况。

2.1.3 重新评价的时机和要求

a) 时机:重新评价的方式有定期评价和不定期评价两种。定期评价按照规定进行;不定期评价可在以下情况出现时进行。

——连续出现一般质量问题或出现重大质量安全问题;

——该供方在其他使用地点或施工/服务场所出现重大质量

安全问题时均可以进行。如公路施工行业,交通部规定对施工企业进行年度资信审查,对于在过去一年里出现过严重质量问题的公路施工企业,会予以通报并提出处罚措施。

——质量管理体系认证证书被认证机构暂停或撤消。

——施工资质、安全许可证在年审时未予通过。

b) 内容:评价可以针对质量、供货时间/进度、现场管理、技术能力、质量管理体系运行有效性等进行。

2.1.4 评价时对于供方提供的资料和证件,组织应验证是否在有效期之内。

2.1.5 对于在合同条件中顾客已经明确指定的供方,组织可不再对供方进行评价。

2.2 采购要求主要在采购信息中反映。

2.3 采购的记录要求。其中,评价的结果及评价所引起的任何必要措施(如进一步加强对供方产品的进货检验频次等)的记录必须建立和保持。

3 采购方式:定向采购,招标采购。两种采购方式在采购程序的规定中均应予以规定。

3.1 定向采购:供方的数量少,评价选择的工作量也小,但不易选择到最佳的供方。适用于采购量比较小的产品采购。

3.2 招标采购:面向社会公开招标,便于选择最合适的供方,但评价选择的工作量大。招标采购的前提是要有足够的采购量,以吸引供方参加投标。

7.4.2 采购信息

采购信息应表述拟采购的产品,适当时包括:

***a*) 产品、程序、过程和设备的批准要求:**

***b*) 人员资格的要求;**

***c*) 质量管理体系的要求。**

在与供方沟通前,组织应确保所规定的采购要求是充分与适宜的。

标准释义与应用

1 采购信息的形式:设计用量清单、采购需用量计划、采购计划、采购合同(包括电话采购的内容)。

对于一些大宗材料,项目部通常只与厂家或经销商签订总的购货合同,具体提货或送货时间由采购人员电话通知,因此,电话通知的内容是对文字合同的补充。

根据不同的采购对象,可以有不同的计划,如物资需用量计划、劳务需求计划等。

2 采购信息的内容:符合产品特点的技术要求、图纸、数量、质量等级、产品/验收标准、包装、到货时间等;适当时还应包括:对生产/施工产品进行批准(如开工报告审批),生产/施工管理程序、生产/施工过程或工艺以及使用的生产/施工设备进行批准,对生产/施工人员技能/资格的要求,以及对供方质量管理体系的要求(尤其对工程分包单位的有关人员)。服务类产品的要求还可以包括对服务人员、服务及时性以及服务结果的验收标准等要求。

3 采购信息的制定和审批。

3.1 制定采购信息的一般顺序。

3.1.1 技术部门在审核图纸之后应逐分项工程编制设计要求的工、料、机清单;

3.1.2 技术部门或计划部门根据施工进度计划形成工、料、机的需用量计划;

3.1.3 采购部门在工、料、机需用量计划的基础上,考虑库存和相应定额后制定工、料、机的采购计划;

3.1.4 由授权人员与合格供方签订采购合同;

3.1.5 采购员根据实际需要,电话通知供方在指定时间供货。电话记录应予留存。

3.2 对于清单、计划、采购合同等均应在对外提供/沟通前进行复核/批准,以确保采购要求是充分和适宜的。

3.3 采购合同由授权人员签署。电话采购时,有关内容应予以记录并保存。

7.4.3 采购产品的验证

组织应确定并实施检验或其他必要的活动,以确保采购的产品满足规定的采购要求。

当组织或其顾客拟在供方的现场实施验证时,组织应在采购信息中对拟验证的安排和产品放行的方法作出规定。

标准释义与应用

1 对采购产品的验证可能有多种方式,如在供方现场检验、到货验收及此后的检验和试验等。组织应针对不同产品或服务的验证要求规定验证的主管部门及验证方式。验证的要求应在项目质量计划中给出具体的规定,包括验证的对象、时机、程序、内容或指标、验证的工具及相关的记录要求等。

2 当组织或其顾客拟在供方现场实施验证时,组织应在采购合同中对拟进行验证的时间安排和产品的放行方法作出规定。

3 施工企业采购物资的到货验收和此后的质量检验是常规性验证。此外到供方进行首件检验或其他验证则由企业根据需要采用,一般应在采购合同中事先作出规定。

4 对分包服务验证应针对各种服务的性质,按照相关法规、标准、规范以及分包合同要求进行服务质量验证、企业应分类规定主管部门和验证方式。

5 物资或分包服务验证所需配备的检测设备应符合标准 7.6 条款监视和测量装量的控制条款要求。

6 分包/服务单位的验证应包括对进场人员/设备的验证。

7.5 生产和服务提供

7.5.1 生产和服务提供的控制

组织应策划并在受控条件下进行生产和服务提供。适用时,受控条件应包括:

a) 获得表述产品特性的信息;

b) 必要时,获得作业指导书;

c) 使用适宜的设备;

d）获得和使用监视和测量装置；

e）实施监视和测量；

f）放行、交付和交付后活动的实施。

标准释义与应用

1　组织应对施工管理一般过程、施工过程、工艺过程进行策划。策划的结果或在质量计划/施工组织设计中反映，或在分项、分部、单位工程开工之前的施工方案/作业指导书/单项工程施工组织设计中反映。

2　组织的施工管理一般过程、施工过程、工艺过程必须在受控条件下进行。受控条件包括：

2.1　确保相关部门/岗位获得表述工程特性的信息。包括设计图纸，设计变更，组织对工程的附加要求，质量验收标准，以及相应的岗位职责和工作要求。获得信息的方式有技术交底，文件资料的共享、传递、发放，培训等。

案例1：以图纸（包括初次图纸审核和设计变更图纸审核）审核为例，必要时，该过程可展开如下。

图纸接收
↓
填写文件处理单
↓
相关技术人员审核图纸
↓
提出图低问题 | 绘制施工详图 | 核算工程量 | 核算材料用量 | 估算人工和设备需求 | 编制专项施工组织设计或施工方案
↓
上述文件、资料传递有关部门

案例1图　图纸审核过程

2.2　必要时获得作业指导书包括技术性或管理性的文件。如：国家或地方的相关法律，法规；施工标准，规范；质量计划，施工组织设计；施工方案，作业指导书，技术交底书；项目部的管理性文件等。

2.3　使用适宜的施工设备和管理设备。对设备的验收、技术性能测试、维修管理过程应制定相应的规定。对租赁的设备，供方的评价可以执行标准 7.4 条款的规定,同时应制定租赁设备的日常管理规定。

2.4 获得和使用监视和测量装置。

监视装置指监视施工过程参数和施工质量的装置。监视过程参数的仪器如现场含水量测试仪,压实度测试仪,直螺纹加工的测规、千斤顶设备上的油压表等;监视施工质量的仪器包括用于各类工程检验试验和用于建筑材料、混凝土试块、焊接试件的试验仪器等,以及上述仪器进行自校/自检时所使用的鉴定工具。

测量装置指施工现场对导线、高程、水准、轴线等进行测量的装置。如:全站仪、经纬仪、水准仪、钢卷尺等。

2.5 实施监视和测量。

2.5.1 按照标准 7.1.*c*)条款策划的结果对各过程参数、工程质量检验试验要求和施工测量要求进行监视和测量。

2.5.2 各管理岗位的监督、检查、审批、验证等工作。

2.6 放行、交付和交付后活动的实施。组织和项目部都应对这三类活动做出明确和具体的规定。对交付后的活动应做出计划和安排,并形成文件。

3 施工企业应编制施工安装过程控制文件/程序。

7.5.2 生产和服务提供过程的确认

当生产和服务提供过程的输出不能由后续的监视或测量加以验证时,组织应对任何这样的过程实施确认。这包括仅在产品使用或服务已交付之后问题才显现的过程。

确认应证实这些过程实现所策划的结果的能力。

组织应对这些过程做出安排,适用时包括:

***a*)为过程的评审和批准所规定的准则;**

***b*)设备的认可和人员资格的鉴定;**

***c*)使用特定的方法和程序;**

***d*)记录的要求(见 4.2.4);**

***e*)再确认。**

标准释义与应用

1　对施工提供过程进行确认的主要对象是过程的输出不能由后续的监视或测量加以验证以及只在工程使用过程或工程交付之后问题才会显现出来的各类施工过程。

1.1　施工过程的确认以分解到单元工程、分项工程或施工工序为宜。

1.2　不能由后续的监视和测量加以验证的过程主要有:大体积混凝土施工,水下混凝土施工,钢筋焊接,预应力混凝土张拉,爆破工程,软土地基处理,套丝工序,防水工程等,其中部分过程也具有只在工程使用过程或工程交付之后问题才会显现出来的各类施工过程。

1.3　只在工程使用过程或工程交付之后问题才会显现出来的各类施工过程主要有:油漆工程,木作工程,外墙饰面工程,防腐蚀工程,管道吹洗、电缆接续等。

2　服务过程的确认主要有管理部门的监督检查指导工作,试验计量中心和测量专业队伍的技术服务工作。

3　确认的目的在于证实这些过程达到预期结果的能力。因此,确认的结果应形成文件。

4　对应予以确认的各类过程,组织应在相应的文件/程序中予以明示。项目部在质量计划中予以具体的确定。过程确认首先应提供并评审该过程实施的作业文件,再按照要求对各项内容实施控制,验证对过程策划的实现能力,必要时进行再次确认。进行过程确认时,应考虑以下因素:

4.1　确定评审和批准过程的准则或标准。在公路工程施工中,可以规定施工工艺的评审和批准准则是试验段施工质量达到规定要求;在装饰工程中,可以规定施工工艺的评审和批准准则是样板墙、样板地等达到工程质量验收规范的要求并得到顾客的认可;等等。

4.2　设备的认可和人员资格的鉴定要求。如在特殊过程施工之前,对使用的施工设备和安排的施工人员就应做出进行技术性能认可和人员资格鉴定的规定。

4.3　确认所使用的特定的方法和程序。如在特殊过程施工之前，其施工方案或施工工艺、施工程序应得到组织授权人员或监理的批准和确认。

4.4　确认记录的要求。如特殊过程在施工之前，组织应制定或确定所使用的有关记录的要求。

4.5　再次确认的条件和要求。一旦经确认的过程在随后的施工过程中，出现了不满足工程质量或顾客要求的情况，组织或项目部应对特殊过程施工中所使用的施工方案、施工工艺、设备、材料、人员等进行再次确认。

7.5.3　标识和可追溯性

适当时，组织应在产品实现的全过程中使用适宜的方法识别产品。

组织应针对监视和测量要求识别产品的状态。

在有可追溯性要求的场合，组织应控制并记录产品的惟一性标识(见 4.2.4)。

注：在某些行业，技术状态管理是保持标识和可追溯性的一种方法。

标准引用的相关术语

1　可追溯性(见 GB/T 19000—2000 标准"3.5.4")

追溯所考虑对象的历史、应用情况或所处场所的能力。

注 1：当考虑产品时，可追溯性可涉及到：

—原材料和零部件的来源；

—加工过程的历史；

—产品交付后的分布和场所。

注 2：在计量学领域中，使用 VIM：1993，6.10 中的定义。

标准释义与应用

1　有保质期要求，有规格、型号、厂家和其他特殊要求的产品，组织应在产品实现的全过程对产品进行标识。

标识的方法有:挂牌、实物标注、记录标注等。

2 为防止产品不同检验状态的混淆,应对产品检验试验的状态标识做出要求。

3 可追溯性的主要内涵指对材料或零部件的来源、施工过程、产品分布的追溯要求。土木建筑工程的追溯要求体现在以下方面:

3.1 某施工部位的主要建筑材料的来源。如水泥、钢材、混凝土外加剂、地材、商品混凝土的来源等。这可以通过在产品的接受记录、验收记录、入库记录、试验委托记录、复试记录、见证送检记录、发放记录、使用记录、隐检记录、检查记录、浇筑记录、混凝土配合比报告、施工日志等记录中记录产品的批号、炉号、试验编号等惟一性标识来实现。

3.2 施工过程的追溯。一般可以反映在施工管理一般过程、施工过程和工艺过程的各项记录之中。审核可追溯性可以有效达成以下目的:一是施工过程是否符合规范要求;二是管理过程是否得到有效的控制。

3.3 产品的分布/使用。如轻钢龙骨、饰面板、石材等。

3.4 对于装饰装修等工程,宜采用3.2和3.3条的规定控制可追溯性。对于建筑工程、公路工程等,应综合运用3.1、3.2和3.3条的要求进行可追溯性管理的设计。

4 可追溯性或标识的需求可能来自以下需要:

4.1 对施工状态的了解和掌握;

4.2 对施工过程及施工能力的了解和掌握;

4.3 进行数据分析,以便进行业绩改进;

4.4 工程维修、返工或返修的要求;

4.5 相关法律法规的要求;

4.6 危险材料的保管和使用,如易燃、易爆品;

4.7 减轻已识别的风险,如施工安全措施方面的标识。

5 凡具有可追溯性要求的场合,组织应对惟一性标识作出规定并予以记录。因此,组织在制定记录表格时,应对如何记录惟一性标识以满足可追溯性要求做出明确规定。

6　惟一性标识有：

6.1　材料的批号、炉号、卷号等。材料的惟一性标识可以从产品出厂试验报告或合格证上获取。但由于生产厂家的对产品批号等的规定各不相同，在不易识别时，项目部/采购部门应向厂家核实。

6.2　施工部位。施工部位表述的基本单位应以分项工程、单元工程为基础。在材料的发放记录、各类测量检验试验和测试记录、质量检验评定记录，施工日志，隐蔽检查记录等记录中，应注明施工部位(包括使用轴线/高程予以表述)。

6.3　记录的编号。

6.4　活动日期。

6.5　其他标识。

7　要实现对施工过程和工程质量的追溯，必要时要运用多个惟一性标识才能实现。

7.5.4　顾客财产

组织应爱护在组织控制下或组织使用的顾客财产。组织应识别、验证、保护和维护供其使用或构成产品一部分的顾客财产。若顾客财产发生丢失、损坏或发现不适用的情况时，应报告顾客，并保持记录(见 4.2.4)。

注：顾客财产可包括知识产权。

标准释义与应用

1　顾客财产可以指构成最终产品一部分或为顾客所有、向组织提供并在组织控制下或由组织使用的产品、设施、装备、信息资料等。因此，顾客财产可以是由顾客提供的原材料、半成品、知识产权等。由顾客指定，并由组织与供方签订合同的采购产品，不属于顾客财产范畴，而应执行组织的采购控制要求。

2　组织应以文件方式对顾客财产进行识别或对识别做出要求，并在项目质量计划中予以细化。文件内容同时也应包括对顾客财产进行验证、保护、维护和爱护等的要求。验证可以是数量验收，也可以是检验试验。

3　当顾客财产发生丢失、损坏或不适用时，应向顾客报告并做出记录。
4　建设单位的已完工程属于顾客财产范畴，组织在接收时应予以检验/验收，接收后应进行适当的保护和维护。
5　工程图纸由顾客提供给施工单位使用，故应视作为顾客财产。图纸在接收时，应对图纸的质量、完整性和是否清晰进行验收。按照规定，施工图须经政府主管部门或其授权单位的审核后方可供施工单位使用。

由于工程图纸在具体使用中的控制要求已按照文件控制的有关规定执行，所以在本条款内应对其顾客财产的属性做出说明，并规定出于对顾客知识产权的保护，本工程的图纸将不会用于本工程以外的任何其他方面。控制要求可以参照其他相关条款的要求执行。

7.5.5　产品防护

在内部处理和交付到预定的地点期间，组织应针对产品的符合性提供防护，这种防护应包括标识、搬运、包装、贮存和保护。防护也应适用于产品的组成部分。

标准释义与应用

1　建筑安装单位的产品均可指原材料、中间产品和成品。
2　产品在内部处理和交付到预定地点期间，组织要对它们的符合性提供有效的防护，以防止产品的损坏、丢失等。
3　内部处理如钢筋的制作、混凝土的现场预制、石材的现场加工、管道制作等。
4　防护要求/措施包括：
4.1　标识性防护。
4.2　搬运防护。对特大、特重、超长的构件或设备，易燃、易爆、有毒及贵重物资运输应配备必要的设备及工具，人员经训练合格，符合法规规定和企业管理制度。构件吊装及现场水平、垂直运输包含在此条款内。

4.3　包装防护。幕墙工程施工时,幕墙制作如不在项目现场,则在工厂制作的幕墙产品,必要时将予以适当的包装。

4.4　贮存防护。材料、半成品、设备等物资在仓库或施工现场都必须有适当的贮存环境和防护措施,针对不同物资保证必要的防雨、防潮、温控、防盗、防火、防爆、防污染环境或其他措施,以及标识、收发管理、定期盘点规定等。

对于有时效性、易燃、易爆、有毒或贵重物资的发放、保管和使用应有严密的管理制度。

4.5　施工半成品、成品的保护。

4.6　保护性防护。应制定停工期间、竣工验收期间的保护措施。

5　组织应制定产品防护的文件/程序。

7.6　监视和测量装置的控制

组织应确定需实施的监视和测量以及所需的监视和测量装置,为产品符合确定的要求(见 7.2.1)提供证据。

组织应建立过程,以确保监视和测量活动可行并以与监视和测量的要求相一致的方式实施。

为确保结果有效,必要时,测量设备应:

_a_)对照能溯源到国际或国家标准的测量标准,按照规定的时间间隔或在使用前进行校准或检定。当不存在上述标准时,应记录校准或检定的依据;

_b_)进行调整或必要时再调整;

_c_)得到识别,以确定其校准状态;

_d_)防止可能使测量结果失效的调整;

_e_)在搬运、维护和贮存期间防止损坏或失效;

此外,当发现设备不符合要求时,组织应对以往测量结果的有效性进行评价和记录。组织应对该设备和任何受影响的产品采取适当的措施。校准和验证结果的记录应予保持(见 4.2.4)。

当计算机软件用于规定要求的监视和测量时,应确认其满足预期用途的能力。确认应在初次使用前进行,必要时再确认。

注:作为指南,参见 GB/T 19022.1 和 GB/T 19022.2。

标准引用的相关术语

1　测量设备(见 GB/T 19000—2000 标准“3.10.4”)

为实现测量过程所必需的测量仪器、软件、测量标准、标准物质或辅助设备或它们的组合。

标准释义与应用

1　组织应针对施工和安装的要求确定所需的监视、测量活动。

2　实物产品的监视和测量活动见对标准第 8.2.4 条第 2 条的解释。

3　监视和测量装置的确定。针对上述监视和测量活动,组织应按照工程验标/其他标准或规程的要求确定所需的装置(包括仪器、工具和装置)。无监视和测量装置要求的监视和测量活动,组织可以做出说明。项目部应在项目质量计划中结合具体的检验试验测量活动予以确定。控制的范围除直接使用的仪器设备外,对仪器设备自检时所使用的仪器也应予以控制。

4　为确认产品符合确定的要求提供证据主要指上述各项要求的活动记录。组织应在相关文件中对记录表格作出规定。

5　组织应建立管理文件。项目部应在项目质量计划中进行具体的规定,以确保监视和测量活动可行、符合实际需要。

6　为确保测量结果有效,测量装置应:

6.1　组织对检验试验测量和监视设备应及时进行检定。检定应送国家授权的计量部门进行,因此,对检定部门应进行评价,确认其具有相应的资格和授权关系。如果不存在溯源的国际或国家标准的测量标准时,应记录检定的依据。新购设备在使用前应进行检定。

6.2　工程测量用的水准仪、经纬仪、全站仪,在实施测量前,应对仪器进行校准,确保仪器在使用前处在合格的精度范围内。该项工作可以在测量原始记录(如测量手簿)中反映。

6.3　对于组织自行校准的仪器设备,组织应制定自检规程,并按照规程的要求配备规定的检定用器具,并由具有资格的人员进行校准。对自校时所使用的仪器和器具,组织应确保其经过了检定,并在使用时仍处在检定的有效期内。

案例1:混凝土试模自检时,按照规定应使用万能角度尺、钢直尺、塞尺、游标卡尺等工具,对这些检定时使用的工具,应送获得相应计量认证资格的单位进行检定,并应保证在自检时,使用的工具在检定的有效期之内。

6.4 进行调整或必要时再调整。如测量前对仪器的校准和调平。

6.5 检定和自校后应在仪器和设备上张贴合格标识。

6.6 对禁止的调整动作应予明示,以防止测量结果失效。

6.7 采取有效措施,以防在搬运、维护和贮存期间装置损坏或失效。

7 即使在校准/检定的有效期内,一旦发现仪器和设备偏离了校准状态,应对以往测量结果的有效性进行评价和记录。对该设备和相关产品均应采取适当的措施以防继续使用。

8 各类校准或检定的记录均应予以保持。

9 当计算机软件用于规定要求(如全站仪的软件、桥梁悬臂浇筑时高程的测量计算软件)的监视和测量装置时,初次使用前应对其满足预期用途的能力予以确认,此后在必要时应进行再确认。

10 监测装置长期封存后使用、降级使用、报废、损坏后管理等应制定相应的管理制度。

11 试验环境应满足产品试验的要求。设备存放应满足设备管理的要求。

8 测量、分析和改进

8.1 总则

组织应策划并实施以下方面所需的监视、测量、分析和改进过程：

_a_）证实产品的符合性；

_b_）确保质量管理体系的符合性；

_c_）持续改进质量管理体系的有效性。

这应包括对统计技术在内的适用方法及其应用程度的确定。

标准释义与应用

1 分析和改进过程应与监视和测量过程结合进行，对其应进行策划，并要求相关部门、不同层次和岗位予以实施。应予以监视、测量、分析和改进的主要对象有：

1.1 证实建筑安装工程与标准 7.2.1 要求（包括顾客明示、隐含的要求，法令法规、标准规范的要求，以及组织自己确定的任何附加要求）的符合性。

1.2 确保质量管理体系中管理活动、资源提供、产品实现和测量有关过程与质量管理体系文件的符合性。

1.3 持续改进质量管理体系的有效性。

2 组织应编制管理文件/程序，对上述过程作出规定和要求。其内容还应包括对统计技术在内的适用方法及其应用程度的确定。

2.1 证实建筑安装工程质量符合性的监视、测量、适用的统计技术方法和改进过程。

2.1.1 对质量目标的动态监控。无论组织的管理部门或项目部，对组织的质量目标和项目部的质量目标都应进行动态控制，以掌握目标的实现情况，确保各级质量目标的实现。可使用动态图方法进行控制。组织的资料来源有项目部的月度统计报表；项目部的资料产生于分项、单元、分部、单位工程的评定。应定期分析质量目标动态分析的结果，并提出必要的控制措施。

2.1.2　对施工安装质量的动态监控。在分项工程验收评定、隐蔽检查/验收、施工过程监控过程中，以建筑工程为例，对检验批主控项目和一般项目指标的监视测量结果，均可进行动态分析和控制，以便改进控制能力和组织业绩。

2.1.3　对法令法规和国家、行业强制性标准规范执行情况的信息搜集和分析。对执行情况的监督检查应进行事先策划，并对检查人员应进行有效的培训。最初的若干次检查应尽可能全面的覆盖法令法规和国家、行业强制性标准规范，选择有代表性的项目部进行，以便了解和掌握情况。以后逐步选择重点进行检查，并对每次必查内容作出规定。

检查应留有完整的记录。

对检查出的问题应进行分析，并提出有效的措施予以改进。

2.2　对质量管理体系符合性的监视、测量、适用的统计技术方法和改进过程。

2.2.1　组织的内部审核。

2.2.2　项目部质量计划执行情况的检查。

例行检查可参照内部审核方式进行。

针对特定的重要施工过程也可以按照一般施工管理过程和工艺过程的要求进行开工前检查和对施工过程进行控制。检查应事先予以策划并保留适当的检查记录。

对观察到的问题利用适当的方法进行原因分析，制定改进措施并予以实施。

2.2.3　对特定施工过程进行的专项检查。

按照程序规定的各项要求对实施情况进行检查。检查应事先予以策划并保留适当的检查记录。对观察到的问题利用适当的方法进行原因分析，制定改进措施并予以实施。

2.3　对持续改进质量管理体系有效性的检查。

实施检查前应予以策划并保留适当的检查记录。检查的对象是各项改进措施的实施及其实施效果。对实施效果的评价应事先规定评价的指标体系和评价方法。

8.2 监视和测量

8.2.1 顾客满意

作为对质量管理体系业绩的一种测量,组织应对顾客有关组织是否已满足其要求的感受的信息进行监视,并确定获取和利用这种信息的方法。

标准释义与应用

1 组织应制定文件/程序,以便收集、分析和利用顾客满意或不满意的信息,来评价组织质量管理体系的业绩、分析满足顾客要求的状况。

2 质量管理体系业绩的测量。

2.1 顾客满意主要针对顾客对组织通过质量管理体系的运行在产品质量等方面是否已经满足其要求的感受进行测量评价。因为是对感受进行测量,因此,组织应对感受的内容做出识别。

2.2 分析并制定每一条感受内容可能的定量指标,建立指标体系。

2.2.1 指标的内涵应清晰、准确,指标之间不应有内容的交叉,避免重复评价。

2.2.2 评价指标可以分出指标层次、建立指标结构。

2.2.3 指标应便于搜集信息和测量。

2.3 分析和评价各指标之间的权重关系,并对权重予以量化处理。权重可以区分为明显重要、比较重要、同等重要、不太重要、明显不重要五个等级,对比较的指标进行两两比较,运用层次分析法对比较的数据进行分析、计算,最后获得某具体指标在顾客满意度评价中的权重值。

2.4 在权重关系确定的基础上,将顾客满意的信息与相应的权重值相乘,以便最终获得此次顾客满意度的评价结果。

3 评价原则/目的

3.1 评价是为了了解组织提供产品使顾客感到满意的程度。

3.2 组织持续改进的业绩。

3.3 评价应具有客观性、评价结果之间的可比性、评价内容/信息的全面性。

4 评价范围/内容

4.1 从施工开始至工程质保期结束。

4.2 工程质量、施工进度、现场管理、环境保护、施工安全、成本控制、人员素质等。

4.3 自行施工和外包项目。

5 获取顾客信息方法有:

5.1 对顾客或相关方进行走访、问卷调查。

5.2 顾客、监理下发的通报/监理通知等。

5.3 媒体的宣传。

5.4 工地例会。

5.5 组织内各层次、部门、岗位的技术经济指标的计算/核算。

6 组织应规定上述信息的内部沟通渠道,以便管理层能及时掌握信息。

7 对顾客满意程度的评价是掌握和利用信息的基本目的,因此,组织在制定的文件中应对评价的指标和方法作出规定。

8.2.2 内部审核

组织应按策划的时间间隔进行内部审核,以确定质量管理体系是否:

***a*) 符合策划的安排(见 7.1)、本标准的要求以及组织所确定的质量管理体系的要求;**

***b*) 得到有效实施与保持。**

考虑拟审核的过程和区域的状况和重要性以及以往审核的结果,应对审核方案进行策划。应规定审核的准则、范围、频次和方法。审核员的选择和审核的实施应确保审核过程的客观性和公正性。审核员不应审核自己的工作。

策划和实施审核以及报告结果和保持记录(见 4.2.4)的职责和要求应在形成文件的程序中作出规定。

负责受审区域的管理者应确保及时采取措施,以消除所发现

的不合格及其原因。跟踪活动应包括对所采取措施的验证和验证结果的报告(见 8.5.2)。

注:作为指南,参见 GB/T 19021.1、GB/T 19021.2 及 GB/T 19021.3。

标准引用的相关术语

1 审核方案(见 GB/T 19000—2000 标准"3.9.2")

针对特定时间段所策划,并具有特定目的的一组(一次或多次)审核。

2 审核员(见 GB/T 19000—2000 标准"3.9.9")

有能力实施审核的人员。

3 不合格(不符合)(见 GB/T 19000—2000 标准"3.6.2")

未满足要求。

标准释义与应用

1 组织应编制年度内部审核计划,以便使内部审核能按照策划的时间间隔进行。

2 内部审核的目的是要确定质量管理体系是否:

2.1 符合"产品实现的策划"(见 7.1 条款)的要求、本标准要求以及组织所确定的质量管理体系要求。因此,质量管理体系内部审核的依据包括:项目质量策划文件、GB/T 19001—2000 idt ISO9001:2000 标准和组织制定的质量管理体系文件。这同样也构成了评价质量管理体系实际运行符合性评价的依据。内部审核应对质量管理体系的符合性进行审核并做出评价。

2.2 质量管理体系得到了有效的实施和保持。因此,内部审核应对质量管理体系有效性进行审核并做出评价。

2.3 证实质量管理体系运行的有效性,关键在于是否采用了有效的审核方法。或者说,有效的审核方法应该能有效地证实质量管理体系运行的有效性。有效的审核方法应能有效地证实施工及各项管理过程、材料和半成品的可追溯性、合理性、符合性、有效性,能有效地再现当初的施工和管理过程,证实施工质量符合要求。

因此,审核应充分运用可追溯性原理和过程方法,来判断事实的符合性和有效性。

注:运用可追溯性原理对项目部部分工作进行审核的案例见附件5。审核方法见附件6。

3　内部审核前应对审核方案进行策划。策划时应考虑以下因素:

3.1　组织设计的内部审核机制。内部审核机制对组织质量管理体系运行的有效性将起到重大的影响,一般来讲,组织的内审机制可以有以下几种选择。

3.1.1　仅在组织层面组织内部审核。审核覆盖组织的各个有关部门、分公司/子公司、项目部。可以采用集中方式或滚动方式进行。频次可视组织的规模、项目的分散程度、资源的配备等因素决定,但每年不少于一次。

3.1.2　除在组织层面按照3.1.1条的要求组织内部审核外,规定分公司/子公司也要组织独立的内部审核,其审核计划可与组织的内部审核计划相对独立,并报组织的主管部门批准或备案。计划应覆盖分公司/子公司的各个有关部门和项目部。频次可视分公司/子公司的规模、项目的分散程度、资源的配备等因素决定,但每年不少于一次。

3.1.3　除在组织层面和分公司/子公司按照3.1.1和3.1.2条要求组织内部审核外,规定有条件的项目部(如工期在一年以上的施工项目)也应组织内部审核。覆盖计划经项目经理批准后执行。审核的时间安排与组织或分公司/子公司的内部审核错开,应独立进行。频次可视项目部的规模、技术的复杂程度、资源的配备等因素决定,或定期进行,或视工程进度进行,或在特殊工序/关键工序的施工之前/之中/之后进行。对于大型施工企业,尤其应重视项目部的内审活动。

3.2　审核方法。审核过程一般可以分为集中审核和滚动审核二种。前者指所有的审核活动集中在一个较短的时间段内进行的方式;后者指所有的审核活动分成几个阶段进行、最后再形成一个完整的审核报告的方式。

施工单位采用滚动审核方式时,应尽可能与项目部的施工情况相结合,选择适宜的时机进行。选择适宜时机的原则:有利于项目部的体系运行和加强或验证项目部对重要施工过程的控制能力。

3.3 审核区域的状况和重要性。如项目部所在地的气候是否处在冬季停工期或夏季停工期;项目部施工的规模大小、施工难度、技术复杂性、人员的能力等。重点是规模大、难度大、技术复杂、人员能力较差的项目部。

3.4 以往审核的结果。包括内部审核、第二方审核和第三方审核的结果。对于审核结论比较差的部门和项目部应予以重点关注。

4 组织应对内部审核方案进行策划。策划的内容应包括:

4.1 审核目的。审核策划应首先确定本次审核的主要目的,以作为审核策划的依据和突出审核重点。

4.2 审核准则。包括审核依据和符合性、有效性评价指标和评价方法。

4.3 范围。包括对组织的不同管理部门、不同层次和性质的下属单位和项目部的审核要素的策划;对不同层次的下属单位和项目部的抽样等。抽样的范围至少应覆盖认证机构审核时的抽样现场。

4.3.1 按照CNACR210(附录3)—2001文件的规定,施工单位属多现场组织。因此,在内部审核时,对下属分公司、子公司和各类性质的项目部可以参照该规定进行抽样,但应覆盖认证机构抽样的现场。

4.3.2 对于已独立认证、但仍包括在总部证书范围内的下属公司,不得进行抽样。

注:多现场认证审核的一般要求参见附录7。

4.4 频次。集中审核的频次和滚动审核的时间间隔。

4.5 方法。如审核中的过程方法、可追溯性方法等,是否需要编制审核检查表等。应根据不同的审核对象,选择不同的审核方法。

4.6 审核员不得审核自己的工作。因此,审核员只要不审核自己的工作,审核本部门其他人员的工作仍是可以接受的人员安排。

4.7 审核员的选择和审核的实施都应确保审核过程的客观性和公正性。因此,应考虑以下工作:

4.7.1 审核员的培训。如 GB/T 19001—2000 idt ISO9001:2000 标准的培训和审核一致性的培训。

4.7.2 审核员的专业审核能力。

4.7.3 审核员的个人素质。

5 编制内部审核控制程序。包括以下活动和过程的职责和要求:审核方案的策划,审核实施,审核报告,审核(包括跟踪审核)的记录。

审核记录应具有可重复性,反映审核的抽样情况以及对各项职责的执行情况。

6 审核中发现的不合格,受审单位的管理者应确保及时采取纠正措施,以消除不合格及其产生的原因,防止不合格的再发生。审核员在跟踪审核活动中应对纠正措施的实施效果进行验证,并报告验证的结果。

6.1 不合格报告的一般要求。不合格报告的事实内容应力求事实清楚、语言简练。要做到对不合格事实进行准确的阐述,基本要求包括:

6.1.1 合格的事实不写。如:审核时发现,按照每周一次工程例会的规定,2002 年 4 月项目部共召开了三次例会,有相应的会议纪要和发放记录,但缺少一次例会的有关记录。

6.1.2 含糊的内容不写。如:未能证实公司的质量方针得到了有效的贯彻落实。

6.1.3 推测的内容不写。如:在公司的《受控文件清单》中,由于没有进行定期的评审,导致清单中包含有多处作废文件,从而导致对使用有效文件不能起到保证作用。

6.1.4 绝对性的用词不写。如:公司质量监督处没能提供任何证据,表明对项目部进行了质量安全检查。

6.1.5 缺乏逻辑关系的内容不写。如:项目部对工程分包单位的施工人员没有收集人员资质,导致没有人员名单和证书复印件,导致工程质量不能保证。

6.1.6 不符合的判断应以准确的文件要求为依据。如:办公室未提供2002年的公司《有效文件清单》,不符合公司《文件控制程序》(第2版)第5.2.3条"公司办公室每年一月份出版公司《有效文件清单》"的规定。

6.2 受审核单位应及时采取纠正措施。制定纠正措施时应遵循以下步骤:

6.2.1 进行原因分析。原因分析是采取有效纠正措施的基础和前提,这项工作十分重要。原因分析时应注意以下问题:

——不能仅仅是从另一个角度复述不合格事实。如不合格事实为:"办公室未按照职责规定每年出版一次公司的《受控文件清单》",原因为:"由于工作忙,有关人员忘记了应每年出版一次公司《受控文件清单》"。

——分析的原因难以采取适当的纠正措施。如仍以上述不合格事实为例,原因分析为:"当事人责任心不强所致"。

——应认识到原因分析也具有阶段性。不论是管理问题还是技术问题,并不都是一次分析就能直接找到问题根源的,通常原因分析也是递进的、逐步深入的。或者说,能一次准确找到原因的问题并不见得是多数。遇到此类问题时,可对如何进行原因分析制定实施计划。

——正确的原因分析方法仍然应以过程方法为指导。

6.2.2 针对原因制定纠正措施。制定纠正措施时应考虑:

——评价采取纠正措施的需求。详见对标准第8.5.2条的解释。

——纠正措施的内容与不合格的原因应具有针对性。如某不合格的原因为:"因最近人员调整,工作比较忙,此项工作忽略了",相应的纠正措施为:"组织相关人员进行培训"。该纠正措施的内容就没有针对性。

6.3 审核员对纠正措施的实施效果进行验证。验证的主要要求有：

6.3.1　纠正措施与所提出的不合格是否相适应；

6.3.2　对不合格是否进行评审；

6.3.3　是否进行了原因分析，分析是否到位；

6.3.4　制定的纠正措施是否具有针对性，是否得到了实施；

6.3.5　实施结果的记录的符合性和有效性。

6.3.6　验证应有结论并附有相应的实施证据。

7　审核报告应提交管理评审。

8.2.3　过程的监视和测量

组织应采用适宜的方法对质量管理体系过程进行监视，并在适用时进行测量。这些方法应证实过程实现所策划的结果的能力。当未能达到所策划的结果时，应采取适当的纠正和纠正措施，以确保产品的符合性。

标准引用的相关术语

1　纠正(见 GB/T 19000—2000 标准"3.6.6")

为消除已发现的不合格所采取的措施。

注 1：纠正可连同纠正措施一起实施。

注 2：返工或降级可作为纠正的示例。

2　纠正措施(见 GB/T 19000—2000 标准"3.6.5")

为消除已发现的不合格或其他不期望情况的原因所采取的措施。

标准释义与应用

1　组织应采取适宜的方法对质量管理体系中与管理活动、资源提供、产品实现和测量过程进行监视。一些过程可以进行必要的测量工作，以证实这些过程实现策划结果的能力。

1.1　对管理活动的过程监视和测量。可以在不同层次采取定期问卷调查、自我评价和不定期随机征求意见方式，分析管理职责的界定、接口和管理效率问题。

1.2 工程施工过程的监视和测量。可采取的监视和测量活动有:

1.2.1 对项目质量计划、施工组织设计、作业指导书等文件的执行情况进行检查。此活动可授权项目部进行。检查之后应及时对发现的问题进行分析和评价,采取必要的纠正措施。

1.2.2 对供方产品业绩的统计、分析和评价,以便及时发现问题、采取必要的措施。

1.2.3 对来自各方面的对工程质量(如分项/分部/单位工程质量评定信息、各类质量安全检查信息等)和管理的信息的汇总、分析和评价,对问题应及时采取纠正措施。

1.2.4 在土木工程中进行混凝土强度检验评定、混凝土生产质量水平评价。比如:《混凝土质量控制标准》(GB50164—92)标准第4.0.3条规定,应按照月、季、年的间隔对混凝土质量进行统计分析。评定与混凝土质量目标之间的关系,进而提高对混凝土生产质量的控制能力和水平。

在《水利水电基本建设工程单元工程质量等级评定标准》(SDJ249—88)附件一的规定中,对混凝土中间产品的质量评定也做出了规定以及具体的评定标准。

——砂石骨料生产质量标准。规定应按月或按季进行抽样检查分析,一般每生产500立方米砂石骨料,在净料堆放场取一组样,总抽样数量:按月检查分析,不少于10组;按季检查,不少于20组。评价结论分优良与合格两种。

——水工混凝土拌和质量标准。规定应按月或按季进行。评定对象是混凝土试块质量,分优良与合格两种结论。

——钢筋混凝土预制构件制作质量标准。按月或按季进行,检查模板、钢筋和外形尺寸,分优良与合格两种结论。

1.2.5 组织对项目部现场的质量管理体系运行符合性和有效性进行的内部审核活动,具体要求见内部审核部分。

1.2.6 项目部的有关人员对施工过程(如特殊过程、分包过程等)的旁站活动。

1.3 设计过程的监视和测量。可采用的监视和测量活动主要有:

1.3.1　按照设计策划的要求,对设计过程进行的监督检查;
1.3.2　对设计产品(包括中间产品和最终产品)的质量信息,如不合格或设计更改等,进行的数据分析。
1.4　监理服务过程的监视和测量。可采用的监视和测量活动主要有:
1.4.1　按照监理大纲和监理实施细则的规定,对监理服务过程进行的监督检查;
1.4.2　对监理服务过程中的质量信息,如不合格、投诉等,进行的数据分析。
1.5　对设备监造过程的监视和测量。可采用的监视和测量活动主要有:
1.5.1　按照设备监造手册/监造计划/监造方案的要求,对设备监造过程进行的监督检查;
1.5.2　对监造产品的质量信息,如不合格品、不合格项等,进行的数据分析。
1.6　对其他相关的服务类产品的监视和测量。可采用的监视和测量活动主要有:
1.6.1　按照相应的策划的要求,对服务过程进行的监督检查;
1.6.2　对服务产品的质量信息,如不合格、顾客投诉等,进行的数据分析。
2　组织应编制文件,以规定上述活动和活动的方法。常见的监测方法有:检查、审核、抽查、问卷调查、各项目部和各层次的施工信息通报、定期报表、内审中不合格报告及产生原因的分析、质量目标完成状态评审、顾客满意度中相关问题的评审、各单位的自我评价或管理评审以及企业自定的其他方式。
3　监测后发现某个过程的能力不足或不符合要求时,应责成该单位及时予以纠正或采取纠正措施(见 8.5.2),并在实施后应接受验证。

8.2.4　产品的监视和测量

组织应对产品的特性进行监视和测量,以验证产品要求已得

到满足。这种监视和测量应依据所策划的安排(见 7.1),在产品实现过程的适当阶段进行。

应保持符合接收准则的证据。记录应指明有权放行产品的人员(见 4.2.4)。

除非得到有关授权人员的批准,适用时得到顾客的批准,否则在策划的安排(见 7.1)已圆满完成之前,不应放行产品和交付服务。

标准释义与应用

1　组织应在施工过程中按照质量策划的要求对产品特性进行监视和测量,以验证工程质量和采购的各类产品是否满足了相关的要求。

2　监测可以指检验、试验、验收和测试工作。监视应在施工过程的适当阶段进行,并在质量计划中做出具体的规定。

2.1　工程产品(包括硬件和流程性材料)的监视和测量。

2.1.1　采购产品

a) 对具有可追溯性要求的材料,如水泥、商品混凝土、钢材、混凝土外加剂、防水材料、锚具、阀门等,应对照产品标准中的有关技术指标和要求进行进货检验试验,以确认是否满足了相应质量等级的产品要求。不合格品执行《不合格品控制程序》。

b) 应进行测量和测试的材料,如轻钢龙骨、板材、石材等,应按照产品标准中的有关技术指标和要求在到货后对材料几何尺寸、含水率等指标进行测量或测试。不合格品执行《不合格品控制程序》。对于顾客或监理已经确认了样品的石材、板材等材料,项目部还应将进货产品与样品进行比较,不符合样品条件的产品不得验收入库。

c) 采购的其他原材料、半成品,可以只进行验证,如数量验收、外观检查等。

d) 对采购的施工机械设备,设备进场后的监视和测量活动有:

——对于起重施工机械,应按照装箱单逐件验收、清点,验证由制造单位签发的技术性能自检合格证书以及由制造单位所在地区的省级安全生产部门签发的起重机械安全技术监督检验合格证书,以及设备使用维护说明书等。在安装后还应对设备的技术性能状态进行检测,合格后验证工作方能结束。

——对于其他施工机械设备,除略去验证由制造单位所在地区的省级安全生产部门签发的起重机械安全技术监督检验合格证书外,其他验证内容与起重设备的验证内容基本一致。

2.1.2　中间产品

对工程施工和安装产品,检验、试验、测试和测量工作应按照工程质量检验评定标准等要求进行。包括的具体工作形式有:工序的隐蔽验收、单元/分项分部工程验收/检验评定、钢筋接头力学试验、桩的动静载测试、混凝土试块抗压试验、变形测量、各类工程检查证、管道试压、闭水试验以及组织内部的班组交接检验等。监视的具体工作主要有各类现场的工程质量抽查活动。

对于有试验段、样板间、样板地、样板墙的施工项目,验收还可能包括与样板的比较。

监理单位对中间产品的监视和测量活动主要有:监理过程中对监理服务质量的各类检查,如:是否按照监理规范和合同的约定进行监理工作;进度、质量、造价控制的内容、方法是否符合要求,采取的控制措施及效果;合同事项的管理措施、处理情况及效果;监理资料的管理是否符合要求;遵守监理基本准则的情况;项目监理部内部综合管理的情况及效果;建设单位、承包商的反映。

2.1.3　最终产品

检验、试验、测试和测量工作,按照工程质量检验评定标准等进行。

工程施工和安装产品的最终产品检验有:按照合同施工安装范围,对交付产品进行的验收、联动试车等。

2.2　其他采购产品的监视和测量

2.2.1　劳务

对进场人员按照劳务合同或劳务采购计划的要求进行验证,

确保符合使用要求。使用过程中适时对劳务人员进行评价,记录其业绩,并决定是否继续使用。

2.2.2 工程分包

对进场人员和设备按照合同/质量计划/施工组织设计的要求进行验证,内容有:

a) 人员资格/资质。尤其是项目经理、总工程师、质检员、安全员的资质,以及特殊工种的上岗证。

b) 施工设备的技术性能。尤其是起重吊装设备和具有连续作业且不得间断时间过长的设备(如灌注水下混凝土期间,混凝土搅拌机和输送设备不得间断使用)等。验证应按照设备说明书或国家相关标准进行。

在人员和设备的使用期间,对人员和设备均应进行适时的检查和评价。内容有:施工质量的各类检查、检验、评定等,施工安全控制,现场管理,质量管理体系的持续运行等。

2.2.3 技术服务

对供方投入的人员和仪器设备(如检定状态)进行验证,对提供的成果(如试验、测试报告)是否满足相应标准的要求进行验证。

2.2.4 设备租赁

对供方投入的人员和施工设备(如技术性能)进行验证,对设备是否及时进行维修保养,以满足施工要求和设备使用的安全要求进行定期或不定期的监督检查。

3 应保留经监视并证明已经符合接收标准的证据。记录中应指明有权放行产品的人员。

4 监测表明产品(成品)已满足了各项应有要求后,方可放行和交付给顾客。否则只有在授权人员批准后,或得到顾客批准(不违反法令法规、标准规范的前提下),才可以放行或交付产品。

8.3 不合格品控制

组织应确保不符合产品要求的产品得到识别和控制,以防止其非预期的使用或交付。不合格品控制以及不合格品处置的有关职责和权限应在形成文件的程序中作出规定。

组织应通过下列一种或几种途径,处置不合格品:

***a*) 采取措施,消除已发现的不合格;**

***b*) 经有关授权人员批准,适用时经顾客批准,让步使用、放行或接收不合格品;**

***c*) 采取措施,防止其原预期的使用或应用。**

应保持不合格的性质以及随后所采取的任何措施的记录,包括所批准的让步的记录(4.2.4)。

在不合格品得到纠正之后应对其再次进行验证,以证实符合要求。

当在交付或开始使用后发现产品不合格时,组织应采取与不合格的影响或潜在影响的程度相适应的措施。

标准引用的相关术语

1 让步(见 GB/T 19000—2000 标准"3.6.11")

对使用或放行不符合规定要求的产品的许可。

注:让步通常仅限于在商定的时间或数量内,对含有不合格特性的产品的交付。

标准释义与应用

1 组织应编制不合格品控制程序。内容包括:不合格品的识别、处置、控制、记录等活动的职责、权限和要求。对不合格品采取的措施与不合格品的性质和严重程度有直接的关系。因此,不合格品的识别应包括对不合格品的性质和严重程度的判断。

对不合格品的控制旨在确保不符合产品要求的产品得到识别和控制。

2 不合格品的识别

2.1 所有采购产品在进货检验试验时发现的不合格品;服务类采购还包括使用期间发现的不合格品。

2.2 施工过程中对单元、分项、分部、单位工程进行的检验、试验、测量、测试活动中发现的不合格品;现场旁站、巡检以及各类检查中发现的不合格品。

2.3　产品最终检验试验时发现的不合格品。

2.4　产品交付后在用户使用期间发现的不合格品。

2.5　不合格品识别还应包括对不合格性质的判断。对于工程质量的不合格,国家和行业都有一些具体规定。如:

2.5.1　交通部颁布的《公路工程质量管理办法》(交公路发[1999]90号,1999年2月24日)附件第二条的规定如下:

公路工程质量事故的分类及其分级标准:

公路工程质量事故分质量问题、一般质量事故及重大质量事故三类。

(一) 质量问题:质量较差、造成直接经济损失(包括修复费用)在20万元以下。

(二) 一般质量事故:质量低劣或达不到合格标准,需加固补强,直接经济损失(包括修复费用)在20万元至300万元之间的事故。一般质量事故分三个等级:

1. 一级一般质量事故:直接经济损失在150万元~300万元之间。

2. 二级一般质量事故:直接经济损失在50万元~150万元之间。

3. 三级一般质量事故:直接经济损失在20万元~50万元之间。

(三) 重大质量事故:由于责任过失造成工程倒塌、报废和造成人身伤亡或者重大经济损失的事故。重大质量事故分为三个等级:

1. 具备下列条件之一者为一级重大质量事故:

(1) 死亡30人以上;

(2) 直接经济损失1000万元以上;

(3) 特大型桥梁主体结构垮塌。

2. 具备下列条件之一者为二级重大质量事故:

(1) 死亡10人以上,29人以下;

(2) 直接经济损失500万元以上,不满1000万元;

(3) 大型桥梁主体结构垮塌。

3. 具备下列条件之一者为三级重大质量事故:

(1) 死亡1人以上,9人以下;

(2) 直接经济损失300万元以上,不满500万元;

(3) 中小型桥梁主体结构垮塌。

2.5.2 国家电力公司2000年2月11日颁发的《水电建设工程质量管理办法(试行)》(国电水[2000]83号)附件规定如下:

质量事故分特大质量事故、重大质量事故、较大质量事故和一般质量事故四类。

——符合以下条件之一者为特大质量事故:

对大体积混凝土、金属结构、机电安装工程,事故处理所需的物资、器材和设备、人员等直接费用损失金额超过5000万元;

对土石方工程、混凝土薄壁工程,事故处理所需的物资、器材和设备、人员等直接费用损失金额超过1000万元;

事故处理所需时间超过6个月;

处理后的后果影响工程正常使用,需限制条件运行。

——符合以下条件之一者为重大质量事故:

对大体积混凝土、金属结构、机电安装工程,事故处理所需的物资、器材和设备、人员等直接费用损失金额超过500万元、小于5000万元;

对土石方工程、混凝土薄壁工程,事故处理所需的物资、器材和设备、人员等直接费用损失金额超过100万元、小于1000万元;

事故处理所需时间超过3个月、小于6个月;

处理后的后果不影响工程正常使用,但对工程寿命有较大影响。

——符合以下条件之一者为较大质量事故:

对大体积混凝土、金属结构、机电安装工程,事故处理所需的物资、器材和设备、人员等直接费用损失金额超过100万元、小于500万元;

对土石方工程、混凝土薄壁工程，事故处理所需的物资、器材和设备、人员等直接费用损失金额超过 30 万元、小于 100 万元；

事故处理所需时间超过 1 个月、小于 3 个月；

处理后的后果不影响工程正常使用，但对工程寿命有一定影响。

——符合以下条件之一者为一般质量事故：

对大体积混凝土、金属结构、机电安装工程，事故处理所需的物资、器材和设备、人员等直接费用损失金额超过 20 万元、小于 100 万元；

对土石方工程、混凝土薄壁工程，事故处理所需的物资、器材和设备、人员等直接费用损失金额超过 10 万元、小于 30 万元。

3　组织应通过下列一种或几种途径，处置不合格品：

3.1　采取措施，消除所发现的不合格。可采取的相应措施有：返工、返修、退货、拒收等。应根据不合格品的性质和程度，对不同岗位可能采取的控制手段和措施的权限作出规定。可以采取控制手段和措施的岗位层次根据不同的组织结构而会有所变化。

3.1.1　对于集团公司，通常采取“二级经营三级管理”的组织模式，对不合格品采取措施的岗位可以分为四级：

a）现场质检员、安全员和其他检查人员。

b）项目部总工程师、项目经理。

c）二级公司主管部门、总工程师、管理者。

d）集团公司主管部门、总工程师、最高管理者。

3.1.2　对于采取“一级经营二级管理”模式的组织，对不合格品采取措施的岗位可以分为三级：

a）现场质检员、安全员和其他检查人员。

b）项目部总工程师、项目经理。

c）公司主管部门、总工程师、最高管理者。

3.1.3　项目部有工程分包、使用整建制劳务且独立组队施工，以及设备租赁、技术服务分包等情况时，项目部管理者应确保质检员、安全员的职责和权限到位。

3.2　经有关授权人员批准，适用时经顾客批准，让步使用、放行或接收不合格品。

3.2.1　顾客批准不得与法令法规、国家和行业强制性标准的规定相违背，若有违背，即使有顾客批准，也不得放行、让步使用或接收不合格品。

3.2.2　让步使用的情况有：水泥过期，由工程结构使用改为临建使用。

3.2.3　验收时接收已经确认的不合格产品的情况有：可以改作它用；可以降级使用。

3.2.4　建筑安装工程在确认产品已经不合格的情况下，放行产品是不允许的。对于不影响功能和使用的情况，如果在交付以后的维修活动中已经作了可靠的安排，并得到了顾客的同意，存在的一些轻微的不合格也可以放行。

3.3　采取措施，防止其原预期的使用或应用。

可以采取的相关措施有：对不合格品进行隔离、标识等。

4　应保留不合格的性质以及随后所采取的任何措施的记录，包括所批准的让步和纠正预防措施的记录。

5　当在交付或开始使用后发现产品不合格时，组织应采取与不合格的影响或潜在影响的程度相适应的措施。

8.4　数据分析

组织应确定、收集和分析适当的数据，以证实质量管理体系的适宜性和有效性，并评价在何处可以持续改进质量管理体系的有效性。这应包括来自监视和测量的结果以及其他有关来源的数据。

数据分析应提供以下有关方面的信息：

***a*）顾客满意（见 8.2.1）；**

***b*）与产品要求的符合性（见 7.2.1）；**

***c*）过程和产品的特性及趋势，包括采取预防措施的机会；**

***d*）供方。**

标准释义与应用

1 数据的来源和类型

1.1 数据的来源有两种。一种直接为数据;另一种为文字信息,从文字信息中再获取数据。

1.2 文字信息。如顾客的意见等。

1.3 数字信息。如有关产品符合性的检验、试验、测试、测量的数据,工程质量验收评定的结果等。

2 组织应通过适当的数据分析,证实质量管理体系的适宜性和有效性,评价在何处可以持续改进质量管理体系的有效性。质量管理体系的适宜性和有效性体现于各个不同层次的各个过程的适宜性和有效性。因此,对如何评价各个质量管理体系的适宜性和有效性,应使用什么资料和分析方法,资料/数据的来源,资料/数据的客观性、可靠性,各部门和岗位的职责等应编制文件规定。

3 数据分析可以为不同层次的管理者提供以下有关方面的信息。

3.1 质量目标的控制。

3.1.1 公司、各部门、项目部质量/工作目标的完成情况。

3.1.2 施工安装项目的单位、分部、分项、单元工程等的合格率和优良率;竣工验收的合格率和优良率。

3.1.3 项目的评定结果与项目策划目标之间的符合性。

质量目标的评价应定期进行,以有效反映上述信息为主。当实际质量未达到目标控制控制值时,应采取有效的措施实施控制,以确保质量目标的实现。

3.2 质量通病的改进。

3.2.1 质量通病改进的实际效果,投入的成本、经济技术效益和施工效率的变化等。

3.2.2 质量通病的改进状况与改进计划和预计效果之间的差异。

3.3 国家、行业强制性标准的执行情况及规定应进行数据分析项目。

如《混凝土强度检验评定标准》(GBJ 107—87)第 2.0.3 条规定:施工现场的现浇混凝土,应以单位工程的验收项目的划分为验收批，进行混凝土强度的合格评定。GBJ 107—87 附录三规定：施工单位应根据实际情况规定统计周期（如一个月），对混凝土生产质量水平进行统计分析、评价，以控制混凝土质量。

在《混凝土质量控制标准》GB 50164—92 标准第 4.0.3 条也规定，应按照月、季、年的间隔对混凝土质量进行统计分析，评定与混凝土质量目标之间的关系，进而提高对混凝土质量的控制能力和水平。

3.4 顾客满意

顾客满意的资料分析，应以满意度的评价为中心。组织对满意度的评价应制定文件化规定，为评价提供统一要求，并便于不同时间的评价具有可比性。

评价内容应与岗位工作标准相结合，同时考虑以下要求：

3.4.1 顾客对施工阶段的满意程度。如进度、现场管理、安全、环境等。

3.4.2 顾客对工程质量的满意程度。

3.4.3 顾客对交付以后的维修工作的满意程度。

3.4.4 顾客对项目部管理人员业务素质的满意程度。

3.5 各项程序控制的有效性和效率，以及采取预防措施的机会。

3.6 关于供方的信息。

3.6.1 供货质量的统计信息。

3.6.2 必要时对供方质量管理体系进行第二方审核的信息/评价。

4 在资料分析活动中，常用方法有：

4.1 以数理统计为基础的抽样检验方法；

4.2 用于定性分析的因果分析图；

4.3 用于定量分析的直方图、散布图等；

4.4 用于过程连续监控的动态控制图等；

4.5 逻辑分析方法。

8.5 改进

8.5.1 持续改进

组织应利用质量方针、质量目标、审核结果、数据分析、纠正和预防措施以及管理评审，持续改进质量管理体系的有效性。

标准引用的相关术语

1 持续改进(见 GB/T 19000—2000 标准“3.2.13”)

增强满足要求的能力的循环活动。

注：制定改进目标和寻求改进机会的过程是一个持续过程，该过程使用审核发现和审核结论、数据分析、管理评审或其他方法，其结果通常导致纠正措施或预防措施。

2 有效性(见 GB/T 19000—2000 标准“3.2.14”)

完成策划的活动和达到策划结果的程度。

标准释义与应用

根据条文及持续改进的定义(GB/T 19000 3.2.13 条)应该从五方面理解持续改进：

1 持续改进的目的是不断提高质量管理体系的有效性。

2 持续改进的依据是下列过程中发现的改进需求：内审、外审、管理评审、资料分析或其他活动。

3 针对改进需求一般采用纠正措施或预防措施(见 8.5.2 及 8.5.3 条款)实现改进，必要时应修订质量目标或质量方针，或采取有针对性的其他特定措施。

4 针对改进措施应明确实施的责任单位或人员。

5 针对已实施的改进措施通过第二条所列各种活动，可以再次评价改进效果，以发现新的改进需求，组织应如此反复、循环地实现持续改进，不断提高质量管理体系的有效性。

6 应制定文件/程序。

7 持续改进在标准中的应用

7.1 标准 4.1.*f*)：实施必要的措施，以实现对这些过程策划的结果和对这些过程的持续改进。

7.2 标准 5.1：最高管理者应对建立、实施并持续改进其有效性的承诺提供证据。

7.3　标准5.3:质量方针包括对持续改进质量管理体系有效性的承诺。

7.4　标准5.5.2.*b*):管理者代表应向最高管理者报告质量管理体系的业绩和任何改进的需求。

7.5　标准5.6.1:最高管理者按规定的要求进行管理评审,以确保其持续的适宜、充分、有效,评审应包括改进的机会。

7.6　标准5.6.2.g):管理评审输入包括改进的建议。

7.7　标准5.6.3:管理评审的输出包括与质量管理体系及其过程有效性和与顾客要求有关的产品的改进内容。

7.8　标准6.1:组织应提供为实施、保持质量管理体系并持续改进其有效性所需的资源。

7.9　标准8.1.*c*):组织应策划并实施改进过程,持续改进质量管理体系的有效性。

7.10　标准8.2.3:当未达到所策划的结果时,应采取适当的纠正措施。

7.11　标准8.4:组织应确定、收集和分析适当的数据,评价在何处可以持续改进质量管理体系的有效性,包括采取预防措施的机会。

7.12　标准8.5.1:利用质量方针、质量目标、审核结果、数据分析、纠正和预防措施以及管理评审,持续改进质量管理体系的有效性。

7.13　标准8.5.2和8.5.3。

8.5.2　纠正措施

组织应采取措施,以消除不合格的原因,防止不合格的再发生。纠正措施应与所遇到不合格的影响程度相适应。

应编制形成文件的程序,以规定以下方面的要求:

***a*) 评审不合格(包括顾客抱怨);**

***b*) 确定不合格的原因;**

***c*) 评价确保不合格不再发生的措施的需求;**

d）确定和实施所需的措施；

e）记录所采取措施的结果(见 4.2.4)；

f）评审所采取的纠正措施。

标准释义与应用

1 不合格包括不合格品和不合格项。前者指与产品质量有关的不合格,后者指产品质量无关但与工作和施工程序、规定、要求有关的不合格。

2 对于不合格,组织应采取纠正措施,通过消除不合格产生的原因,来达到防止不合格再次发生的目的。但所采取的纠正措施应与所遇到不合格的影响程度相适应。因此,对于提出的不合格,首先应评价采取纠正措施的需求,纠正措施也可以分为建议执行和强制执行两种。

2.1 对于日常检查工作中发现的尚处在过程中的非常见不合格现象,可以采取现场指出,立即纠正的方式处理。检查人员应在检查记录中记载。

2.2 对于以下情况之一者,可以制定的建议性纠正措施。

2.2.1 对于返工金额不大、且易于返工的不合格品,如模板的调整等;

2.2.2 对于容易发生、且目前尚无有效措施或能有效防止再发生的纠正措施成本远高于返工费用的不合格品,如混凝土表面的蜂窝麻面,浆砌圬工的沙浆饱满程度等;

2.2.3 对组织的声誉影响不大的不合格。

2.2.4 仅因个人疏忽所发生的不合格项,如漏签字等。

2.3 除以上情况外,应采取强制性纠正措施。特别是发生质量安全事故、内外审出具不合格报告之后。

3 组织应编制文件/程序。文件应涉及各不同层次相关部门的职责和权限,以及:

3.1 对不合格品或不合格项(含顾客抱怨)进行评审。评审应能区分出不合格的性质、影响范围和程度、返工的金额估算等。评审应规定不同层次岗位的职责和权限。

3.2　确定不合格产生的原因。应从过程、文件/职责规定、培训及其有效性、岗位技能要求、资源分配等角度予以分析。

3.3　评价确保不合格不再发生的措施的需求。即确定是否需要采取纠正措施。此项职能同样应规定不同层次岗位的职责权限。

3.4　确定和实施所需纠正措施。确定的纠正措施可以分为建议性和强制性两种。前者旨在倡导,后者则必须执行,以确保防止不合格的再次发生。建议性纠正措施可以在以后的适当时机进行验证;强制性纠正措施则必须控制其实施,按照计划要求进行验证。

3.5　记录所采取措施的结果。纠正措施的制定部门和执行部门均应记录实施和验证的具体情况,有关内容和记录应以附件形式附于验证记录之后。

3.6　评审所采取的纠正措施。纠正措施的制定和执行部门均应对所采取的纠正措施进行评审。评审应在执行中和执行后分阶段进行,目的是要及时发现纠正措施中的不适宜部分。一旦发现应及时提出并调整纠正措施。调整的内容应予以记录。

评价应针对纠正措施的适宜性、充分性和有效性做出,并做出记录。

8.5.3　预防措施

组织应确定措施,以消除潜在不合格的原因,防止不合格的发生。预防措施应与潜在问题的影响程度相适应。

应编制形成文件的程序,以规定以下方面的要求:

***a*）确定潜在不合格及其原因;**

***b*）评价防止不合格发生的措施的需求;**

***c*）确定和实施所需的措施;**

***d*）记录所采取措施的结果(见4.2.4);**

***e*）评审所采取的预防措施。**

标准引用的相关术语

1　预防措施(见GB/T 19000—2000标准"3.6.4")

为消除潜在不合格或其他潜在不期望情况的原因所采取的措施。

注1:一个潜在不合格可以有若干个原因。

注2:采取预防措施是为了防止发生,而采取纠正措施是为了防止再发生。

标准释义与应用

1　组织针对以下情况应采取预防措施。

1.1　消除潜在不合格品或不合格项产生的原因;

1.2　某一项目部出现的不合格,为预防在其他项目部出现类似的不合格;

1.3　在某些性质较轻的不合格发生后,为防止尚未出现的、但很有可能出现的更大的不合格。

2　与潜在问题的影响程度相适应指预防措施可以有不同的形式和控制要求。如建议性预防措施和强制性预防措施。前者仅起引导作用;后者具有强制性,必须予以执行,并确保其执行效果。

3　组织应编制文件化程序。主要内容应涉及各不同层次相关部门采取预防措施的职责和权限,并且:

3.1　确定潜在不合格及其原因。所谓潜在不合格即指尚未发生的不合格,如项目开工之前,估计的突发事件所造成的产品不合格即为潜在不合格。制定预防措施的关键是对原因的分析,因此,首先应分析和确定造成潜在不合格的原因。原因分析的主要方法:

3.1.1　统计技术方法。如排列图法等。

3.1.2　对比方法。对采用同样施工工艺、施工方案、混凝土配合比、施工设备等的施工单位进行调查,观察是否出现同样的问题。

3.1.3　增加对不同施工工艺/混凝土配合比的试验和认可,观察对解决问题的实际效果。

实际使用时,可以同时使用多种方法。

3.2　评价防止不合格发生的措施的需求。对潜在不合格是否需要采取预防措施应从其性质、影响和可能造成的损失等方面进行分析和评价。

3.2.1 对于预防措施费用过高、发生不合格以后处理费用却不高、且预防措施不易取得成效的潜在不合格可不采取预防措施。

3.2.2 对于预防措施费用可以接受(与不合格出现后的处理费用相比较而言),且采取的预防措施较易取得成效时可以采取预防措施。

3.3 确定和实施所需的预防措施。

3.3.1 对于以下情况之一者,可以制定的建议性预防措施。

a) 对于预防措施费用不高、返工金额不大的潜在不合格品,如模板工程、钢筋工程等;

b) 对于容易发生、返工费用高于预防措施费用的潜在不合格品,如浆砌圬工的沙浆饱满程度等;

c) 不合格发生后对组织的声誉影响不大的潜在不合格品;

d) 防止因个人疏忽所发生的潜在不合格项,如漏签字等。

3.3.2 对于返工费用高并可能给组织造成较大不良影响的潜在不合格,应采取强制性预防措施。如项目某些单元/分项/分部/单位工程的质量事故,安全事故等。

3.3.3 制定的预防措施应予以实施。对于建议性预防措施,可由执行部门选择进行。对于强制性预防措施,制定部门应采取有效的措施予以控制,确保其实施效果。

落实预防措施的途径有:文件更改、培训、技能评定、观摩学习、技术交底等。

3.4 记录所采取措施的结果。对于所采取的预防措施及其实施结果应予以记录。

3.5 评价所采取的预防措施。预防措施的制定和执行部门均应对所采取的预防措施进行评审。评审应在执行中和执行后分阶段进行,目的是要及时发现预防措施中的不适宜部分。一旦发现应及时提出并调整预防措施。调整的内容应予以记录。

评价应对该措施是否适宜、充分和有效做出评价,并做出记录。

案例1:某水电站审核记录:查厂坝段施工质量安全日报,2001年3月29日报道:2#仓下料,1#仓下料,29日白班检查,仓面泌水太多,骨料分离严重。2001年4月6日,右纵并缝仓,存在同样问题。

2001年4月30日,项目部召开质量工作会议,对泌水、泛浆问题进行原因分析,认为初步原因为:与原材料、外加剂、坍落度以及施工振捣等因素有关。决定以技术部、试验室为主,通过现场(包括赴使用同样配比的施工现场)观察、试验、资料对比分析等手段,分析秘水、泛浆的主要原因,5月10日前写出专题分析报告。同时决定:1、观察方法:①调整配比与现场观察情况进行对比,②与相关单位同类施工的配比进行对比;2、试验内容:进行减少砂率试验。

通过一个月的工作,证实秘水、泛浆的主要原因是施工振捣工艺。

项目部召开质量分析会议,决定采取如下预防措施:由技术部重新设计振捣工艺,并进行技术交底;质检员现场验证振捣工艺施工过程的有效性及是否达到预期效果,满足施工规范和质量验收的要求,并提出现场观察报告;如质检员现场观察报告提出了需进一步改进的问题,有技术部负责进一步的改进工作,过程要求同上。

项目部工作人员向审核员一一提供了上述证据。

附件1 施工管理一般过程

1 施工准备阶段的一般程序

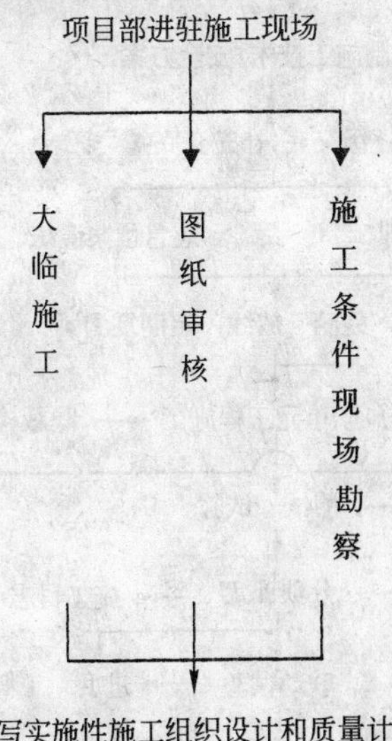

确定和配备设备（包括施工设备机具和检验试验测量设备）、人员、有关文件/标准/规范、原材料、资金计划、办公条件等

确定对方的需求及评价、选择、采购（见注1、注2）

附件图1-1 施工准备阶段的一般程序

注1：包括确定对原材料、劳务、工程分包、技术服务（如检验和试验、试验和计量设备的检定、工程测量等）、设备租赁、运输服务、半成品生产等供方的需求及必要的评价、选择和采购。

注2：对于工程总承包企业或项目部，对供方的评价选择工作不在施工准备阶段完成，而是应在项目招标阶段进行的一项工作，此项工作的结果将会被纳入项目投标文件之中。

2 施工阶段的一般程序

2.1 主过程

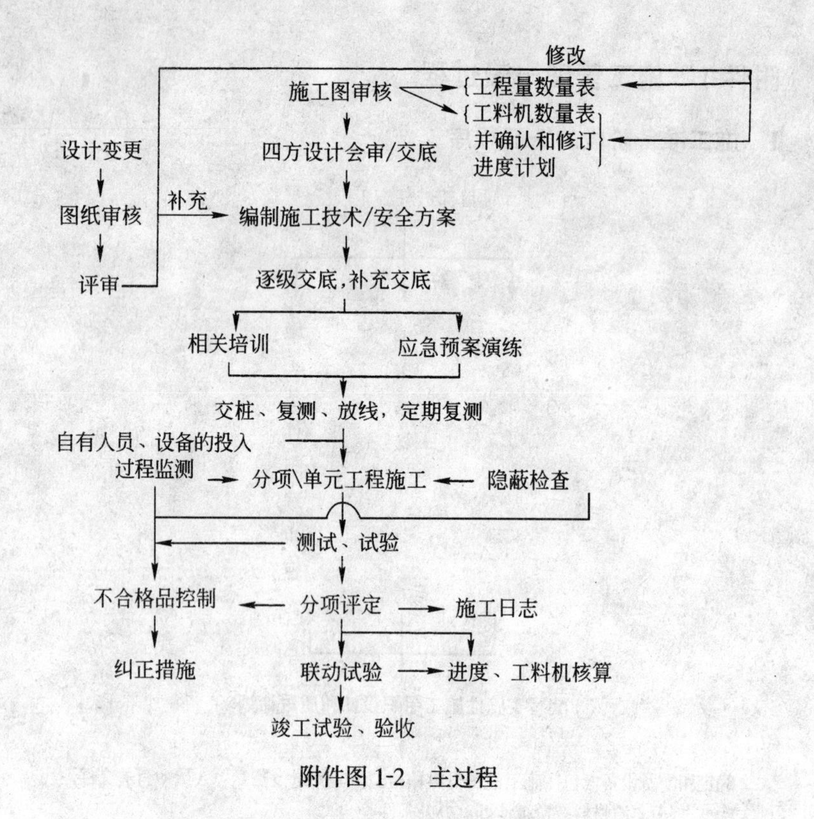

附件图 1-2　主过程

2.2　测量及仪器控制主要过程

接桩→编制测量技术方案→人员、仪器控制→复测→放线→分项/单元工程施工→验收测量

2.3　劳务及工程分包控制主要过程

根据工程量数量表、用工计划和确认或修订的进度计划→劳务/工程分包供方的评价、选择→签定合同→进场人员、设备验证→根据实际进度投入劳力及设备→分项/单元工程施工,对施工过程进行监视、检验评定→对分包单位进行动态评价。

2.4　设备租赁和控制主要过程

根据工程量数量表、设备使用计划和确认或修订的进度计划→对设备租赁供方评价、选择→签订合同→进场设备/人员验证→

根据实际进度投入设备进行分项/单元工程施工,对施工过程进行监视、检验评定→对分包单位进行动态评价。

2.5　材料采购及控制主要程序

根据工程量数量表、材料使用计划和确认或修订的进度计划→材料、半成品供方评价、选择→签订合同→验收、入库→进货检验试验→根据实际进度领料控制,投入材料进行分项/单元工程施工→检验评定→对材料质量和使用性能进行动态评价。

2.6　外委试验的供方评价、选择和控制主要过程

根据质量计划对应进行检验试验的材料及试验类型和监理的要求,确定委托试验项目→对试验供方进行评价、选择→签订合同→对进场人员、仪器的确认→验收试验报告→对试验供方的工作质量和服务进行动态评价。

2.7　测量采购控制主要过程

根据设计、施工测量规范和自己的测量能力确定测量采购的需求和具体内容→测试、测量供方的评价、选择→签订合同→对人员、仪器的确认、验证→配合施工进行工程测量、项目部动态监控→验收、确认测量成果→评价测量和服务质量。

2.8　施工现场管理主要过程

施工现场管理→内容应覆盖合理规划施工用地、科学合理地安排施工总平面、按阶段调整施工现场平面布置、施工现场使用检查、文明施工、清场转移等。

注:工业与民用项目的房屋建筑、土木工程、设备安装、管线敷设等施工活动,施工现场的文明施工要求应执行《建设工程施工现场管理规定》(1991年12月5日中华人民共和国建设部15号令)。

2.9　信息管理主要过程

信息管理→包括工地会议记录,与顾客和监理的往来函件,各类统计报表,等等。

2.10　"四新"技术应用控制主要过程

编制"四新"技术项目实施的策划文件,识别实施的过程→交底及实施过程→确认→必要时调整策划文件→补充交底,实施→

对过程、控制指标、工艺要求及效果进行再确认。

2.11　施工安全与环境管理与控制主要过程

识别安全的危险源及其分级，识别重大环境因素→编制相关的管理方案→交底、应急计划和响应的编制、管理、实施、检查→必要时修改管理方案→补充交底、实施、检查等。

3　施工交付阶段的一般程序

编制竣工验收文件

↓

工程结算／决算

↓

交付顾客、国家有关部门及单位存盘

4　质保期服务阶段的一般程序

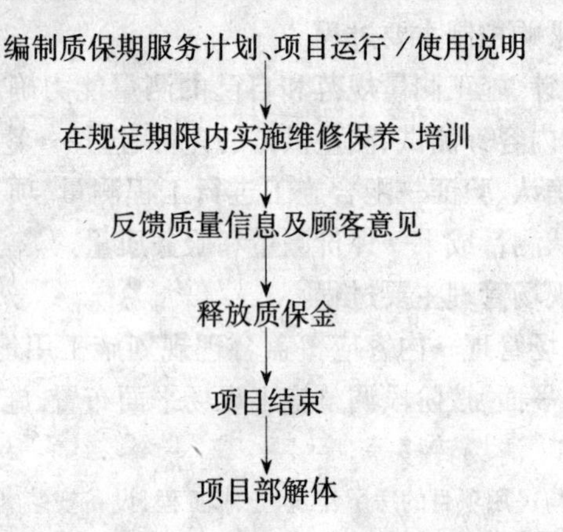

附件 2　施工过程

1　以铁路综合工程为例,施工过程可以展开如下:

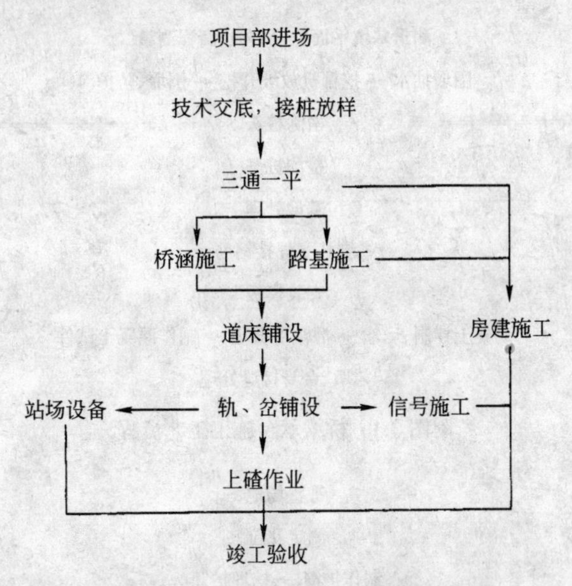

附件图 2-1　铁路综合工程的施工过程

2　将上述施工内容分解到分项工程,根据对各分项工程/工序的施工时间和必要的技术间歇的计算/估算,安排施工顺序、各分项/工序的交叉作业,最终确定施工关键线路。

附件 3　工艺过程

以桥梁承台施工工艺为例，工艺过程可以展开如下：

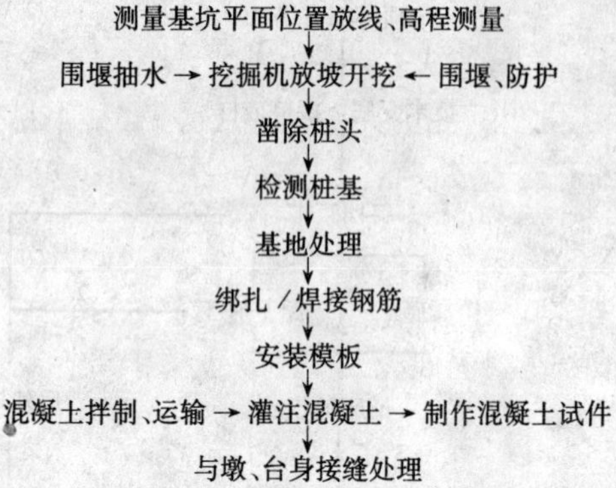

测量基坑平面位置放线、高程测量
↓
围堰抽水 → 挖掘机放坡开挖 ← 围堰、防护
↓
凿除桩头
↓
检测桩基
↓
基地处理
↓
绑扎／焊接钢筋
↓
安装模板
↓
混凝土拌制、运输 → 灌注混凝土 → 制作混凝土试件
↓
与墩、台身接缝处理

附图 3-1　桥梁承台施工工艺流程

平整场地
↓
测定孔位
↓
制作护筒 → 挖埋护筒
↓
加工钻头 → 钻机就位 ← 泥浆制备
↓
钻进 ← 排渣、投泥浆、注清水、测比重
↓
中间检查 → 测孔深、泥浆比重、钻进速度
↓
终孔 → 测孔深、孔径、孔斜度
↓
清孔 ← 注清水、换泥浆、测比重
↓
测孔深、孔径 → 测孔 → 填表格、监理签字认可
↓
钢筋笼制作 → 安放钢筋笼 → 填表、监理签字认可
↓
清理、检查 → 安放导管
↓
二次清孔 → 检查泥浆比重及沉渣厚度
↓
灌筑混凝土 → 制作混凝土试件
↓
凿桩头

附件图 3-2　桥梁钻孔灌筑桩施工工艺流程

附件 4　________工程质量策划文件编制大纲

1　编制目的

1.1　本文件为__________项目编制，阐述了该项目质量管理体系和过程管理的各项要求和规定。

1.2　项目部相关人员在接到本文件后应认真阅读和理解，各部门及施工作业层在必要时应组织学习和讨论，以便在工作中贯彻执行。质检部门应制定项目部质量管理体系内审计划，对策划的各项要求和规定进行全面、系统的检查，以验证体系运行的有效性，并为项目经理提出改进工作的建议。

1.3　各部门在实施过程中，可以积极提出相应的改进意见。本文件修改的最终审批权归项目经理。

1.4　本文件适用于项目部的所有部门/岗位和层次，包括外包单位。质检部门应将本文件中的有关要求，通过采购合同或其他有效方式通知有关供方，并在适当时进行监督检查/项目部内审或直接进行第二方审核。

1.5　供方如已经制定有质量计划，不得与本文件矛盾。如尚未编制质量计划，则应按照本文件的要求，制定相应的质量计划。供方编制的质量计划，应报项目部质检部门，审批通过后实施。

2　编制依据

2.1　公司的质量管理体系文件，第____版。

2.2　GB/T 19001—2000idtISO9001:2000 标准。

2.3　国家、行业、地方有关法令、法规、标准、规范。

2.4　招投标文件/合同。

2.5　业主、监理、设计单位的有关文件。

3　策划阶段和成果形式

3.1　策划阶段：明确是项目的指导性策划成果或实施性策划成果。

3.2　本项目进行质量策划的成果包括：

3.2.1　指导性策划的成果以指导性施工组织设计/指导性质量计

划体现。

3.2.2　实施性策划的成果以实施性施工组织设计/实施性质量计划体现。

3.2.3　面向施工过程的策划成果以施工方案体现。

注1:组织/项目部可以对上述形式进行选择,但应在质量策划中明确,并作出具体的文字说明。

注2:对需适时进行策划的工作/项目以及成果的反映方式,质量计划中应做出具体说明。

4　工程概况

4.1　合同施工范围及主要施工项目、工程量。

4.2　工程项目的技术等级标准。

4.3　其他必要的内容。

5　质量目标和要求

5.1　合同要求

5.1.1　验收标准;

5.1.2　创优要求;

5.1.3　质量等级要求;

5.1.4　工期要求;

5.1.5　其他要求。

5.2　强制性标准规范的要求

5.2.1　必须达到优良等级的分部分项工程;

5.2.2　必须提出和制定的质量控制目标。

示例:《混凝土质量控制标准》GB 50164—92 标准第 4.0.2 条就规定,施工单位应提出混凝土质量控制目标,建立混凝土质量保证体系,制定必要的混凝土生产管理制度。

5.3　组织的附加要求。

5.4　项目部质量目标。

注:项目部制定的质量目标和要求可以高于组织的质量目标和合同要求,但必须首先响应合同规定。

5.5　贯彻和控制

5.5.1　项目质量目标将分解到分项/单元工程、分部工程和单位工程,重点工程将编制创优规划。

5.5.2 对项目部各岗位的职能和工作标准应作出规定。

5.5.3 质量目标将进行动态控制,以防实际质量水平偏离质量目标的承诺。

5.5.4 各项要求将在项目部的质量管理体系自审工作予以检查,以确保要求的落实和执行的有效性。

6 施工过程的识别与控制

至少对下述各项过程予以识别,并提出控制要求。

6.1 施工管理一般过程

面向建设单位/监理的特定要求,调整施工管理一般过程,以适应其要求。

注:单项工程或特定过程的质量计划,此项内容可以删减。

6.2 施工过程

面向合同项下各单位工程/分部工程制定的施工过程。可以引用具体的施工组织设计文件。如存在需适时编制的单项工程/分包单位的施工组织设计,应做出说明。

注:特定过程的质量计划,此项内容可以删减。

6.3 工艺过程

面向分项工程或特定施工项目的工艺流程和具体要求制定。可以直接引用现有的、适用于本项目的作业指导书或工法。需要项目部自行编制的施工方案或施工工艺文件,应予具体说明,列出清单和编制时间、编制部门/责任人等。

注1:可以根据主要施工过程、工艺流程的技术特性进行分类编制,如焊接工艺,混凝土浇筑工艺。

注2:施工过程、工艺流程应做出框图表述。

6.4 对可能产生重大影响的环境因素和安全方面的危险源,应编制相应的管理方案以及应急准备和响应规定。

6.5 需确认的施工过程及其控制要求

根据在隐检、工程检查、分项工程质量检验评定、检测、试验时的结果能否证实其工程质量符合了验收标准这一特性,项目部确定本项目需确认的施工过程。

示例:如大体积混凝土浇筑、钢筋焊接、钻孔灌筑桩、防水工程、预应力张拉、管道套丝等。

7 文件的编制与管理

7.1 技术管理文件的编制计划。

7.2 项目部文件管理要求。

在项目开工前,质检部应确认项目部的各个岗位是否按照要求配备了所需的各项文件,并得到有效的控制。

8 资源配备

应至少列出下列项目的需求和配置计划:

8.1 项目的工、料、机需求一览表;

8.2 持证上岗人员及需求一览表;

8.3 劳务采购一览表;

8.4 外包项目一览表;

8.5 试验、检测、测量外委项目一览表;

8.6 采购仪器、设备一览表;

8.7 实验室工作环境及设备配备计划;

8.8 租赁设备一览表;

8.9 员工办公、住宿环境要求,劳动保护、文明施工、安全措施及临建计划。

9 验证、确认、监视、检验、试验及接收/验收标准

应区分进货阶段、施工阶段或中间产品阶段、验收阶段以及质保期阶段所应进行的各项检验、试验、测量以及验收、过程检测项目应做出具体规定,并明示接收和验收标准。

9.1 进货/进场阶段

9.1.1 明示应进行进货验收和复试的建筑材料、构配件清单,以及相应的产品标准。

9.1.2 明示只进行进货验收的建筑材料、构配件清单,以及相应的产品标准。

9.1.3 与各类服务类采购产品的相应的验证活动。

9.1.4　各类相关的监督检查活动。

9.2　施工阶段

至少应明示如下内容(包括项目部自行检验试验项目、对外委托试验项目和建设单位直接对外委托的检验试验项目):

9.2.1　隐检项目及相关标准;

9.2.2　检查项目及相关标准;

9.2.3　施工过程中应检测的技术指标及相关标准;

9.2.4　应进行试验、测试的项目及相关标准;

9.2.5　施工技术标准/验收标准中规定的其他检验试验项目;

9.2.6　对于一些目前尚无验收标准的施工项目,应明示采用的相关的验收标准及具体条款;

9.2.7　分项工程的划分及验收标准;

9.2.8　分部工程的划分及验收标准;

9.2.9　单位工程的划分及验收标准;

9.2.10　对服务类采购产品在服务活动期间的各项检验试验、检测活动和监督检查活动;

9.2.11　对组织提供的服务类产品的服务质量进行检验评定工作。

9.3　验收阶段

包括验收项目和测试项目两部分。

9.4　质保期阶段

包括验收项目和测试项目两部分。

对产品的进货阶段、施工阶段、验收阶段和质保期阶段所应进行的各项检验、试验、测量以及验收、过程检测项目应做出具体规定,并明示接收和验收标准。

本部分内容也可以结合过程识别及控制要求一同表述。

10　记录

应列出项目所使用的各类记录表格清单,包括建设单位、监理或当地建设主管部门指定的记录表格。

注1:当组织自定的记录表格与建设单位、监理或当地建设主管部门指

定记录表格用途一致但设计不同时，可以直接使用建设单位、监理或当地建设主管部门的指定记录表格，而不再填写组织自定记录表格。

注 2：结合项目特点，规定可追溯性要求及具体的惟一性标识，并在各项记录中予以贯彻/标注。

附件5 某民用建筑施工项目部实施审核示例

本案例并不想提供一个完美的审核记录,只提供一种按照过程方法实施审核的思路。括号内为审核发现或需进一步取证的提示。

1 审核事项:项目部人员情况、组建、授权、主要岗位人员资格、质量目标及其分解。

涉及主要要素:5.4.1,5.5.1,6.2。

审核记录:

1.1 项目部管理人员30名。下设三部一室,及五个专业施工队。自有施工人员50人;外聘劳务人员300名,来自三个施工单位。另有工程分包项目两个,独立成队施工。

1.2 工程处以“办发[2001]30号”(2001.4.5)文,正式组建“××车站项目经理部”。同时又提供了以总公司名义签署的项目经理任命书,任命杨××为项目经理。查相关文件,组织对项目部各项任命的规定尚无明确要求。

1.3 杨××的项目经理资质:工业与民用建筑专业项目经理,二级,2001.5.10发证,某市建委批准,号1004208888。

1.4 项目部总工程师李××,高级工程师,施工经历15年。

1.5 项目部专职质检员:郭××,质检员资格,1995.10.10发证,号0008888,某市建委。李××,质检员资格,1995.10.10发证,号0009999,某市建委。

1.6 项目部专职安全员:杨××,安全员资格,1996.10.20发证,号0000777,某市建委。

注:证号应在机关审核时予以验证,并检查年度复查/复审的记录。

1.7 项目部的质量目标未在各相关岗位进行分解。

注:与标准5.4.1条款不符。

项目部的质量目标在质量计划中已作出规定。

2 审核事项:产品要求。

涉及主要要素:7.2。

审核记录：

2.1　2001.7.10签订合同。合同名称：××车站工程01标。

甲方：某市××车站建设开发有限责任公司。

乙方：××工程总公司。

工程范围：地下三层、地上三层建筑，共36000平方米。

工期：2001.3.25～10.30。合同在项目开工之后签订。

注：在公司核查该项目的合同评审记录。

质量等级：优良。

材料供应：除商品混凝土外，所有材料均由项目部负责。

2.2　合同修订：合同条款修订未发生。

2.3　业主对施工进度单独下达施工进度计划文件，但对业主进度计划文件的评审记录未见。查相关程序文件对此未作出明确的规定。

注：过程识别不充分。标准7.1.*b*)。

2.4　设计变更：2001.4.5～8.30期间，共收到设计变更文件10份。未见按照程序文件的要求将设计变更文件交各有关部门进行传阅的记录。

注：与标准7.2.2"若产品要求发生变更，组织应……确保相关人员知道已变更的要求。"的要求不符。

2.5　项目进展。Ⅰ区施工到-1层，其余均晚于此进度。

2.6　顾客沟通。对外联络由项目经理亲自负责。方式：会议，电话。查周例会纪要，有业主对进度拖后表示不满的情况。见2001.5.9会议纪要。项目部在2001.5.10召开会议，研究施工进度问题，提出两项措施，并于当日回函业主。6月底进度已基本符合要求。

3　审核事项：项目图纸审核。

涉及主要要素：4.2.3，4.2.4，7.5.1。

审核记录：

3.1　施工图共有五个分册，收文记录：

一分册，车站建筑，2001.7.30收文；

二分册,车站结构,2001.9.7收文;

三分册,动力照明,2001.9.7收文;

四分册,车站给水与排水工程,2001.9.7收文;

五分册,车站供暖通风与空调工程,2001.9.7收文。

一~三分册已发往施工队,××劳务队。四~五分册工程尚未施工,图纸也未下发。

施工图纸未见损坏、缺损等现象。复印图纸未见管理/控制规定。

注:顾客财产的管理与控制过程识别不充分。标准7.5.4。

3.2　图纸审核记录,时间:2001.4.12。有四人参加,覆盖上述四个专业。施工图审核时间与图纸接收时间矛盾,不能证实项目部对施工图进行了审核。

注:图纸审核在图纸接受之前完成,过程顺序矛盾。标准7.1.*b*)。

3.3　审图记录中问题之一:图号01-西-建-12,卫生间E轴外尺寸是300,还是100,标注不明确。

设计交底会(2001.4.20)上设计单位确认:由300改为200。

实际施工时已按照设计确认的内容进行施工,设计单位未另行下达变更设计通知书。查原图,变更内容未在图纸的相应部位予以标注。项目经理解释:未作标注的原因是设计单位未下达变更设计通知书。

注:不能确保更改的文件得到识别。标准4.2.3.*c*)。

查相关文件,对设计变更的类型及相应的文件管理要求未予明确。对设计变更后如何防止原图的误用未作明确规定。

注:设计变更文件的可能形式有:《变更设计通知单》、《设计交底会议纪要》或其他形式的会议纪要,因此,对此类外来文件的识别应予以细化,并做出控制要求和明确规定。标准4.2.3.c)、*f*)。

查正式下发的《变更设计通知单》,均已在相应图纸上做出变更标注。

3.4　施工图审核时,未按照集团《施工技术管理规定》中"审查施工设计文件办法"第7条的要求,列出相应的材料清单、工程量清单及工日要求等记录。

注:与标准 7.5.1“组织应……在受控条件下进行生产……提供”要求不符。

4 审核事项:项目质量策划。

涉及主要要素:7.1,4.2.3,8.2.3。

审核记录:

4.1 项目质量计划

2001.3.13 编制,3.19 由工程处主管副处长批准,3.31 由总公司主管部门和领导评审通过。评审、批准的权限的划分不合逻辑。

质量计划在施工图审核之前编制,过程之间的相互关系不合逻辑。在施工图审核之后也未对质量计划是否应予以修改进行再评审。

注:与标准 4.2.3.*b*)“必要时对文件进行评审与更新,并再次批准”的要求不符。

4.2 计划主要内容

4.2.1 项目范围:地上三层、地下三层的全部结构、给排水、动力照明、供暖通风。

4.2.2 质量目标:争创结构“长城杯”,分项工程一次验收合格率100%,分项工程优良率 80%以上。

项目部对已经评定的分项工程的优良情况/水平未进行动态控制,对质量目标的实现情况未进行过评价。

注:与标准 7.5.1“组织应……在受控条件下进行生产……提供”不符。

对一次验收合格率不能提供相应的信息以便于对质量目标进行评价。

注:与标准 5.4.1“质量目标应是可测量的,……”要求不符。

4.2.3 对岗位职责作出规定。但项目部的安全员未纳入,相应职责无规定。

注:与标准 6.2.2.*a*)“确定从事影响产品质量工作的人员所必要的能力”要求不符。

对人员做出分配,并对人员的岗位持证情况做出说明,注明相应的证号。如质检员等。

4.2.4 文件。相关程序文件要求编制项目“有效文件目录”。查项目部“有效文件目录”,内容基本符合要求。目录已发往各管理部门,但未发往工程分包方和劳务分包方。

注:与标准 4.2.3. *d*)“确保在使用处可获得适用文件的有关版本”要求不符。

项目部执行技术标准:包括相应的施工规范、验收标准。但主要建筑材料如商品混凝土、钢筋、外加剂等的产品技术和检验标准未包括。

注:与标准 7.5.1. *a*)“适用时,受控条件应包括:获得表述产品特性的信息”要求不符。

对项目部应编制的各项施工技术和管理文件做出了规定。如:

1) 劳务管理办法。计划由计划部编制,2001.4.1 前完成。已编制。

2) 防水工程施工方案。由工程技术部编制,施工前编制。

4.2.5 项目部配备的各类施工设备和检验、试验、测量设备列出清单。

注:是否满足施工要求可在具体抽样时再予以判断。

4.2.6 采购。

1) 原材料:除商品混凝土为建设单位提供外,其余均由项目部自行采购。

2) 设备:列出自有和租赁设备清单。

3) 试验外委。

4.2.7 产品可追溯性要求。

产品有钢筋、水泥、砖。项目部实际采用商品混凝土,未根据实际情况列入商品混凝土,删去水泥。

注:与标准 7.1. *b*)“……在对产品实现进行策划时,组织应确定以下方面的适当内容:……产品所要求的验证、确认、监视、检验和试验活动,以及产品接收准则;……”要求不符。识别不充分。

仅对钢筋的惟一性标识及相关的记录要求做出了明确规定。

如:钢筋的炉号在进货验收、发放、复试报告、焊接试验报告、钢筋工程检查记录中应予以记录。其他产品的惟一性标识及记录要求未明示。

注:与标准 7.5.3"在有可追溯性要求的场合,组织应控制……产品的惟一性标识。"要求不符。

4.2.8 过程识别与控制。

4.2.8.1 对施工管理一般过程进行了阐述。基本符合。

4.2.8.2 对项目所遇到的特殊工序作出规定。如防水工程。

4.2.8.3 无"四新"技术应用的项目。

4.2.9 检验试验和测量检测项目按照进货检验试验、过程检验试验和监测以及最终检验试验分类。进货检验中列入水泥,而不是商品混凝土。潜在不符合。

质量记录。对应使用的各项质量记录列出清单。基本全面。

4.2.11 质量计划未发往分包单位。分包单位是否对分包的项目进行策划不掌握情况。

注:与标准 7.1"产品实现的策划应与质量管理体系其他过程的要求相一致(见 4.1)以及标准 4.1"针对组织所选择的任何影响产品符合要求的外包过程,组织应确保对其实施控制"的规定不符。

4.2.12 对项目质量计划执行情况提出了日常监督检查要求,但实施计划不具体,也未见实施。不符。

注:与标准 8.2.3"组织应采用适用的方法对质量管理体系过程进行监视,并在适用时进行测量。这些方法应证实过程实现所策划的结果的能力。"要求不符。

4.3 施工组织设计。工程处 2001.3.16 批准。集团主管部门 2001.3.31 评审通过。与质量计划的审批权限有同样的问题。

监理 4.23 批准。

内容基本符合施组的编写要求。主要内容:

4.3.1 主要工程数量:

1) CFG 桩 1557 根;

2) C40 混凝土 3100m^3;

3) C30 混凝土 15600m^3;

4）C25 混凝土 1500m^3；

5）C20 混凝土 2050m^3；

6）C10 混凝土 580m^3；

7）SBC 防水 9400m^2。

4.3.2 对工程测量、结构/变形观测、测量技术方案均作出规定。

4.3.3 各主要施工过程的工艺流程均有规定。

4.3.4 网络计划编制。目前无修改。

注:抽样时验证其有效性。

4.3.5 对施工设备、仪器的配备列出了清单。

4.4 对是否存在其他策划文件/项目未明示。

注:抽样审核时验证策划的充分性。

4.5 对工作环境的策划内容未明示。

注:与标准 7.1.*b*)"针对产品确定……资源需求;"要求不符。

5 审核事项:测量。

涉及主要要素:7.5.1,7.6,4.2.4,6.2,6.3,8.2.3。

审核记录:

5.1 交接桩

交接桩由下属工程处负责,记录未见。

注:交接桩即使由工程处负责进行,也应将交接记录移交项目部,否则,项目部的复测工作将失去依据。与标准 7.5.1.*a*)"……受控条件应包括:获得表述产品特性的信息"的要求不符。

5.2 复测

《施工测量放线报验单》2001.4.10 报监理审批。内容:控制桩,导线点。2001.4.16 监理批准,"可临时使用"。

记录测量人员:李××,测量验线员,96.10.10 市建委发证,号 0001088。

验收:黄××,测量验线员,96.10.10 市建委发证,号 0001000。

《导线测算簿》,2001.4.7,表明观测人员尚有娄××,因属下属工程处人员,未在报验单反映。上岗证或其复印件未见,也无其他证实性资料。

注：与标准 6.2.2.*e*)“保持教育、培训、技能和经验的适当记录”的要求不符。

使用仪器：T1-062 全站仪。提供的检定记录中，全站仪的规格型号与其不符。

测量前对仪器的校准检查记录未见。

注：与标准 7.6.*a*)“对照能溯源到……国家标准的测量标准，按照规定的时间间隔或在使用前进行校准或检定。”的要求不符。

6　审核事项：基坑开挖前的放线测量。

涉及主要要素：7.5.1,7.6,4.2.4,6.2,6.3。

审核记录：

6.1　测量复核记录

2001.4.28 报验。4.29 工程处技质部验收，合格。4.30 监理复核，结论：可以使用。

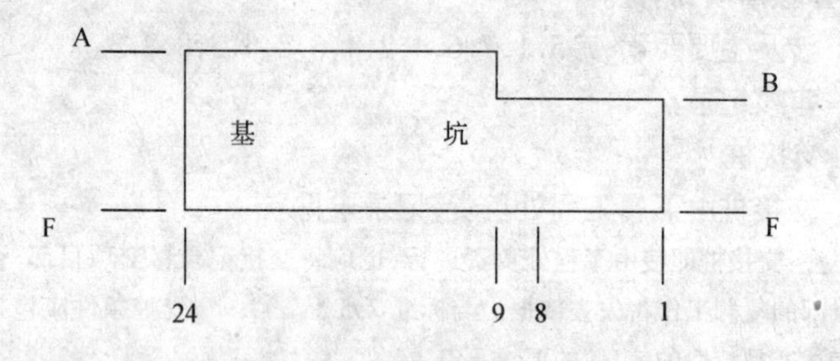

附件图 5-1　建筑轴线布置示意图

6.2　测量人员与复测一致。

仪器：T1-062 全站仪。情况同上。

7　审核事项：验槽。

涉及主要要素：7.5.1,4.2.4,7.4,7.5.3。

审核记录：

7.1　验槽分四段进行。

第四段(Ⅳ区)：1～7 轴。2001.6.20，验槽记录，由项目部质检员、技术负责人、建设单位、设计和监理共同确认/签字。结论：

满足设计要求,与勘察报告相符,同意隐蔽。验槽内容:桩间土、CFG桩。

第三段(Ⅲ区):1/7~13轴。2001.8.17。结论同上。设计未参加,委托监理进行。

第二段(Ⅱ区):1/13~18轴。2001.7.24。结论同上。其他同上。

第一段(Ⅰ区):1/18~24轴。2001.7.5。结论同上。其他同上。

7.2 测桩

测桩单位由施工单位采购。

7.2.1 供方评价。

供方单位:市政工程研究院。

资质:计量认证合格证书。有效期1996.7.31~2001.7.4。

施工企业一级试验室。1998.3.30。市建委发证。

工程桩动测资质:含低应变动力测桩、超声波测桩、单桩承载力测试。有效期:

1997.7.1~2001.6.30。测桩时的证书有效期已过,未见新的有效证书。

注:与标准7.4.1"组织应根据供方按照组织的要求提供产品的能力评价和选择供方。"的要求不符。

7.2.2 委托合同。2001.6.20签订《工程质量检测合同书》。规定:

低应变检测:20%,共312根。符合JGJ/T 93—95标准3.2.2条规定,不小于20%,不少于10根。

静载单桩承载力:1%,16根。符合JGJ/T 94—94标准及Q/JY 06—97(企业标准)的规定,不小于1%,不少于3根。

对进行检测的人员和设备未明示要求。

注:与标准7.4.2"采购信息应表述拟采购的产品,适当时包括:*a*)……设备的批准要求;*b*)人员资格的要求;……。"的要求不符。

7.2.3 对测试单位进场人员/设备的验证记录未见。

相关程序中对服务类采购未作出明确规定。

注:与标准 7.4.3“组织应确定并实施检验或其他必要的活动,以确保采购的产品满足规定的采购要求。”的要求不符。

7.2.4 低应变报告,2001.8.14。共测桩 80 根,其中:一类桩 76 根,二类桩 4 根。结论:桩体质量符合设计要求。

静载报告:2001.7.12。共 4 根。其中:13m、8m 桩各两根。结论:满足设计要求。

其余检测内容报告尚未收到。

8 审核事项:Ⅰ区(1/18~24 轴)施工段产品实现及测量等。

涉及主要要素:7.5.1,7.5.2,7.5.3,7.5.5,7.4,7.6,4.2.3,4.2.4,6.2,6.3,6.4,8.2.4。

审核记录:

8.1 褥垫层、垫层

8.1.1 技术交底。2001.7.3 对槽底褥垫层及垫层进行技术交底。开工 2001.7.5。交底内容基本符合要求:接底人:劳务方技术负责人,李×。交底:工程部王×,持施工员证,98.10.23 发证,市建委。

结构层次依次为: 结构底板 C30,45CM;
防水保护层 C20,豆石混凝土;
防水层;
素混凝土 C10,50CM;
粗砂 50CM;
碎石 150CM。

8.1.2 褥垫层验收

2001.7.5 的Ⅰ区《预检工程检查记录表》,结论:合格。工长、质检、技术负责人确认。

2001.7.5,监理李××确认:同意施工单位所报内容。可以进行下道工序。

8.1.3 防水层

a) 防水材料。厂家:××防水材料有限责任公司。纳入公司

《合格供方名单》。

不能证实使用在此部位的防水材料的批号。

注:与标准 7.5.3"在有可追溯性要求的场合,组织应控制并记录产品的惟一性标识。"的要求不符。

日期最接近的出厂合格证,2001.6.28。批号:10680。规格:600g/m^2。

b) 10680 防水材料的复试。到货后复试。但报告日期:2001.6.14。日期有误。

复试报告结论:符合 GB 12953—91 标准。

因测试条件不符合地区气象条件,2001.7.11 再次复试。条件:最低温度:-40℃,时间:2h,不透水性由 0.2MPa 改为 0.3MPa。结论:合格。

c) 分项工程评定

监理要求:闭水试验不做。见 2001.6.10 会议纪要。

评定结论:合格。质检员确认签字。2001.7.26。

d) 对施工人员的资格、技能验证记录未见。

注:与标准 7.4.3"组织应确定并实施检验或其他必要的活动,以确保采购的产品满足规定的采购要求。"的要求不符。

e) 防水层施工已明示为特殊过程。但对防水施工工艺过程的确认记录未见。查采购合同,无相应的控制要求。

注:与标准 7.4.2"采购信息应表述拟采购的产品,适当时包括:*a*)……过程和设备的批准要求;*b*)人员资格的要求;……。" 以及标准 7.5.2"当生产……提供过程的输出不能由后续的监视或测量加以验证时,组织应对任何这样的过程实施确认。"的要求不符。

8.1.4 垫层

《施工日志》2001.7.6,记录Ⅰ区"今晚准备打 1000m^2 垫层"。采用商品混凝土。

a) 厂家:市某混凝土有限责任公司。

供应日期:2001.7.6。随车附有商品混凝土出厂合格证,注明相关材料试验报告如下。

配合比报告编号:2001-705。

水泥试验报告编号:2001-C-28。

砂试验报告编号:2001-S-52。

碎石试验报告编号:2001-G-53。

外加剂(UNF-5AS)试验报告编号:2001-A-5。

粉煤灰(Ⅱ级)试验报告编号:2001-FA-13。

随车同时还附有混凝土开盘鉴定记录。

收料单记录表明,垫层部分累计到货量为混凝土 120m³。

b)对混凝土生产厂家的评价、选择。

由集团公司工程处根据单位的招投标管理办法采用议标方式采购。查公司合同评审管理程序,招投标采购过程在文件未见识别。

注:与标准 4.2.1"质量管理体系文件应包括:*d*)组织为确保其过程的有效策划、运行和控制所需的文件。"的要求不符。

该混凝土有限责任公司已纳入集团公司工程处的合格供方名单。

c)商品混凝土进场/使用前的验证。

混凝土坍落度指标使用前未见实测记录。

注:与 GB 50204—92《混凝土结构工程施工及验收规范》第 4.6.4 条关于"当采用预拌混凝土时,应在商定的交货地点进行坍落度检查,实测坍落度,……"规定不符。

d)过程监视记录。

施工情况在《施工日志》等记录中记录不全。如:浇筑时间,7.7~7.8 两天的施工内容无记录(按 120m³ 混凝土施工量估算,施工时间应跨入 7.7)。

注:与《施工日志》的记录要求不符。

e)混凝土工程分项评定。

按照高层框架的有关指标进行检验,2001.7.6。混凝土强度评定日期未填。

实测允许偏差项目之一:表面平整度。实测 10 项,合格 9 项。

使用仪器:多功能尺。但无检定合格的证据。

注:与标准 7.6.*a*)“对照能溯源到……国家标准的测量标准,按照规定的时间间隔或在使用前进行校准或检定。”的要求不符。

评定结论:优良。质检员李××签字确认。

f) 混凝土强度。

试块制作:一组,数量与标准要求不符。编号 25。

试验员罗××,1996.8.28,编号 186。

28 天报告,2001.8.5。记录:实测坍落度 15cm,设计 18~20cm,未见评审处置的记录。不符。

2001.6.15 工地值班记录,曾有 2 车混凝土因塌落度太小退还。但未见:

① 不合格评审、处置的记录;

注:与标准 8.3“应保持不合格的性质以及随后所采取的任何措施的记录,……。”的要求不符。

② 完整的商品混凝土质量记录。

注:与标准 8.4“数据分析应提供以下有关方面的信息:*d*)供方。”的要求不符。

③ 查相关程序文件,对供方进行重新评价的控制要求不明确。

注:与标准 7.4.1“应制定……重新评价的准则。”的要求不符。

试块平均强度:40MPa。

试验单位:××市政工程研究院。

8.1.5 劳务分包方评价等

a) 评价。

《申请使用劳务队审批表》,2001.8.22 由公司劳动力调剂中心批准。

分包范围:结构工程。总包合同中明确允许分包项目。

工期:2001.7.15~12.15。

目前人员数量:59 人。其中:木工 30 人;钢筋工 10 人;混凝土 5 人;壮工 8 人;其他 6 人。

企业资料:营业执照:法人名称:某市第四建筑安装工程有限

公司。

施工资质:工业与民用建筑施工壹级,2000.11.21发证。

进入某市的施工许可证,2001.3.12发证。批准可以承担与企业资质相符的工程施工。

安全许可证:2001.3.1。市经委签发。

体系认证:某认证机2000.5.30发证。产品范围:工业与民用建筑。未提供认证机构年度监督审核的结论的有关信息。

注:与标准7.4.1"组织应根据供方按照组织要求提供产品的能力评价和选择供方。"的要求不符。

b) 分包合同。

2001.7.17签订。与施工时间不符。合同为后补。

内容:模板,钢筋,等。

人员要求:23人,其中:管理人员16人。与申请表内容不一致。

2001.9.4又补签合同,人员又增加86人。

对质量管理体系的要求未明示。

注:与标准7.4.2"采购信息应表述拟采购的产品,适当时包括c)质量管理体系的要求。"的规定不符。

c) 进场人员验证。

项目部提供人员花名册,但未见验证记录。

注:与标准7.4.3"组织应确定并实施检验或其他必要的活动,以确保采购的产品满足规定的采购要求。"的要求不符。

d) 入场教育。

对2001.9.4补签合同人员未见入场教育记录。

注:与标准6.2.2"组织应:*e*)保持……培训……的适当记录。"的要求不符。

e) 项目部的监督检查。

体系文件制定《项目部劳务队季度检查记录表》,但未见使用。

注:与标准4.2.4"应……保持记录,以提供符合要求和质量管理体系有效运行的证据。"

2001.9.1曾进行过检查。提出问题:宿舍住人太多,卫生不好。处理:3日内改完。复查:已改完。但未能提供劳务队扩大了住房面积,复查结论的有效性不足。

注:与标准8.5.2.*e*)"记录所采取措施的结果。"的要求不符。

8.2 底板

8.2.1 技术交底。

a) 底板、基础梁、柱、板、墙的钢筋加工技术交底,2001.7.1。接底:季××。

b) 1/13~24轴基础、(梁)模板工程,2001.7.24。接底:丁××。

c) 1/13~24轴底板梁、板混凝土浇筑,2001.7.25。接底:纪××。

d) 安全技术交底:钢筋加工,2001.7.29。接底:严××。

以上接底人员均为劳务方的工长,但未见施工员/安全员证。

查劳务方人员花名册,纪××、严×未在其中。

注:与标准7.4.3"组织应确定并实施检验或其他必要的活动,以确保采购的产品满足规定的采购要求。"以及标准6.2.2.*a*)"确定从事影响产品质量工作的人员所必要的能力。"的要求不符。

8.2.2 模板。

底板与梁模板合并检验。

a) 预检记录,2001.7.25。结论:合格。质检员李××签字确认。

b) 报验单,2001.7.25。监理尚××签字验收。结论:可以进行下道工序。

c) 分项评定,2001.7.25。等级:优良。

允许偏差项目之一:标高。实测10点,9点合格。

使用仪器:

• 水准仪,AL-332,出厂编号:385377。2001.4.19日由市计量测试所检定。

• 钢卷尺,共有2m、3m、5m各一把。按照组织程序文件的规定,列为外观检查类仪器。有检查记录。

8.2.3 钢筋(底板部分)。

a) 底板钢筋隐蔽检查记录。2001.7.24。

底板使用钢筋罗纹钢规格有三种:Φ 20、Φ 22、Φ 25@200(通长)。

记录相应的钢筋图号为:01-西-结-01、03。

查01-西-结-01,为结构说明书,底板钢筋图号实为02。记录图号有误。

注:与标准7.5.3"在有追溯性要求的场合,组织应控制并记录产品的惟一性标识。"的要求不符。

查01-西-结-02,设计使用钢筋的规格有:Φ 20、Φ 22、Φ 25、Φ 16。隐蔽检查记录中未记录Φ 16的使用情况。

注:与标准8.2.4"组织应对产品的特性进行监视和测量,以验证产品要求已得到满足。应保持符合接收准则的证据。"的要求不符。

结论:同意隐蔽。质检、监理共同确认。

b) Φ 25罗纹钢

• 验收。

2001.6.12《顾客提供产品验收记录》,Φ 25,计158.6t。

材料验收由材料员和试验员一同进行。

材料员:袁××,1996.12.6发证。市建委。

罗××,同前。

验收数量与2001.5.25《材料计划表》的内容一致。计划采购:9m定尺107.15t,10m定尺51.45t。

项目部技术员对底板和墙部分设计用量进行计算/核算,合计用量144t,2001.4.30。计算、复核均为田××。人员安排不合适。

计划制定的一般性依据:设计用量,损耗定额,工程进度。但计划与工程进度的关系不明确,也未见说明。

注:与标准4.1.*b*)"确定这些过程的顺序和相互作用。"的要求不符。

验收时的标识记录,2001.6.25。Φ 25共有四个炉号。其中:

106B400,39.9t,出厂合格证编号:6-387;

101B1392,11.55t,出厂合格证编号:1-1230;

101B394,54.05t,出厂合格证编号:1-1231;

101B381,53.10t,出厂合格证编号:1-1233。

查出厂合格证:

106B400/6-387:代表批量40.323t,12m定尺;

101B1392/1-1230:代表批量54.966t,12m定尺;

101B394/1-1231:代表批量54.669t,9m定尺;

101B381/1-1233:代表批量55.024t,9m定尺。

均为首钢产品。结论:合格。

实际定尺与采购计划的要求不一致。

注:与标准7.4.3"组织应确定并实施检验或其他必要的活动,以确保采购的产品满足规定的采购要求。"的规定不符。

- 材料发放。

2001.6.23的《领料单》,158.60t,用于底板、墙。与设计用量加定额损耗比较,多发放10余t。项目部对此不能做出合理的说明。

注:与组织《物资管理办法》第5.3.1条"限额领料,定量发放"的原则不符;也与标准7.5.1"组织应……在受控条件下进行生产……提供。……受控条件应包括:*e*)实施监视和测量;"的要求不符。

- 复试。

2001.7.10,对39.9t Φ 25进行复试,结论:符合要求。但报告中未注明钢筋的炉号。

注:与GB/T 232—1999《金属材料 弯曲试验方法》第9条关于"试验报告至少应包括下列内容:*b*)试件标识(……炉号、……等)"的规定,与GB/T 19001—2000标准7.5.3"在有可追溯性要求的场合,组织应控制并记录产品的惟一性标识"的要求也不符合。

其余三个炉号的钢筋,未见复试记录。

注:与GB 50204—2002《混凝土结构工程施工质量验收规范》5.2.1条"钢筋进场时,应按现行国家标准《钢筋混凝土用热轧带肋钢筋》GB 1499等的规定抽取试件作力学性能检验,其质量必须符合有关标准的规定。检查数量:按进场的批次……确定。"的要求不符。

• 焊接。

试焊的接头试验报告未见。

注:与 JGJ 18—96《钢筋焊接及验收规程》第 4.1.4 条“在工程开工或每批钢筋正式焊接之前,应进行现场条件下的焊接性能试验”不符;也与标准 8.2.4“组织应对产品的特性进行监视和测量,以验证产品要求已得到满足。”的要求不符。

实际使用挤压连接、闪光对焊、电渣压力焊。分别于 2001.7.14、2001.7.12、2001.7.12 进行了焊接试验。结论均为合格。

焊工有两人,经核实均持证。

• 钢筋分项评定。按照接头类型分别进行。

2001.7.24,带肋钢筋套筒挤压接头验评,结论:优良;

2001.7.24,钢筋焊接验评,结论:优良;但报告中未注明钢筋母材的批号/炉号和代表批量。

注:与 JGJ 18—96《钢筋焊接及验收规程》第 5.1.5 条“钢筋焊接接头……质量检验报告单中应报告下列内容:b. 批号、批量;……”不符;也与标准 8.2.4“组织应对产品的特性进行监视和测量,以验证产品要求已得到满足。”的要求不符。

2001.7.24,绑扎钢筋验评,结论:优良。均有质检员签字确认。

8.2.4　混凝土 C30P8

浇筑时间:2001.7.25~26 下午。

实际浇筑混凝土 947m^3。

制作试块 10 组。符合 GB 50204—92 标准第 4.6.7 二条款的规定。

28 天抗压强度报告:2001.8.22,平均强度 41.8Mpa,实测坍落度 16cm。

2001.8.22,平均强度 42.6MPa,实测坍落度 16cm。

2001.8.22,平均强度 42.5MPa,实测坍落度 16cm。

2001.8.22,平均强度 42.4MPa,实测坍落度 16cm。

2001.8.22,平均强度 42.9MPa,实测坍落度 16cm。

2001.8.22,平均强度 44.0MPa,实测坍落度 16cm。

2001.8.22,平均强度42.5MPa,实测坍落度16cm。

2001.8.22,平均强度43.3MPa,实测坍落度16cm。

2001.8.22,平均强度43.1MPa,实测坍落度16cm。

2001.8.22,平均强度43.2MPa,实测坍落度16cm。

设计坍落度均为16～18cm。

混凝土强度合格评定尚未进行。

注:与《混凝土质量控制标准》(GB 50164—92)标准第4.0.3条规定关于应按照月、季、年的间隔对混凝土质量进行统计分析的要求不符。

8.2.5 进度控制

基础、底板《开工报告》(2001.7.3申请并获监理批准),工期要求:2001.7.5～2001.10.30。查网络计划,Ⅰ区褥垫层、垫层计划工期:2001.7.5～2001.7.24。实际工期:2001.7.5～2001.7.26。比预计工期延期2天。原因:有二天下雨天气。工期控制良好。

8.2.6 起重设备。

共有吊车三台。围绕周遍布置。Ⅰ区施工时可以使用其中的二台,设备编号分别为:5015和4008。设备均为租赁。

a) 5015塔吊

• 安装。由租赁公司负责。

安装方案由租赁公司制定。

安装后的验收。使用市主管部门的统一表格,验收时间:2001.8.8。时间晚于施工实际使用时间。

提供的使用许可证复印件,不清楚,难以辨认。

注:与标准4.2.4"记录应保持清晰、易于识别……。"的要求不符。

• 对租赁公司的评价等的记录未见。

查公司程序文件,对此也未作明确规定。

注:与标准7.4.1"组织应根据供方按照组织的要求提供产品的能力评价和选择供方。应制定选择、评价……的准则。"的要求不符。

但项目部仍然收集了供方的部分资料。

营业执照:法人名称:市××建筑设备租赁有限公司。

资质:租赁三级,2001.7.26年审合格。

合同范围:80TM以下塔式起重机的拆装。

人员要求:司机:两名,信号工:两名。证件齐全。但项目部对进场人员和设备的验证记录未见。

注:与标准7.4.3“组织应确定并实施检验或其他必要的活动,以确保采购的产品满足规定的采购要求。”的要求不符。

• 设备维护有租赁公司负责。

项目部对设备运行状况的监督检查,2001.8.1有检查记录。但未包括5015设备。

注:与标准6.3“组织应确定、提供并维护为达到产品符合要求所需的基础设施。适用时,基础设施包括:*b*)过程设备……。”的要求不符。

8.2.7 成本控制

尚未进行。文件对成本控制的要求及时机未作明确规定。

注:与标准7.1.c)“产品所要求的……监视……活动,……。”的要求不符。

9 审核事项:不合格品控制、纠正预防措施。

涉及主要要素:8.3,8.5。

审核记录:

9.1 有两起轻微不合格事件。

——2001.7.29的《不合格品报告》。

事实:“负三层柱子钢筋绑扎缺扣”。

处置:返工。

验证:已全部补齐。

但未见对不合格进行原因分析并制定纠正措施。

注:与组织程序文件(CX8.5.2)第4.5.3条“对不合格品进行原因分析和制定纠正措施。”的要求不符;也与标准8.5.2.*b*)“确定不合格的原因;”和*d*)“确定和实施所需的措施;”的规定不符。

9.2 预防措施。无应用。

10 审核事项:数据分析。

涉及主要要素:8.4。

审核记录:

10.1 无应用。

11 审核事项:现场。

审核记录:

11.1 现场材料标识齐全,内容基本符合规定。

11.2 材料堆放整齐,文明施工措施、安全措施未见不符。

11.3 现场正搭建负一层的顶板混凝土模板,满堂架。

11.4 试验室仪器检定合格及停用标识齐全,未见不符。

11.5 施工设备:搅拌机采用自动计量,设备 2001.3.3 经市计测所检定,结论:合格;塔吊经市劳动局验收,挂使用许可证,有效期:2001.3.2~2002.3.1。

11.6 查 2001 年 5 月的施工设备当班使用/交接记录,人员签字、记录内容齐全。

审核结束。

附件 6　审核方法

事物的发展存在一个基本线索,即时间顺序。在时间顺序下,审核员可以实现两个基本目的:一是实现过程/事物间的可追溯性,二是运用辩证法的原则来判断组织对各过程识别的充分性以及过程之间相互关系的合理性、过程管理的有效性。

对审核方法的运用,关键在于针对组织的实际情况,能迅速做出灵活、有效的处理,目的是确保审核的客观、公正和有效。审核方法可归纳为追溯审核法和过程审核法两种。

1　追溯审核法

1.1　原则:运用各类惟一性标识实施审核。

1.2　审核路线 1:用于证实材料来源及检验试验情况。运用材料的惟一性标识进行审核。材料的惟一性标识有:炉号、批号、卷号等。应进行证实的内容有:

1.2.1　从相关的工程检查证、工程日志、现场质量检查记录、分项工程验评记录、试验报告、出厂试验报告、材料使用等质量记录中证实所使用的材料是否按照规定进行了检验和试验;

1.2.2　从材料的交到货记录、点验单、发放等记录中证实材料检验试验的频次是否符合规定要求。

1.3　审核路线 2:用于证实控制过程是否符合要求。运用时间顺序进行。

1.4　审核路线 3:用于核实质量记录的有效性、真实性。运用在项目部审核到的质量信息,在机关审核时相应主管部门进行核实。

案例 1:在某项目部审核时,审核员在审核机械设备时请项目经理出示塔吊司机和指挥的人员名单,共有两个班组四人,一人为原件,其余三人为复印件。审核员到机关劳人部审核时,首先核实三人的培训记录和证件,发现一人原为焊工,一人为材料员,一人无证。审核员又查上一年度的培训计划,发现原计划的 15 人起重机驾培训班因故取消。审核员又查本年度的培训计划,对上述岗位存在的培训需求并无说明和分析。

案例2:审核员在某项目部审核大桥跨中合拢段的预应力锚具发放记录时,材料员出具领料记录,上有19孔锚具28套、16孔锚具28套的领料记录。审核员要求提供相关施工图,发现图纸只有16孔锚具的设计内容。因此,项目部的材料管理存在问题。

2 过程审核法

2.1 原则:按照事物发展的过程顺序、并运用逻辑法则实施审核。

案例3:组织对过程的识别未符合实际控制的特点。

审核员在某项目部审核时,要求提供某桥梁的施工图会审记录,项目经理拿出由建设单位、设计、监理和施工单位四方参加的设计会审记录。审核员要求提供施工单位在四方会审之前的自审记录,项目经理说程序文件并未要求进行自审,所以,尽管对图纸进行了自审,却并未保留自审记录。组织对施工控制的过程识别有漏项。

案例4:职责规定偏离产品特性。

某监理公司给监理代表处规定的职责之一为:负责新技术、新工艺、新材料、新设备的收集、整理和推广。审核员认为这一职责的界定经不起逻辑的考验。其一,如果监理公司执行该职责,势必使监理偏离公正的角度。其二,未反映监理工作的特点。因此,比较准确的职责可以规定为:针对设计或施工单位采用的新技术、新工艺、新材料、新设备,应制定相应的监理实施细则。

案例5:标准未明示,组织对过程的识别不充分。

GB 50319—2000《建设工程监理规范》5.2.3规定:"工程项目开工前,总监理工程师应组织专业监理工程师审查承包单位报送的施工组织设计(方案)报审表,提出审查意见,……。"在某监理项目部审核时发现,总监理工程师于2001.10.3批准了承包单位提出的某大桥施工组织设计,但在10.7却收到了设计院关于该桥的全套设计变更图,变更原设计200延长米为225延长米,原扩大基础改为钻孔灌注桩。该设计变更是否造成对原施工方案的重大影响以致应修改原施工方案,项目监理部未提出控制要求。查监理单位的各项有关文件,也未对此作出规定。

附件7 多现场认证审核的一般要求

1 编制目的

为了规范多现场审核,确保审核的有效性和一致性,特制定本文件。凡按照多现场要求实施审核的项目,均应遵照本规定执行。本文适用于第一、第二、第三方审核。

2 编制依据

2.1 《质量体系认证机构认可基本要求的说明》附录3多现场认证,CNACR-210(附录3):2001。

2.2 《质量体系认证证书管理规定》CNACR-310:2001

3 相关定义

3.1 多现场组织

多现场组织指具有对有关活动进行策划、控制或管理的一个明确的核心职能(本文件称为总部),并具有完全或部分执行这些活动的地方分部(现场)的网络的组织。

多现场组织所提供的各现场(指固定现场)如果在本质上属于同一类产品,并基本上是按照相同的方法和程序在组织生产/服务,则该类产品可以按照本文提出规定进行抽样。

注1:本质上属于同一类产品并基本上按照相同的方法和程序在组织生产/服务的情况有:工业与民用建筑项目的施工项目、装饰装修工程的施工等;公路工程的施工监理等。

如组织拥有多个现场,虽然产品本质基本相同,但在不同的现场具有不同的生产/服务过程,即使这些现场受控于同一个质量管理体系,该组织的现场不得采用本文关于多现场抽样的规定。

注2:虽然产品本质基本相同,但在不同的现场具有不同的生产/服务过程的产品有:钢桥与混凝土桥,吊桥、斜拉桥与简支梁桥等。

仅具有临时现场的组织,也视作多现场组织,可按照本文件的抽样规定执行。

3.2 临时现场

组织为完成某项具体的工程而建立的建筑、安装施工现场称为临时现场。具有相同性质的还有从事监理服务的组织等。

建筑安装施工企业、监理等企业的现场指其固定现场,如组织或总部下属的分/子公司、国家/地区分部等。

临时现场不受理单独发放证书的申请,不得在证书上表述。

具有经营和一定管理职能、非一次性的项目部/监理部不属于临时现场,应作为固定现场,可以纳入证书或证书附件上予以表述。

合同工期超过三年的建筑现场应视作固定现场,可以在证书上表述。

建筑安装施工企业、监理等企业可能会出现没有固定现场的情况,仅具有临时现场的组织不属于多现场组织,但应执行本文关于抽样的规定。

注3:没有固定现场的建筑安装施工企业、监理企业一般的组织规模较小,组织直接控制项目部进行施工/提供监理服务。

在本文件中,除非有说明,使用的现场一词,均指固定现场。

3.3 新增加现场

超出证书注册现场范围以外所提供的新现场。

4 职责和程序

4.1 多现场的确认

第三方审核情况:认证申请方在向认证机构提出认证申请和合同签订前进行的合同评审阶段,认证机构的有关部门会负责对多现场组织进行评审和确认,并记录评审的结果,确认多现场的特征。认证机构在受理过程中,还应将有关多现场组织的文件/规定告知认证申请方。

第二方审核情况:可参照第三方审核要求进行。

第一方审核(内部审核)情况:在内部审核策划阶段由主管部门负责进行,并将结果报告管理者代表。

4.1.1 确认多现场组织的准则

4.1.1.1 多现场组织不必是一个惟一的法律实体,但所有的现场均应与组织的总部有法律上或合同上的联系,并具有一个共同的质量管理体系。该体系由总部规定、建立并进行持续的监督，以及总部有权对任何现场实施必要的纠正措施。可行时，这应该在总部和各现场之间签订的合同中加以规定。

4.1.1.2　组织的质量管理体系应在集中控制的计划下予以集中管理并进行集中的管理评审。所有的相关现场(包括总部)应执行组织的内审方案，并在认证机构(或顾客)的审核组开始审核之前按照内审方案实施审核。

4.1.1.3　应证实组织的总部已按照审核标准建立了质量管理体系，并且整个组织满足了标准的要求。这应包括对有关法律法规的考虑。

4.1.1.4　组织应证实其从所有现场(包括总部)收集和分析数据的能力和在需要时对组织实施变更的权限和能力，内容包括但不仅限于以下的项目。

a) 体系文件和体系的变更

b) 管理评审

c) 投诉

d) 纠正措施的评价

e) 内部审核策划和结果评价

4.1.1.5　确认组织为多现场组织后，认证机构(或顾客、组织内部的主管部门)应要求组织提供体系覆盖的各类现场的清单(包括固定现场和临时现场)，以此作进一步识别申请认证的质量体系所覆盖的生产/服务过程的复杂性、现场规模和各现场之间的差别，作为审核抽样水平的基础。

4.1.1.6　认证机构(或顾客、组织内部的主管部门)应检查多现场组织的各个现场按照相同的程序和方法进行生产/服务或提供本质上同类产品的程度。只有在确认了所有拟包括在多现场审核中的现场满足了本文件的要求，抽样方法才可以应用。

4.1.1.7　如果组织不准备将所涉及的所有现场同时进行认证时，应事先通知认证机构，明示其希望包括在证书范围内的现场。认证机构应对此加以记录。

4.1.1.8 认证机构在接受认证合同前，应向认证申请方提供有关多现场组织识别准则的要求，明示只要准则的任何一方面未得到满足，就不能按照抽样方案实施审核，以及在后续的各项审核活动中，如发现组织的实际情况与这些准则不符的现象，认证机构将不会向其颁发认证证书。

4.1.1.9 可能的多现场组织的例子有：

1）从事特许经营的组织；

2）具有销售网络的制造企业；

3）具有多个分支机构的公司。

示例：对建筑安装企业，“具有多个分支机构的公司”指：下设分公司、子公司、工程处、工程段的施工安装企业。子公司独立认证时，可以不纳入公司总部的体系。公司总部可以是有限责任公司、集团公司、股份公司等。

4.2 审核计划

4.2.1 认证机构在受理了认证合同之后，应及时将该组织的认证审核列入审核计划，安排审核。

4.2.2 第一、第二方审核时，一旦确认了审核活动，也应做出审核计划。

4.2.3 当有多个审核组参与多现场审核时，应指定一名惟一的审核组长，该组长的任务是统一策划审核计划、并汇总各审核组的审核发现，形成一个综合性的审核报告。

4.2.4 现场审核时间的安排应考虑其规模、产品和过程的复杂性。

4.2.5 总部的审核时间不允许缩短。

4.3 审核组 审核组长接受审核任务后，按照本文件或认证机构其他相关文件的要求实施审核。

第三方审核时，在不合格报告验证合格后，审核组应及时将审核资料递交认证机构的技术委员会。

第二方审核时，在不合格报告验证合格后，审核组应及时将审核资料递交审核申请方。

组织进行内部审核时，在不合格报告验证合格后，审核组应及时将审核资料存档，将审核报告递交管理者代表/最高管理者。

4.3.1 审核组应以组织提供/申报的多现场项目清单(包括固定和临时现场)为依据，按照抽样分类的原则(认证机构审核组还应结合合同评审的有关结论)进行多现场抽样。固定现场和临时现场应分别抽样。抽样分选择抽样和随机抽样两种方式。

1) 选择抽样。选择的目的是使在证书的有效期内所选择的现场之间的差别尽可能的大。选择现场时可以考虑如下因素：

——内审或以前第二、第三方审核的结果；

——投诉记录与相关的纠正和预防措施；

——现场规模存在显著差异的程度；

——作业程序的差异程度；

——上次内部审核和第二、第三方审核以来的变化情况；

——项目地理位置的分散程度。

2) 随机抽样。随机抽样的样本量不低于总样本量的25%。

样本量和新增加现场的计算公式见第5条的要求。

4.3.2 选择抽样一般应在审核过程开始之前完成，但在总部审核过程中应对抽样的符合性进行评估，发现抽样不符或组织存在体系缺陷时，可以在总部审核结束时再进行补充选择。不论何时选择，均应通知总部被抽样的现场，以便给企业或现场有足够的审核准备时间。

4.3.3 每一次质量管理体系审核，都应对总部实施审核，且每年至少一次。对总部的审核不允许缩短时间。

4.3.4 审核组必须在证实组织的质量管理体系符合了规定要求且得到有效运行之后，特别是同一质量管理体系对所有现场的活动都实施了有效的管理之后，对体系做出的有关结论才能被视为是有效的。

4.3.5 关于不合格的处理。

4.3.5.1 审核组在审核过程中发现任何单独现场存在的不合格，均应要求组织/相关部门采取措施调查其他现场是否受到影响，以确定这些不合格是否属于影响所有现场的整个体系的缺陷。如果是,则组织应在总部和所有现场采取纠正措施;如果不是,组织应能够向审核组证实其有限度地采取后续措施的理由。在审核组织的内审活动时,对内审不合格报告应持相同的原则。

4.3.5.2　对于造成体系缺陷的不合格,审核组应要求组织提供这些措施的有效证据,并在总部审核结束之前做出补充抽样(一般应提高抽样频率)的要求,进行现场验证,直到对重新建立起来的控制感到满意为止。

4.3.5.3　在第三方认证审核过程中,审核组将不能允许组织为了克服因单个现场发生的不合格项而形成的认证注册障碍,而寻求将"有问题"的现场排除在认证范围之外的做法。

4.4　认证注册。第三方审核时,认证机构的技术委员会在对审核资料进行技术审定之后,应做出认证决定。必要时可以向审核组质询。做出同意认证注册的决定后,向组织颁发认证证书。

4.4.1　在认证决定阶段,认证机构的技术委员会对审核资料所作的技术审定应包括审核组对不合格报告的验证内容。如果任何现场存在不合格,或不能证实已在所有现场对不合格进行了有效的整改,将不得做出同意颁发认证证书的决定,直到组织采取了令人满意的纠正措施为止。

4.4.2　多现场组织的证书表达应遵循以下原则:

4.4.2.1　认证机构应向组织颁发一张表明总部名称和地址的认证证书,该证书也可称为主证书或正件;

4.4.2.2　在主证书上或附件上,列出与主证书相关的所有现场的清单,内容至少包括:现场名称(应为授权/注册的全称)、地址、产品、过程等;

4.4.2.3　在附件上注明"该组织的质量管理体系覆盖的范围仅含以下内容"以及"组织的证书注册号:________"等字样;

4.4.2.4　如组织申请,可以向组织的现场颁发证书,该证书可称为子证书。

建筑安装的施工现场不得发放子证书。

4.4.2.5 子证书的表达内容至少应包括:现场名称(应为授权/注册的全称)、地址、产品、过程,以及与主证书之间的引用关系。

4.4.2.6 组织规模应在证书上予以表述,分类标准如下:小型组织员工数少于50人;中型组织的员工在50～999人之间;大型组织的员工人数大于1000人。

4.4.3 当总部或任何一个现场未能满足保持证书的要求,认证机构将撤消整个证书。

4.4.4 认证机构应在公开文件中要求组织一旦现场发生变化(包括增加、减少、名称变更等)时,应在变化的同时向认证机构做出文字通报。否则认证机构将视为是对证书的误用,并会对组织采取相应的措施。

4.4.5 组织在获证以后新增加的现场,可以在认证机构随后的年度监督/复评活动中增加到现有的证书中。

5 样本量

5.1 组织/认证机构均应确定样本的分类及样本所代表的活动的风险程序(至少应区分低至中等风险和高风险二类)。低风险现场的抽样,以1.0的系数乘以第5.4条的计算结果。中、高风险现场应乘以大于1.0的系数。风险程度越高,系数值越大。

5.2 当组织的结构具有多层次管理体系(如总部/国家分部/地区分部/地方分部)时,抽样适用于每一层次。抽样率如下:

5.2.1 总部:每个审核周期都需要审核(初审/年监/复评)。

5.2.2 每4个国家分部:抽样量2个,至少1个随机抽样。

5.2.3 每27个地区分部:抽样量6个,至少2个随机抽样。

5.2.4 每1700个地方分部:抽样量42个,至少11个随机抽样。

5.2.5 总数和抽样量之间可以按照线性插值方法进行计算。

5.3 当一组新现场需要追加到已认证的多现场网络时,每一组新现场都应当独立确定样本量。在认证证书包括新现场后,认证机构对于往后的监督审核和复评,应当将新增的现场加上以前的现场来确定样本量。

新增加的现场应当独立确定样本量,然后与已认证的现场样本量相加，作为当次审核的样本量。

5.4　现场样本量的计算（同样适用于临时现场的抽样量计算）。

5.4.1　认证机构的初审、年度监督、复评样本量均以现场数量的平方根计算，取整至上界。详见表一。数据不足部分可另行计算。

5.4.2　第一、第二方审核，参照上述规定执行。

表一：现场抽样表

现场数	抽样数	现场数	抽样数
1	1	50～64	8
2～4	2	65～81	9
5～9	3	82～100	10
10～16	4	101～121	11
17～25	5	122～144	12
26～36	6	145～169	13
37～49	7	170～196	14

案例：某铁路工程总公司

1　2001 年现场一览表

第一工程处：公路工程 3 项，铁路综合工程 3 项，水利工程 1 项；

第二工程处：公路工程 2 项，铁路综合工程 4 项，机场跑道工程 1 项；

第三工程处：铁路综合工程 3 项，城市立交桥工程 1 项，城市轻轨工程 1 项；

西南工程总公司：建筑工程 1 项，公路工程 2 项，水电工程 1 项；

建筑工程处：建筑工程结构 6 项，装饰工程 2 项；

隧道工程处：铁路综合工程 6 项。

以上施工处均非法人机构、且不独立认证注册。

2　样本分析

2.1　风险程度规定

2.1.1　中等风险系数为1.2,高风险系数为1.4。

2.1.2　综合工程处为高风险,专业工程处为中等风险。

2.1.3　装饰工程未中等风险,其他工程为高风险。

2.2　固定现场

下设工程处/总公司为该集团公司的固定现场。其中:第一、第二、第三和西南工程总公司为综合性工程处,可合并进行抽样。其他工程处不进行抽样。

因此,审核固定现场为:

2.2.1　综合工程处3个,本次审核抽样第一、第三和西南工程总公司;

2.2.2　其他固定现场为:建筑工程处和隧道工程处。

2.3　临时现场

2.3.1　第一工程处:公路3项,铁路3项,水利1项;

2.3.2　第三工程处:铁路3项,城市立交1项,城市轻轨1项;

2.3.3　西南工程总公司:建筑1项,公路2项,水电1项;

2.3.4　建筑工程处:建筑4项,装饰2项;

2.3.5　隧道工程处:铁路4项。

注:具体项目还应结合项目清单及项目的差异具体确定。

附件8 ISO9004-2000 idt GB/T 19004—2000 标准

引言

0.1 总则

采用质量管理体系应当是组织最高管理者的一项战略性决策。一个组织质量管理体系的设计和实施受各种需求、具体目标、所提供的产品、所采用的过程以及该组织的规模和结构的影响。本标准以八项质量管理原则为基础。统一质量管理体系的结构或文件不是本标准的目的。

组织的目的是:

——识别并满足其顾客和其他相关方(组织内人员、供方、所有者、社会)的需求和期望,以获得竞争收益,并以有效和高效的方式实现;

——实现、保持并改进组织的总体业绩和能力。

质量管理原则的应用不仅可为组织带来直接利益,而且也对成本和风险的管理起着重要作用。考虑利益、成本和风险的管理对组织、顾客和其他相关方都很重要,关于组织整个业绩的这些考虑可影响:

——顾客的忠诚;

——业务的保持和扩展;

——营运结果,如收入和市场份额;

——对市场机会的灵活与快速反应;

——成本和周转期(通过有效和高效地利用资源达到);

——对最好地达到预期结果的过程的整合;

——通过提高组织能力获得的竞争优势;

——员工了解并推动实现组织的目标和参与持续改进;

——相关方对组织有效性和效率的信心,这可由该组织的业绩、产品寿命周期以及信誉所产生的经济和社会效益来证实;

——通过优化成本和资源以及灵活快速地共同适应市场的变化,为组织及其供方创造价值的能力。

0.2 过程方法

本标准鼓励在建立、实施质量管理体系以及改进其有效性和效率时，采用过程方法，通过满足相关方要求，增强相关方满意。

为使组织有效和高效地运作，必须识别和管理众多相互关联的活动。通过使用资源和管理，将输入转化为输出的活动可视为过程。通常，一个过程的输出直接形成下一个过程的输入。

组织内诸过程的系统的应用，连同这些过程的识别和相互作用及其管理，可称之为“过程方法”。

过程方法的优点是对诸过程的系统中单个过程之间的联系以及过程的组合和相互作用进行连续的控制。

过程方法在质量管理体系中应用时，强调以下方面的重要性：

a）理解并满足要求；

b）需要从增值角度考虑过程；

c）获得过程业绩和有效性的结果；

d）基于客观测量，持续改进过程。

图 1 所反映的以过程为基础的质量管理体系模式展示了 4～8 章中所提出的过程联系。这种展示反映了在规定输入要求时，相关方起着重要作用；对相关方满意的监视要求对相关方有关组织是否已满足其要求的感受的信息进行评价。图 1 的模式没有详细地反映各过程。

0.3 与 GB/T 19001 的关系

GB/T 19001 和 GB/T 19004 已制定为一对协调一致的质量管理体系标准，他们相互补充，但也可单独使用。虽然这两项标准具有不同的范围，但却具有相似的结构，以有助于他们作为协调一致的一对标准的应用。

GB/T 19001 规定了质量管理体系要求，可供组织内部使用，也可用于认证和合同目的。在满足顾客要求方面，GB/T 19001 所关注的是质量管理体系的有效性。

与 GB/T 19001 相比，GB/T 19004 为质量管理体系更宽范围的目标提供了指南。除了有效性，该标准还特别关注持续改进组织的总体业绩与效率。对于最高管理者希望通过追求业绩持续改进而超越 GB/T 19001 要求的那些组织，GB/T 19004 推荐了指南。然而，用于认证和合同目的不是 GB/T 19004 的目的。

为进一步方便使用，本标准将 GB/T19001 要求的基本内容置于方框内，并附在相应的条款后。“注”为理解和说明本标准提供了指南。

0.4 与其他管理体系的相容性

本标准不包括针对其他管理体系的指南，如环境管理、职业卫生与安全管理、财务管理或风险管理所特有的指南。然而本标准使组织能够将自身的质量管理体系与相关的管理体系结合或整合。组织为了建立遵循本标准指南的质量管理体系，可能会改变现行的管理体系。

1 范围

本标准提供了超出 GB/T 19001 要求的指南，以便考虑提高质量管理体系的有效性和效率，进而考虑开发改进组织业绩的潜能。与 GB/T 19001 相比，本标准将顾客满意和产品质量的目标扩展为包括相关方满意和组织的业绩。

本标准适用于组织的各个过程，因此，本标准所依据的质量管理原则也可在整个组织内应用。本标准强调实现持续改进，这可通过顾客和其他相关方的满意程度来测量。

本标准包括指南和建议，既不拟用于认证、法规或合同目的，也不是 GB/T 19001 的实施指南。

2 引用标准

下列标准所包含的条文，通过在本标准中引用而构成为本标准的条文。本标准出版时，所示版本均为有效。所有标准都会被修订，使用本标准的各方应探讨使用下列标准最新版本的可能性。

GB/T 19000—2000 质量管理体系 基础和术语(idt ISO9000:2000)

3 术语和定义

本标准采用 GB/T 19000 中的术语和定义。

本标准表述供应链所使用的以下术语经过了更改，以反映当前使用的情况：

供方→组织→顾客（相关方）

在本标准中所出现的术语“产品”，也可指“服务”。

4 质量管理体系

4.1 体系和过程的管理

成功地领导和运作一个组织需要以系统和透明的方式对其进行管理。实施并保持一个通过考核相关方的需求，从而持续改进组织业绩有效性和效率的管理体系可使组织获得成功。质量管理是组织各项管理的内容之一。

最高管理者应当通过以下途径建立一个以顾客为导向的组织：

a）确定体系和过程，这些体系和过程能得到准确地理解以及有效和高效地管理和改进；

b）确保过程有效和高效地运作并受控，并确保具有用于确定组织良好业绩的测量方法和数据。

建立一个以顾客为导向的组织所需开展的活动可包括：

——确定并推动那些能导致组织业绩改进的过程；

——连续地收集并使用过程数据和信息；

——引导组织进行持续改进；

——使用适宜的方法评价过程改进，如自我评定和管理评审。

附录A和附录B分别给出了自我评定和持续改进的过程的示例。

4.2 文件

管理者应当规定建立、实施并保持质量管理体系以及支持组织过程有效和高效运作所需的文件，包括相关记录。

文件的性质和范围应当满足合同、法律、法规要求以及顾客和其他相关方的需求和期望，并要与组织相适应。文件可以采取适合组织需求的任何形式或媒体。

为使文件满足相关方的需求和期望，管理者应当考虑：

——顾客和其他相关方的合同要求；

——采用的国际、国家、区域和行业标准；

——相关的法律法规要求；

——组织的决定；

——与组织能力发展相关的外部信息来源；

——与相关方的需求和期望有关的信息；

管理者应当对照下述准则，就组织的有效性和效率对文件的制定、使用和控制进行评价：

——功能性（如处理速度）；

——便于使用；

——所需的资源；

——方针和目标；

——与管理知识相关的当前和未来的要求；

——文件体系的水平对比；

——组织的顾客、供方和其他相关方所使用的接口。

管理者应当依据组织有关沟通的原则，确保组织内人员和其他相关方能得到相应的文件。

4.3 质量管理原则的应用

成功地领导和运作一个组织需要以系统和透明的方式对其进行管理。本标准提供的管理指南以八项质量管理原则为基础。

这些原则是为最高管理者制定的，以使最高管理者领导组织进行业绩改进。这些质量管理原则已融入本标准，它们是：

a）以顾客为关注焦点

组织依存于顾客。因此，组织应当理解顾客当前和未来的需要，满足顾客要求并争取超越顾客期望。

b）领导作用

领导者确立组织统一的宗旨及方向。他们应当创造并保持使员工能充分参与实现组织目标的内部环境。

c）全员参与

各级人员都是组织之本，只有他们的充分参与，才能使他们的才干为组织带来收益。

d）过程方法

将活动和相关的资源作为过程进行管理，可以更高效地得到期望的结果。

e）管理的系统方法

将相互关联的过程作为系统加以识别、理解和管理，有助于组织提高实现目标的有效性和效率。

f）持续改进

持续改进总体业绩应当是组织的一个永恒目标。

g）基于事实的决策方法

有效决策是建立在数据和信息分析的基础上。

h）与供方互利的关系

组织与供方是相互依存的，互利的关系可增强双方创造价值的能力。

组织成功地运用八项管理原则将使相关方获益，如：提高投资回报、创造价值和增加稳定性。

5 管理职责

5.1 通用指南

5.1.1 引言

最高管理者的领导作用、承诺和积极参与，对建立并保持有效和高效的质量管理体系使所有相关方获益是必不可少的。为使组织和相关方获益，有必要确立、保持并提高顾客的满意程度。最高管理者应当考虑以下活动：

——确立符合组织宗旨的设想、方针和战略目标；

——通过实例引导组织，以促进其人员间的相互信任；

——就组织在质量和质量管理体系方面的方向和价值观进行沟通；

——参与改进项目，寻求新的方法、问题的解决办法以及开发新产品；

——直接获得有关质量管理体系有效性和效率方面的反馈；

——识别能使组织增值的产品实现过程;

——识别影响产品实现过程有效性和效率的支持过程;

——营造鼓励组织内人员参与和发展的环境;

——提供支持组织战略计划实现所必需的结构和资源。

最高管理者还应当规定组织业绩的测量方法,以便确定是否达到了所策划的目标。

这些方法包括:

——财务测量;

——整个组织过程业绩的测量;

——外部测量,如水平对比和第三方评价;

——对顾客、组织内人员和其他相关方满意程度的评价;

——对顾客和其他相关方对产品性能的感受的评定;

——对管理者已识别的其他成功因素的测量。

从这些测量和评定所获得的信息应当作为管理评审的输入,从而确保通过质量管理体系的持续改进来推动组织业绩的改进。

5.1.2 需考虑的事项

在建立、实施和管理组织的质量管理体系时,管理者应当考虑4.3条款所概述的质量管理原则。

基于这些原则,最高管理者应当证实其在以下活动中的领导作用和对这些活动的承诺:

——除了了解顾客的要求外,还要了解顾客当前和未来的需求和期望;

——宣传方针和目标,以提高组织内人员的意识、能动性并鼓励参与;

——将持续改进作为组织的过程的目标;

——策划组织的未来并管理变更;

——确定使相关方满意的框架并予以沟通。

除了渐进的或连续的持续改进之外,最高管理者还应当考虑将过程的突破性更改作为组织业绩改进的一种手段。在更改期间,管理者应当采取措施确保提供为保持质量管理体系的功能所需的资源和沟通。

最高管理者应当识别组织的产品实现过程,这些过程与组织的成功直接相关。最高管理者还应当识别影响产品实现过程的有效性和效率或影响相关方的需求和期望的支持过程。

管理者应当确保过程都以有效和高效的网络方式运作。管理者还应当分析和优化过程(包括产品实现过程和支持过程)的相互作用。

管理者应当考虑:

——确保对过程的顺序和相互作用进行设计,从而有效和高效地达到预期结果;

——确保对过程输入、活动和输出做出明确规定并予以控制;

——对输入和输出进行监视,以便验证各过程是相互联系的,并有效和高效地运行;

——对风险进行识别和管理,并把握业绩改进的机会;

——对数据进行分析,以促进过程的持续改进;

——确定过程的负责人并赋予他们充分的职责和权限;

——对每个过程进行管理,以实现过程目标;

——相关方的需求和期望。

5.2 相关方的需求和期望

5.2.1 总则

每个组织都有相关方,而每个相关方都有各自的需求和期望。组织的相关方包括:

——顾客和最终使用者;

——组织内人员;

——所有者和(或)投资者(如股东、个人或团体,包括公共部门,他们对组织有着利害关系);

——供方和合作者;

——社会,即受组织或产品影响的团体和公众。

5.2.2 需求和期望

组织的成功取决于是否能理解并满足现有及潜在顾客和最终

使用者的当前和未来的需求和期望,以及是否能理解和考虑其他相关方的当前和未来的需求和期望。

为了理解和满足相关方的需求和期望,组织应当:

——识别相关方并始终兼顾它们的需求和期望;

——将已识别的需求和期望转化为要求;

——在整个组织内沟通这些要求;

——注重过程改进,以确保为已识别的相关方创造价值。

为了满足顾客和最终使用者的需求和期望,组织的管理者应当:

——理解顾客的需求和期望,包括潜在顾客的需求和期望;

——为顾客和最终使用者确定产品的关键特性;

——识别并评定组织在市场中的竞争能力;

——识别市场机会、劣势及未来竞争的优势。

与组织的产品有关的顾客和最终使用者的需求和期望可包括:

——符合性;

——可信性;

——可用性;

——交付能力;

——产品实现后的活动;

——价格和寿命周期的费用;

——产品安全性;

——产品责任;

——环境影响。

组织应当识别其人员在得到承认、工作满意和个人发展等方面的需求和期望。对他们的这种关心有助于确保最大程度地调动其人员的参与意识和能动性。

组织应当对满足已识别的所有者和投资者的需求和期望的财务及其他结果作出规定。

组织的管理者应当考虑与其供方建立合作关系的潜在利益,

以便为双方创造价值。合作关系应当基于共同的战略、共享知识和利润以及共同承担损失。在建立合作关系时，组织应当：

——识别可作为潜在合作者的主要供方和其他组织；

——对顾客的需求和期望共同达成清楚一致的理解；

——对合作者的需求和期望共同达成清楚一致的理解；

——建立确保持续合作机会的目标。

在考虑与社会的关系时，组织应当：

——表明对卫生和安全的责任；

——考虑对环境的影响，包括节约能源和保护自然资源；

——识别适用的法律法规要求；

——识别其产品、过程和活动对社会、尤其是对社区所产生的实际影响及潜在影响。

5.2.3 法律法规要求

管理者应当确保组织具有适用于其产品、过程和活动的法律法规要求方面的知识，并应当将这些要求作为质量管理体系的要素之一。管理者还应当考虑：

——倡导在职业道德的规范下，有效和高效地遵守当前和预期的要求；

——高于法律法规要求而给相关方带来的收益；

——组织在保护社区利益方面所起的作用。

5.3 质量方针

最高管理者应当将质量方针作为领导组织进行业绩改进的一种手段。

组织的质量方针应当是其总方针和战略的组成部分，并与其保持一致。

在制定质量方针时，最高管理者应当考虑：

——为使组织成功，将来所需进行的改进的程度和类型；

——预期或期望的顾客满意程度；

——组织内人员的发展；

——其他相关方的需求和期望；

——超出 GB/T 19001 要求所需的资源；
——供方和合作者的潜在贡献。

可用于改进的质量方针应当：

——与最高管理者对组织未来的设想和战略相一致；
——使质量目标在整个组织内都能得到理解和贯彻落实；
——表明最高管理者对质量以及为实现目标提供足够资源的承诺；
——在最高管理者的明确领导下，有助于促进整个组织对质量的承诺；
——包括与顾客和其他相关方需求和期望满意程度相关的持续改进；
——以有效的方式表述，以高效的方式沟通。

质量方针应当像其他经营方针一样定期进行评审。

5.4 策划

5.4.1 质量目标

组织的战略策划和质量方针为确立质量目标提供了框架。最高管理者应当建立能导致组织业绩改进的目标。这些目标应当是可测量的，以便管理者进行有效和高效地评审。在建立这些目标时，管理者还应当考虑：

——组织以及所处市场的当前和未来需求；
——管理评审的相关结果；
——现有的产品性能和过程业绩；
——相关方的满意程度；
——自我评定结果；
——水平对比，竞争对手的分析，改进的机会；
——达到目标所需的资源。

质量目标应当以组织内人员都能对其实现作出贡献的方式加以沟通。质量目标的展开职责应当予以规定。目标应当系统地评审并在必要时进行修订。

5.4.2 质量策划

管理者应当对组织的质量策划负责。这种策划应当注重对有效和高效地实现与组织战略相一致的质量目标及要求所需的过程作出规定。

有效和高效策划的输入包括：

——组织的战略；

——已确定的组织目标；

——已确定的顾客和其他相关方的需求和期望；

——对法律法规要求的评价；

——对产品性能数据的评价；

——对过程性能数据的评价；

——过去的经验教训；

——已显示的改进机会；

——相关风险的评估及减轻的数据。

组织的质量策划的输出应当根据以下方面来确定所需的产品实现和支持过程：

——组织所需的技能和知识；

——实施过程改进计划的职责和权限；

——所需的资源，如资金和基础设施；

——评价组织业绩改进成果的指标；

——改进的需求，包括方法和工具改进的需求；

——文件的需求，包括记录的需求。

管理者应当对质量策划的输出进行系统的评审，以确保组织过程的有效性和效率。

5.5 职责、权限与沟通

5.5.1 职责和权限

为了实施并保持有效和高效的质量管理体系，最高管理者应当对职责和权限作出规定并进行沟通。

组织的所有人员都应当被赋予相应的职责和权限，从而使他们能够为实现质量目标作出贡献，并使他们树立参与意识，提高能动性并作做承诺。

5.5.2 管理者代表

最高管理者应当指定一名管理者代表并赋予权限，以使其能对质量管理体系进行管理、监视、评价和协调，从而使质量管理体系有效和高效地运行并得到改进。管理者代表应当将有关质量管理体系的事宜向最高管理者报告，并与顾客和其他相关方进行沟通。

5.5.3 内部沟通

组织的管理者应当规定并实施一个有效和高效的过程，以便沟通质量方针、要求、目标及完成状况。沟通这些信息有助于组织进行业绩改进，并有助于组织内人员直接参与质量目标的实现。管理者应当积极鼓励组织内人员进行反馈和沟通，并将其作为一种使其人员充分参与的手段。

沟通活动可包括：

——在工作区域内由管理者引导沟通；

——小组简要情况介绍会或其他会议，如成绩表彰会；

——布告栏、内部刊物和(或)杂志；

——声像和电子媒体，如电子邮件和网址；

——组织内人员的调查表和建议书。

5.6 管理评审

5.6.1 总则

最高管理者应当开展管理评审活动，使其不仅限于对质量管理体系的有效性和效率进行验证，且应扩展为在整个组织范围内对体系效率进行评价的过程。受到最高管理者领导作用激励的管理评审应当成为交换新观念、对输入进行开放式的讨论和评价的平台。

为使管理评审给组织带来增值，最高管理者应当通过系统的基于质量管理原则的评审，对产品实现和支持过程的业绩进行控制。评审的频次应当视组织的需求而定。评审过程的输入应当导致超越质量管理体系有效性和效率的输出。评审的输出应当提供用于组织进行业绩改进策划的数据。

5.6.2 评审输入

为了评价质量管理体系的效率和有效性,评审的输入应当考虑顾客和其他相关方,并应当包括:

——质量目标和改进活动的状况和结果;

——管理评审措施项目的状况;

——审核和组织自我评定的结果;

——相关方满意程度的反馈,甚至可能是他们提出的观点;

——与市场有关的因素,如技术、研究和开发以及竞争对手的业绩等;

——水平对比活动的结果;

——供方的业绩;

——新的改进机会;

——不合格的过程和产品的控制;

——市场评估及战略;

——战略合作活动的状况;

——质量活动的经济效果;

——可能影响组织的其他因素,如财务、社会或环境条件以及相关法律法规的变化等。

5.6.3 评审输出

通过扩展管理评审的范围,使之超越对质量管理体系的验证,最高管理者可将管理评审的输出作为过程改进的输入。最高管理者也可将评审过程作为识别组织业绩改进机会的强有力工具。评审计划应当有利于及时为组织的战略策划方案提供数据。经过选择的输出应当加以传达,以便向组织内人员表明管理评审过程如何导致使组织获益的新目标。

为了提高效率,其他的输出可包括:

——产品和过程的业绩目标;

——组织的业绩改进目标;

——对组织结构和资源的适宜性的评价;

——营销、产品以及使顾客和其他相关方满意的战略和切入点；

——针对已识别的风险所制定的预防和减少损失的计划；

——有关组织未来需求的战略策划信息。

评审记录应当充分，以便追溯和促进对管理评审过程自身的评价，从而确保其持续有效性和为组织增值。

6　资源管理

6.1　通用指南

6.1.1　引言

最高管理者应当确保识别并获得实施组织战略和实现组织目标所必需的资源。这包括运行和改进质量管理体系以及使顾客和其他相关方满意所需的资源，它们可以是人员、基础设施、工作环境、信息、供方和合作者、自然资源以及财务资源。

6.1.2　需考虑的事项

为改进组织的业绩，管理者应当对资源作如下考虑：

——针对机会和约束条件，有效、高效并及时地提供资源；

——有形资源，如已改进的实现和支持设施；

——无形资源，如知识财产；

——鼓励开展创新性持续改进所需的资源和机制；

——组织结构，包括项目和矩阵管理的需求；

——信息管理和技术；

——通过注重培训、教育和学习来提高组织内人员的能力；

——培养组织未来管理人员的领导艺术和形象；

——自然资源的使用和资源对环境的影响；

——对未来的资源需求进行策划。

6.2　人员

6.2.1　人员的参与

管理者应当通过人员的参与和支持来提高组织(包括质量管理体系)的有效性和效率。为了有助于实现业绩改进的目标，组织应当通过以下活动鼓励其人员的参与和发展：

——提供继续培训，并进行个人发展的策划；

——明确各自的职责和权限；

——确立个人和团队的目标，对过程业绩进行管理并对结果进行评价；

——促进人员参与目标的确立和决策；

——对工作成绩给予承认和奖励；

——促进开放式的双向信息交流；

——对其人员的需求进行连续评审；

——创造条件以鼓励创新；

——确保团队工作有效；

——就建议和意见进行沟通；

——对人员的满意程度进行测量；

——了解人员加入和离开组织的原因。

6.2.2 能力、意识和培训

6.2.2.1 能力

管理者应当确保组织具备有效和高效运行所需的能力。管理者还应当考虑对组织当前和预期的能力需求与现有的能力进行比较分析。

对能力需求的考虑包括以下来源：

——与战略和运行计划以及目标有关的未来需求；

——预期的管理者和劳动力的后继需求；

——组织的过程、工具和设备的变化；

——对执行规定活动的人员的个人能力的评价；

——对组织及其相关方有影响的法律法规要求和标准。

6.2.2.2 意识和培训

教育和培训需求的策划应当考虑因组织过程的性质、人员的发展阶段以及组织文化而引起的变化。

目标是使组织内人员具备相应的知识和技能，而这些知识和技能与经验相结合将提高他们的能力。

教育和培训应当强调满足要求和满足顾客和其他相关方需求和期望的重要性。教育和培训还应当包括对未能满足这些要求而对组织和其人员所造成后果方面的意识的教育。

为了支持组织目标的实现和人员的发展,对教育和培训的策划应当考虑:

——人员的经验;

——隐含的和明示的知识;

——领导作用和管理艺术;

——策划和改进的工具;

——团队的建设;

——问题的解决能力;

——沟通的技巧;

——文化和社会习俗;

——市场方面的知识以及顾客和其他相关方的需求和期望;

——创造和革新。

为促使人员积极参与,教育和培训还应当包括:

——组织的未来设想;

——组织的方针和目标;

——组织的变化和发展;

——改进过程的提出和实施;

——从创造和革新中获益;

——组织对社会的影响;

——对新人员的入门培训方案;

——对已受过培训的人员的定期在培训方案。

培训计划应当包括:

——培训目标;

——培训方案和方法;

——培训所需的资源;

——确定培训所必须的内部支持;

——针对人员能力的提高来评价培训;

——测量培训的有效性和对组织的影响。

管理者应当按照对组织有效性和效率的期望及影响来评价所

提供的教育和培训,并将此作为改进将来培训计划的手段。

6.3 基础设施

管理者在考虑相关方需求和期望的同时,应当规定产品实现所必须的基础设施。基础设施包括工厂、车间、工具和设备、支持性服务、信息和通讯技术以及运输设施等。

确定有效和高效地实现产品所必需的基础设施的过程应当包括:

a) 根据诸如目标、功能、性能、可用性、成本、安全性、保密性和更新等方面的情况来提供基础设施;

b) 制定并实施基础设施的维护保养方法,以确保基础设施持续满足组织的需求;这些方法应当根据每个基础设施单元的重要性和用途,规定其维护保养和运行验证的类型与频次;

c) 对照相关方的需求和期望,对基础设施进行评价;

d) 考虑因基础设施而引起的环境问题,如:环境的保护、污染,自然资源的浪费和再循环等。

不可控制的自然现象会影响基础设施。基础设施计划应当考虑对相关风险的识别和减轻,并应当包括保护相关方利益的战略。

6.4 工作环境

管理者应当确保工作环境对人员的能动性、满意程度和业绩产生积极的影响,以提高组织的业绩。营造适宜的工作环境,如人的因素和物的因素的组合,应当考虑:

——创造性的工作方法和更多的参与机会,以发挥组织内人员的潜能;

——安全规则和指南,包括防护设备的使用;

——人类工效;

——工作场所的位置;

——与社会的相互影响;

——便于组织内人员开展工作;

——热度、湿度、光线、空气流动;

——卫生、清洁度、噪声、振动和污染。

6.5 信息

为了进行信息转换以及组织知识方面的持续发展,管理者应当将数据作为一种基础资源,这对以事实为依据作出决策以及激励人员进行创新也是必不可少的。为了对信息进行管理,组织应当:

——识别信息的需求;

——识别并获得内部和外部的信息来源;

——将信息转换为对组织有用的知识;

——利用数据、信息和知识来确定并实现组织的战略和目标;

——确保适宜的安全性和保密性;

——评估因使用信息所获得的收益,以便对信息和知识的管理进行改进。

6.6 供方及合作关系

管理者应当与供方和合作者建立合作关系,推动和促进交流,共同提高增值过程的有效性和效率。组织通过处理好与供方和合作者的关系,可获得各种增值机会,如:

——优化供方和合作者的数量;

——在双方组织的合适层次上双向沟通,从而促进问题的迅速解决,避免因延误或争议造成费用的损失;

——在确认供方的过程能力方面与其合作;

——对供方交付合格产品的能力进行监视,以便取消重复验证;

——鼓励供方实施业绩的持续改进方案并参与其他联合改进的启动;

——让供方参与组织的设计和开发活动,共享知识,并有效和高效地改进合格产品的实现和交付过程;

——让合作者参与采购需求的识别及合作战略的开发;

——对供方和合作者作出的努力和成就进行评价并给予承认和奖励。

6.7 自然资源

管理者应当考虑影响组织业绩的自然资源的可获得性。组织通常不能直接控制这些资源，但它们却可能对组织的结果产生重要的正面和负面影响。组织应当制定计划或应急计划，以确保能得到或替代这些资源，从而预防对组织业绩的负面影响或将其减至最小。

6.8 财务资源

资源管理应当包括确定财务资源需求和确定财务资源来源的活动。财务资源的控制应当包括将资金的实际使用情况与计划相比较的活动，以及采取必要的措施。

管理者应当策划、提供并控制为实施和保持一个有效和高效的质量管理体系以及实现组织目标所必需的财务资源。管理者还应当考虑开发具有创新性的财务方法，以支持和鼓励组织的业绩改进。

提高质量管理体系的有效性和效率可对组织的财务结果产生积极影响，如：

a）在组织内部，减少过程和产品故障，或减少材料和时间的浪费；

b）在组织外部，减少产品故障，降低因担保而引起的赔偿费用，以及减少因失去顾客和市场所付出的代价。

提出这些问题的报告可以为确定效果差或效率低的活动以及采取适宜的改进措施提供一种手段。

与质量管理体系业绩和与产品符合性有关的活动的财务报告应当用于管理评审。

7 产品实现

7.1 通用指南

7.1.1 引言

最高管理者应当确保产品实现和支持以及相关的过程网络有效和高效地运行，从而使组织具有满足相关方的能力。产品的实现过程使组织获得增值的产品。产品的支持过程对组织也是必要的，它们间接产生增值。

任何过程都是具有输入和输出的一系列相关的活动或一项活动。管理者应当对所要求的过程输出作出规定，并确定为有效和高效地实现这些输出所必需的输入和活动。

过程的相互关系可能是复杂的，它们将形成一个过程网络。为了确保组织有效和高效地运作，管理者应当认识到一个过程的输出可以成为某一个或更多其他过程的输入。

7.1.2 需考虑的事项

将过程理解为一系列的活动有助于管理者确定过程的输入。输入一经确定，则过程所要求的活动、措施和资源即可确定，以实现预期的输出。

过程和输出的验证和确认结果应当作为整个组织内持续改进其业绩并追求卓越的过程的输入。组织的过程的持续改进将提高质量管理体系的有效性和效率以及组织的业绩。附录B表述了“持续改进的过程”，它有助于组织确定对过程的有效性和效率进行持续改进时所需采取的措施。

过程应当形成文件，其文件化的程度要足以支持组织的有效和高效运作。与过程有关的文件应当有助于：

——对过程重要特征的识别和沟通；

——过程操作的培训；

——在团队和工作组中共享知识和经验；

——过程的测量和审核；

——过程的分析、评审和改进。

组织应当对其人员在过程中所起的作用进行评价，以便：

——确保人员的健康和安全；

——确保人员具备必需的技能；

——支持对过程的协调；

——在过程分析中提供来自其人员方面的输入；

——激励人员进行创新。

推动组织业绩的持续改进应当注重提高过程的有效性和效率，并应当将此作为获得有益结果的手段。更有效且效率更高的过程可通过诸如增加收益、顾客满意程度的提高、资源利用的改善和浪费的减少等可测量的结果来体现。

7.1.3 过程的管理

7.1.3.1 总则

管理者应当识别实现产品以满足顾客和其他相关方的要求所需的过程。为了确保产品能够实现,组织应当考虑相关的支持过程以及预期的输出、过程的步骤、活动、流程、控制手段、培训需求、设备、方法、信息、材料和其他资源。

组织应当对包括下述内容的运作计划作出规定,以便对过程进行管理:

——输入和输出要求(如规范和资源);

——过程中的活动;

——过程和产品的验证和确认;

——过程的分析,包括可信性;

——风险的识别、评估和减轻;

——纠正和预防措施;

——过程改进的机会和措施;

——对过程和产品更改的控制。

支持过程可包括:

——信息的管理;

——人员的管理;

——与财务有关的活动;

——基础设施的维护和服务的保持;

——工业安全和(或)防护设备的使用;

——营销。

7.1.3.2 过程的输入、输出和评审

过程方法应当确保对过程的输入作出规定并予以记录,以便为确定输出的验证和确认要求奠定基础。输入可来自组织内外。

组织可与受影响的内外各方共同协商解决含糊或矛盾的输入要求。由未经充分评价的活动而导出的输入则应当通过随后的评

审、验证和确认进行评价。组织应当识别产品和过程的重要或关键特征，以便制定有效和高效的计划来控制和监视过程内的活动。

需考虑的输入的事项可包括：

——人员的能力；

——文件；

——设备的能力和监视；

——卫生、安全和工作环境。

已对照过程输入要求（包括验收准则）加以验证的过程输出应当考虑顾客和其他相关方的需求和期望。就验证的目的而言，输出应当根据输入要求和验收准则予以记录和评价。这种评价应当确定在提高过程的有效性和效率方面必须采取的纠正措施、预防措施或可能的改进。产品的验证可在运行过程中进行，以便识别变差。

组织的管理者应当对过程业绩进行定期评审，以确保过程与运行计划相一致。

这种评审的内容可包括：

——过程的可靠性和重复性；

——对潜在不合格的识别及预防；

——设计和开发输入和输出的充分性；

——输入和输出与所策划目标的一致性；

——改进的潜力；

——未解决的问题。

7.1.3.3　产品和过程的确认和更改

管理者应当确保对产品的确认能证实产品满足顾客和其他相关方的需求和期望。确认活动可包括建立模型、模拟和试用，以及顾客和其他相关方参与的评审。

需考虑的事项应当包括：

——质量方针和目标；

——设备的能力和鉴定；

——产品的生产条件；

——产品的使用或应用;

——产品的处置;

——产品的寿命周期;

——产品对环境的影响;

——使用自然资源(包括材料和能源)所产生的影响。

组织应当以适当的时间间隔对过程进行确认,以确保及时地对影响过程的更改作出反应,尤其应当注意具有以下特点的过程的确认:

——具有高价值和安全性至关重要的产品;

——仅在产品使用中才能暴露出产品的不足;

——不可重复的过程;

——无法对产品进行验证。

组织应当实施有效和高效地控制更改的过程,以确保产品或过程的更改对组织有利并能满足相关方的需求和期望。组织应当对更改进行识别、记录、评价、评审和控制,以便了解更改对其他过程以及顾客和其他相关方的需求和期望的影响。

组织应当记录和传达任何影响产品特性的过程更改,以保持产品的符合性并为采取纠正措施或改进组织的业绩提供信息。组织还应当明确更改的权限,以确保对更改进行控制。

组织应当在任何相关的更改后,对以产品形式存在的输出进行确认,从而确保更改达到了预期结果。

可考虑使用模拟技术为预防过程故障或失效制定计划。

应当通过风险评估来评价过程中可能产生的故障和失效及其影响。评价结果应当用来确定并实施预防措施,以减轻已识别的风险。风险评估的方法可包括:

——故障模式和影响分析;

——故障树分析;

——关联图;

——模拟技术;

——可靠性预计。

7.2 与相关方有关的过程

管理者应当确保组织对与其顾客和其他相关方相互认可的有效和高效的沟通过程作出规定。组织应当实施和保持这样的过程,以确保充分理解相关方的需求和期望,并将其转化为组织的要求。这些过程应当包括对相关信息的识别和评审,并使顾客和其他相关方积极参与。

相关过程的信息可包括:

——顾客或其他相关方的要求;

——市场调研,包括行业和最终使用者的数据;

——合同要求;

——竞争对手的分析;

——水平对比;

——法律法规要求的过程。

组织应当在表示同意之前充分理解顾客或其他相关方对过程的要求。这种理解和其影响应当为参与者共同接受。

7.3 设计和开发

7.3.1 通用指南

最高管理者应当确保对所必需的设计和开发过程作出规定,并予以实施和保持,从而有效和高效地对顾客和其他相关方的需求和期望作出反应。

在设计和开发产品或过程时,管理者应当确保组织不仅要考虑它们的基本性能和功能,而且还要考虑影响满足顾客和其他相关方所期望的产品和过程业绩的所有因素,如:组织应当考虑寿命周期、安全和卫生、可试验性、可使用性、易用性、可信性、耐久性、人类工效、环境、产品处置和已识别的风险。

管理者还有责任确保采取措施识别和减轻对组织的产品和过程的使用者存在的潜在风险。风险评估应当评价产品或过程中可能出现的故障或失效及其影响。这种评价结果应当用来确定和实施预防措施,从而减轻已识别的风险。设计和开发的风险评估方法可包括:

——设计故障模式和影响分析；

——故障树分析；

——可靠性预计；

——关联图；

——排序技术；

——模拟技术。

7.3.2 设计和开发的输入和输出

组织应当对影响产品设计和开发以及促进有效和高效的过程业绩的过程的输入加以识别，以满足顾客和其他相关方的需求和期望。这些外部的需求和期望与组织内部的需求和期望都应当适合于转化为设计和开发过程的输入要求。

输入可包括：

a）外部输入，如：

——顾客或市场的需求和期望；

——其他相关方的需求和期望；

——供方的贡献；

——来自使用者以实现稳健设计和开发的输入；

——相关法律法规要求的变化；

——国际或国家标准；

——行业规范。

b）内部输入，如：

——方针和目标；

——组织内人员的需求和期望，包括来自过程输出接受者的需求和期望；

——技术开发；

——对完成设计和开发的人员应当具备的能力的要求；

——从以往经验获得的反馈信息；

——现有过程和产品的记录和数据；

——其他过程的输出。

c）对确定产品或过程的安全性和适当功能以及维护保养至

关重要的特性的输入,如:

——运行、安装和应用;

——贮存、搬运和交付;

——物理参数和环境;

——产品处置的要求。

基于对最终使用者和直接顾客的需求和期望的评估而获得的与产品有关的输入很重要。这种输入应当以能对产品进行有效和高效的验证和确认的方式来表达。

输出应当包括能按已策划的要求进行验证和确认的信息。设计和开发的输出可包括:

——证实将过程输入与过程输出相比较的数据;

——产品规范,包括验收准则;

——过程规范;

——材料规范;

——试验规范;

——培训要求;

——使用者和消费者的信息;

——采购要求;

——鉴定试验报告。

设计和开发输出应当对照输入进行评审,以便提供输出是否有效和高效地满足了过程和产品要求的客观证据。

7.3.3 设计和开发评审

最高管理者应当确保指派适宜的人员管理和实施系统的评审,以便确定是否达到了设计和开发目标。这样的评审可在设计和开发过程的选定阶段以及结束时进行。

评审的内容可包括:

——输入是否足以完成设计和开发任务;

——已策划的设计和开发过程的进展情况;

——满足验证和确认的目标;

——评价产品在使用中潜在的危害或故障模式;

——产品性能的寿命周期数据；
——在设计和开发过程期间对更改及其影响的控制；
——问题的识别和纠正；
——设计和开发过程改进的机会；
——产品对环境的潜在影响。

组织应当在适宜阶段对设计和开发的输出以及过程进行评审，以满足顾客和组织中接受过程输出的人员的需求和期望。此外，组织还应当考虑其他相关方的需求和期望。

设计和开发过程的输出验证活动可包括：

——将输入要求与过程的输出进行比较；
——采用比较的方法，如采用可替代的设计和开发计算方法；
——对照类似的产品进行评价；
——试验、模拟或试用，以验证输出符合特定的输入要求；
——对照以往的过程经验所吸取的教训进行评价，如不合格和不足之处。

设计和开发过程输出的确认对于顾客、供方、组织内人员和其他相关方是否乐于接受和使用组织的产品非常重要。

受影响的各方参与评审，可使实际使用者通过以下方式对输出做出评价：

——建筑、安装或应用之前的工程设计确认；
——软件安装或使用前的输出确认；
——广泛采用前的服务确认。

为了对产品的未来应用提供信任，可能需要对设计和开发的输出进行部分确认。

组织应当通过验证和确认活动获得足够的数据，以便对设计和开发的方法和决策进行评价。对设计和开发方法的评价应当包括：

——过程和产品的改进；
——输出的可用性；
——过程和评审记录的适宜性；

——故障的调查活动;

——未来的设计和开发过程的需求。

7.4 采购

7.4.1 采购过程

组织的最高管理者应当确保对评价和控制采购产品的有效和高效的采购过程作出规定并予以实施,从而确保采购的产品能满足组织以及相关方的需求和要求。

组织应当考虑在与供方沟通时使用电子媒体,以便使沟通要求最佳化。

为了确保有效和高效地实现组织的业绩,管理者应当确保在确定采购过程时考虑以下活动:

——及时、有效和准确地识别需求和采购产品规范;

——评价采购产品的成本,考虑采购产品的性能、价格和交付情况;

——组织对采购产品进行验证的需求和准则;

——独特的供方过程;

——考虑合同的管理,包括供方和合作者的协议;

——对不合格采购产品进行更换的保证;

——物流要求;

——产品标识和可追溯性;

——产品的防护;

——文件,包括记录;

——对采购产品偏离要求的控制;

——进入供方的现场;

——产品的交付、安装或应用的历史;

——供方的开发;

——识别并减轻与采购产品有关的风险。

组织应当与供方共同制定对供方过程的要求和产品规范,以利用供方的知识使组织获益。组织还应当吸收供方参加与其产品相关的采购过程,以提高组织采购过程的有效性和效率。这也有助于组织对库存量的控制和获取。

组织应当规定有关采购产品的验证、沟通和对不合格作出反应等方面的记录的需求，以便证实其符合规范的要求。

7.4.2 控制供方的过程

组织应当建立有效和高效的过程，以识别采购材料的可能的来源，开发现有的供方或合作者，以及评价他们提供所需产品的能力，从而确保整个采购过程的有效性和效率。

控制供方过程的输入可包括：

——对供方相关经验的评价；

——供方与其竞争对手相比的业绩；

——对采购产品的质量、价格、交货情况及对问题的处理情况的评审；

——对供方的管理体系的审核和对其有效和高效地按期提供所需产品的潜在能力的评价；

——检查供方有关顾客满意程度的资料和数据；

——对供方的财务状况进行评定，以确信供方在整个预期供货及合作期间的履约能力；

——供方对寻价、报价和招投标的反应；

——供方的服务、安装和支持能力以及满足要求的历史业绩；

——供方对相关法律、法规要求的意识和遵守情况；

——供方的物流能力，包括场地和资源；

——供方在公众中的地位和所起的作用以及被社会认可的情况。

管理者应当考虑在供方未能履约时保持组织业绩以及使相关方满意的措施。

7.5 生产和服务的运作

7.5.1 运作和实现

最高管理者应当深化对实现过程的控制，以便做到既符合要求，又使相关方获益。这可通过提高实现过程以及相关支持过程的有效性和效率来实现，如：

——减少浪费；
——人员的培训；
——信息的沟通和记录；
——供方能力的开发；
——基础设施的改善；
——问题的预防；
——加工方法和过程投入产出比；
——监视方法。

7.5.2　标识和可追溯性

组织可建立超出要求的产品标识和可追溯性的过程，以便收集能用于改进的数据。

标识和可追溯性的需求可能来自：
——产品的状况，包括部件；
——过程的状况及其能力；
——业绩数据的水平对比，如营销；
——合同要求，如产品的召回能力；
——相关的法律法规要求；
——预期的使用或应用；
——危险材料；
——减轻已识别的风险。

7.5.3　顾客财产

组织应当明确在其控制下的与顾客和其他相关方所拥有的财产和其他贵重物品有关的职责，以保护这些财产的价值。

这类财产可包括：
——顾客提供的构成产品的部件或组件；
——顾客提供的用于修理、维护或升级的产品；
——顾客直接提供的包装材料；
——服务作业(如贮存)涉及的顾客的材料；
——代表顾客所提供的服务，如将顾客的财产运到第三方；
——顾客的知识产权，包括规范、图样和专利方面的信息。

7.5.4 产品防护

管理者应当规定并实施产品的搬运、包装、贮存、防护和交付的过程，以防止产品在生产过程和最终交付时损坏、变质或误用。在确定和实施有效和高效的过程以保护采购材料时，管理者应当吸收供方和合作者参加。

管理者应当考虑因产品性质所引起的任何特殊要求的需求。这些特殊要求可能与软件、电子媒体、危险材料、要求具备特殊技能的人员提供服务、安装或应用的产品以及与独特的或不可替代的产品或材料有关。

管理者应当确定在产品整个寿命周期防止其损坏、变质或误用，维护产品所需的资源。组织应当与所涉及到的相关方就保护产品在整个寿命周期的预期用途所需资源和方法方面的信息进行沟通。

7.6 测量和监视装置的控制

管理者应当规定并实施有效和高效的测量和监视过程，包括产品和过程的验证和确认的方法和装置，以确保顾客和其他相关方满意。这些过程包括调查、模拟以及其他测量和监视活动。

为了获得可信的数据，测量和监视过程应当包括对装置是否适用的确认，对装置是否保持适宜的准确度并符合验收标准的确认，以及识别装置状态的手段。

为了对过程的输出进行验证，组织应当考虑消除过程中潜在错误的手段，如"防错"，从而将测量和监视装置的控制需求减少到最小，为相关方增值。

8 测量、分析和改进

8.1 通用指南

8.1.1 引言

测量数据对以事实为依据做决策很重要。最高管理者应当确保有效和高效地测量、收集和确认数据，以确保组织的业绩和相关方满意。这应当包括对测量的有效性和目的以及数据的预期使用进行评审，以确保为组织增值。

组织的过程业绩测量可包括：

——产品的测量和评价；

——过程能力；

——项目目标的实现；

——顾客和其他相关方的满意程度。

组织应当持续监视其业绩改进活动并记录它们的实施情况，这将为以后的改进提供数据。

改进活动的数据分析结果应当作为管理评审的输入之一，以便为组织的业绩改进提供信息。

8.1.2　需考虑的事项

测量、分析和改进包括考虑下列事项：

a）应当将测量数据转化为有益于组织的信息和知识；

b）应当将产品和过程的测量、分析和改进用于确定组织活动的适当的优先顺序；

c）应当定期评审组织所使用的测量方法，并连续地验证数据的准确性和完整性；

d）应当将各过程的水平对比做为改进过程有效性和效率的工具；

e）顾客满意程度的测量结果对评价组织的业绩至关重要；

f）测量结果的利用以及所获得信息的形成和沟通对组织很重要，它们是进行业绩改进和吸收相关方参加的基础；这种信息应当是当前的，其目的要做出明确规定；

g）应当为从测量结果的分析所得到的信息提供适宜的沟通工具；

h）应当测量与相关方沟通的有效性和效率，以确保信息是否得到及时明确地理解；

i）在过程和产品性能准则得到满足的情况下，对过程和产品性能数据进行监视和分析仍有利于更好地了解所研究的特性的性质；

j）使用适宜的统计技术或其他技术有助于了解过程和测量

变差，因此可通过控制变差来提高过程和产品的性能；

k）组织应当考虑定期进行自我评定，以评定质量管理体系的成熟水平、组织的业绩水平，并确定业绩改进的机会（见附录 A）。

8.2 测量和监视

8.2.1 体系业绩的测量和监视

8.2.1.1 总则

最高管理者应当确保使用有效和高效的方法来识别质量管理体系业绩有待改进的区域。这些方法可包括：

——顾客和其他相关方满意程度的调查；

——内部审核；

——财务测量；

——自我评定。

8.2.1.2 顾客满意程度的测量和监视

对顾客满意程度的测量和监视应当以与顾客有关的信息的评审为基础。这些信息的收集可以是主动的或被动的。管理者应当认识到有许多与顾客有关的信息的来源，并应当建立有效和高效地收集、分析和利用这些信息的过程，以改进组织的业绩。组织应当识别以书面和口头方式得到的顾客和最终使用者的信息的来源，包括内部来源和外部来源。与顾客有关的信息可包括：

——对顾客和使用者的调查；

——有关产品方面的反馈；

——顾客要求和合同信息；

——市场需求；

——服务提供数据；

——竞争方面的信息。

组织的管理者应当将顾客满意程度的测量作为一种重要工具。组织征询、测量和监视顾客满意程度的反馈过程应当持续地提供信息，并应当考虑与要求的符合性、满足顾客的需求和期望以及产品价格和交付等方面的情况。

组织应当建立并利用有关顾客满意程度方面的信息来源并与

顾客合作,从而预测未来的需求。组织应当策划并建立有效和高效地倾听“顾客的声音”的过程。对这些过程的策划应当确定并实施数据收集方法,包括信息的来源、收集的频次和对数据的分析评审。有关顾客满意程度方面的信息来源可包括:

——顾客抱怨;

——与顾客的直接沟通;

——问卷和调查;

——委托收集和分析数据;

——关注的群体;

——消费者组织的报告;

——各种媒体的报告;

——行业研究的结果。

8.2.1.3　内部审核

最高管理者应当确保建立有效和高效的内部审核过程,以评价质量管理体系的强项和弱项。内部审核过程可作为独立评定任何指定过程或活动的管理方面的工具。由于内部审核是评价组织的有效性和效率,因此内部审核过程可作为独立的工具,用于获得现有的要求得到满足的客观证据。

管理者确保采取对内部审核结果作出反应的改进措施很重要。内部审核的策划应当是灵活的,以便允许依据在审核过程中的审核发现和客观证据对审核的重点进行调整。在制定内部审核计划时,应当考虑来自拟审核区域的相关输入以及其他相关方的输入。

内部审核考虑的事项可包括:

——过程是否得到有效和高效地实施;

——持续改进的机会;

——过程的能力;

——是否有效和高效地使用了统计技术;

——信息技术的应用;

——质量成本数据的分析;

——资源是否得到有效和高效地利用；

——过程和产品性能的结果和期望；

——业绩测量的充分性和准确性；

——改进活动；

——与相关方的关系。

内部审核报告有时可包括组织卓越业绩的证据，以便提供管理者承认和激励组织内人员的机会。

8.2.1.4　财务测量

管理者应当考虑将过程有关的数据转换为财务方面的信息，以便提供对过程的可比较的测量并促进组织有效性和效率的提高。财务测量可包括：

——预防和鉴定成本的分析；

——不合格成本的分析；

——内部和外部故障成本的分析；

——寿命周期成本的分析。

8.2.1.5　自我评定

最高管理者应当考虑确立并实施自我评定。自我评定是一种仔细认真的评价，通常由组织的管理者来实施，最终得出组织的有效性和效率以及质量管理体系成熟水平方面的意见或判断。组织通过自我评定可将其业绩与外部组织和世界级的业绩进行水平对比。自我评定也有助于对组织的业绩改进做出评价，而组织的内部审核过程则是一种独立的审核，用于获取现行的方针、程序或要求得到实施的客观证据，以及评价质量管理体系的有效性和效率。

自我评定的范围和深度应当依据组织的目标和优先顺序进行策划。附录 A 给出的自我评定方法注重确定组织实施质量管理体系的有效性和效率的程度。采用附录 A 给出的自我评定方法具有以下优点：

——简单易懂；

——易于使用；

——对管理资源的使用影响最小；

——为提高组织的质量管理体系业绩提供输入。

附录A仅是自我评定方法之一，不应当作为内部或外部质量审核的替代方法。使用附录A表述的方法可以为管理者提供对组织业绩和质量管理体系成熟水平的总体评价，也可为识别组织中需要进行业绩改进的区域提供输入，并有助于确定优先次序。

8.2.2 过程的测量和监视

组织应当确定测量方法，并实施测量，以评价过程的业绩。这些测量应当纳入过程，并在过程管理中实施。

按照组织的设想和战略目标，测量应当用于日常运作的管理，用于适宜进行渐进的或连续的持续改进的过程的评价，以及突破性项目的过程的评价。过程业绩的测量应当兼顾各相关方的需求和期望，可包括：

——能力；

——反应时间；

——生产周期或生产能力；

——可信性的可测量因素；

——投入产出比；

——组织内人员的有效性和效率；

——技术的应用；

——废物的减少；

——费用的分配和降低。

8.2.3 产品的测量和监视

组织应当确定并详细说明其产品的测量要求（包括验收准则）。组织应当对产品的测量进行策划并予以实施，以验证达到相关方的要求，并用于改进产品实现过程。

组织在选择确保产品符合要求的测量方法以及在考虑顾客的需求和期望时，应当考虑下述内容：

a）产品特性的类型，它们将决定测量的种类、适宜的测量手段、所要求的准确度和所需的技能；

b）所要求的设备、软件和工具；

c）按产品实现过程的顺序确定的各适宜测量点的位置；

d）在各测量点要测量的特性、所使用的文件和验收准则；

e）顾客对产品所选定特性设置的见证点或验证点；

f）要求由法律、法规授权机构见证或由其进行的检验或试验；

g）组织期望或根据顾客或法律法规授权机构的要求，由具有资格的第三方在何处、何时、如何进行下述活动：

——型式试验；

——过程检验或试验；

——产品验证；

——产品确认；

——产品鉴定。

h）人员、材料、产品、过程和质量管理体系的鉴定；

i）最终检验，以证实验证和确认活动均已完成并得到认可；

j）记录产品的测量结果。

组织应当评审产品测量所使用的方法和经策划的验证记录，以便寻求业绩改进的机会。为了进行业绩改进，可考虑的产品测量记录的典型示例包括：

——检验和试验报告；

——材料发放通知；

——产品验收单；

——所要求的符合性证书。

8.2.4 相关方满意程度的测量和监视

组织应当识别满足顾客以外的相关方需求所要求的与组织过程相关的测量信息，以便均衡地配置资源。这种信息应当包括与组织内人员、所有者和投资者、供方和合作者以及社会有关的测量。测量可包括：

a）对组织内人员，组织应当：

——调查人员对组织满足其需求和期望方面的意见；

——评定个人和集体的业绩以及他们对组织成果所做的贡

献。

b）对所有者和投资者，组织应当：

——评定其达到规定目标的能力；

——评定其财务业绩；

——评价外部因素对结果产生的影响；

——识别由于采取措施所带来的价值。

c）对供方和合作者，组织应当：

——调查供方和合作者对组织采购过程的意见；

——监视供方和合作者的业绩及其与组织采购方针的符合性，并提供反馈；

——评定采购产品的质量、供方和合作者的贡献以及通过合作而给双方带来的利益。

d）对社会，组织应当：

——规定并追踪与其目标有关的适宜数据，以使其与社会的相互影响令人满意；

——定期评定其采取措施的有效性和效率以及社会相关方面对其业绩的感受。

8.3 不合格的控制

8.3.1 总则

最高管理者应当赋予组织内人员相应的权限和职责，以使其报告在过程的任何阶段出现的不合格，从而确保及时地查明和处置不合格。组织应当规定对不合格做出反应的权限，以便持续达到过程和产品要求。组织应当有效和高效地控制不合格产品的标识、隔离和处置，以防误用。

可行时，组织应当记录不合格及其处置情况，以便总结经验和为分析与改进活动提供数据。组织也可要求对产品实现过程和支持过程的不合格加以记录和进行控制。

组织也需考虑记录那些在正常工作中得到纠正的不合格的信息，这样的数据能为提高过程的有效性和效率提供有价值的信息。

8.3.2 不合格的评审和处置

组织的管理者应当确保建立有效和高效地评审和处置已识别的不合格的过程。不合格的评审应当由授权的人员进行，以确定是否存在需要引起注意的产生不合格的趋势或规律。组织应当考虑对不良趋势进行改进，并将其作为管理评审的输入，同时还要考虑降低指标和配置资源的需求。

对不合格进行评审的人员应当有能力评价不合格产生的总体影响，并应当有权限和资源对不合格进行处置并确定适宜的纠正措施。对不合格处置的接受可以是顾客的合同要求，或其他相关方的要求。

8.4 数据分析

决策应当基于对测量所获得的数据和按照本标准规定所收集的信息的分析。组织应当分析各种来源的数据，以便对照组织的计划、目标和其他规定的指标评定组织的业绩并确定改进的区域，包括相关方可能的利益。

基于事实决策要求进行有效和高效的活动，如：

——有效的分析方法；

——适宜的统计技术；

——基于逻辑分析的结果，权衡经验和直觉，作出决策并采取措施。

数据分析有助于确定现有或潜在问题的根本原因，因而可指导组织做出为改进所需的纠正和预防措施的决定。

为使管理者对组织的总体业绩做出有效的评价，组织应当汇总和分析来自各部门的数据和信息。组织整体业绩的表达方式应当适合组织的不同层次。组织可使用分析结果，以确定：

——趋势；

——顾客的满意程度；

——其他相关方的满意程度；

——过程的有效性和效率；

——供方的贡献；

——组织业绩改进目标的完成情况；

——质量经济性、财务和市场有关的业绩；

——业绩的水平对比；

——竞争能力。

8.5 改进

8.5.1 总则

管理者应当不断寻求对组织的过程的有效性和效率的改进，而不是等出现了问题才去寻求改进的机会。改进的范围可从渐进的日常的持续改进，直至战略突破性改进项目。组织应当建立识别和管理改进活动的过程。这些改进可能导致组织对产品或过程进行更改，直至对质量管理体系进行修正或对组织进行调整。

8.5.2 纠正措施

最高管理者应当确保将纠正措施作为改进的一种手段。纠正措施的策划应当包括评价问题的重要性，并应当根据对运作成本、不合格成本、产品性能、可信性、安全性以及顾客和其他相关方满意程度等方面的潜在影响来评价。组织应当吸收不同领域的人员参加纠正措施过程。当采取措施时，组织还应当强调过程的有效性和效率，并要对措施进行监视，以确保达到预期目标。在管理评审中应当考虑包含对纠正措施的评审。

为了制定纠正措施，组织应当确定信息的来源，收集信息，以确定需采取的纠正措施。所确定的纠正措施应当注重消除不合格的产生原因，以避免其再发生。纠正措施考虑的信息来源可包括：

——顾客抱怨；

——不合格报告；

——内部审核报告；

——管理评审的输出；

——数据分析的输出；

——满意程度测量的输出；

——有关质量管理体系的记录；

——组织内人员；

——过程测量；

——自我评定结果。

确定不合格原因的方法有许多,包括由个人或委托纠正措施项目小组所做的分析。组织应当根据所考虑的问题的影响来权衡在纠正措施方面的投资。

为了评价纠正措施的需求,以确保不合格不再重复发生,组织应当考虑对指定的执行纠正措施项目的人员提供适当的培训。

适当时,组织应当将对不合格根本原因的分析纳入纠正措施过程。不合格根本原因的分析结果应当在确定和采取纠正措施之前通过试验来验证。

8.5.3 损失的预防

管理者应当策划如何减轻损失对组织产生的影响,以保持过程业绩和产品性能。所策划的损失的预防应当用于实现和支持过程、活动和产品,以确保相关方满意。

为了有效和高效,对损失预防的策划应当是系统的。这种策划应当基于通过采取适宜方法(包括对以往数据的评价以判断趋势)所获得的数据,以及对组织业绩和其产品性能相关的关键点,从而获得以定量方式表达的数据。数据可来自:

——风险分析方法的应用,如故障模式和影响分析;
——顾客需求和期望的评审;
——市场分析;
——管理评审的输出;
——数据分析的输出;
——满意程度的测量;
——过程测量;
——相关方信息来源的汇总系统;
——有关质量管理体系的记录;
——从以往经验获得的教训;
——自我评定结果;
——提供运作条件失控的早期报警过程。

这种数据将为制定适于每个过程和产品的有效和高效的损失

预防计划以及确定优先次序提供信息，以满足相关方的需求和期望。

对损失预防计划有效性和效率的评价结果应当是管理评审的输出，并应当作为修改计划和改进过程的输入。

8.5.4 组织的持续改进

为了有助于确保组织的未来并使相关方满意，管理者应当创造一种文化，以使组织内人员都能积极参与寻求过程、活动和产品性能的改进机会。

为使组织内人员积极参与，最高管理者应当营造一种环境来分配权限，从而使组织内人员都得到授权并接受各自的职责，以识别组织业绩的改进机会。通过下述活动可做到这一点：

——确定人员、项目和组织的目标；

——与竞争对手的业绩和最佳做法进行水平对比；

——对改进的成就给予承认和奖励；

——建议计划，包括管理者及时作出的反应。

为了确定改进活动的结构，最高管理者应当对持续改进的过程作出规定并予以实施，这样的过程适于产品的实现和支持过程以及各项活动。为了确保改进过程的有效性和效率，组织应当就以下方面考虑产品的实现和支持过程：

——有效性（如满足要求的输出）；

——效率（如以时间和费用来衡量的单位产品所耗用的资源）；

——外部影响（如法律法规发生变化）；

——潜在的薄弱环节（如缺少能力和一致性）；

——使用更好方法的机会；

——对已策划的和未策划的更改的控制；

——对已策划的收益的测量。

组织应当将持续改进的过程作为提高组织内部有效性和效率以及提高顾客和其他相关方满意程度的工具。

管理者应当支持将渐进的持续改进活动作为现有过程以及突

破性机会的组成部分，以便为组织和相关方带来最大利益。

支持改进过程的输入可包括来自以下方面的信息：

——确认数据；

——过程的投入产出比数据；

——试验数据；

——自我评定的数据；

——相关方明示的要求和反馈；

——组织内人员的经验；

——财务数据；

——产品性能数据；

——服务提供数据。

管理者应当确保产品或过程的更改得到批准、优化、策划、规定和控制，以满足相关方的要求并避免超出组织的能力。

附录 B 表述了组织实施持续过程改进的过程。

附录 A （提示的附录）自我评定指南

A1 引言

自我评定是一种仔细认真的评价，它最终得出组织有效性和效率以及质量管理体系成熟水平方面的意见或判断。自我评定通常有组织自己的管理者来实施，其目的是为组织用于改进的资源投向提供以事实为依据的指南。

自我评定也可用于测量组织实现其目标的进展情况，并可重新评价这些目标是否持续适宜。

目前，依据质量管理体系准则进行自我评定的模式有很多种。国家和区域质量奖是获得最广泛承认和使用的模式，它们也可作为组织追求卓越的模式。

本附录所表述的自我评定方法旨在提供一个简单易行的方法，以确定组织质量管理体系的相对的成熟程度并识别改进的主要区域。

GB/T 19004 自我评定方法的具体特点是：

——它能用于整个质量管理体系，或其中的一部分或任何过程；

——它能用于整个组织或组织的一部分；

——它能使用内部资源在很短的时间内完成评价；

——由跨职能小组完成评价，或由组织中得到最高管理者支持的一个人来完成评价；

——能作为更全面的管理体系自我评定过程的输入；

——易于识别改进机会的优先次序；

——能促进质量管理体系向世界级业绩水平发展。

GB/T 19004 自我评定方法是针对 GB/T 19004 的每个主条款从 1（没有正式的方法）到 5（最好的运作级别）共 5 个等级来评价质量管理体系的成熟程度。本附录以组织可能提出的典型问题的方式为组织提供了指南，以评价 GB/T 19004 每个主条款的实施情况。

采用该方式的另一个优点是可用一段时间内的监视结果来评价组织的成熟程度。

自我评定方法既不能代替质量管理体系的内部审核，也不能代替现有的质量奖模式。

A2 运作成熟水平

自我评定方法所采用的运作成熟水平如表 A1 所示。

运作成熟水平 表 A1

成熟水平	运作水平	指南
1	没有正式方法	没有采用系统方法的证据，没有结果，不好的结果或非预期的结果
2	反应式的方法	基于问题或纠正的系统方法；改进结果的数据很少
3	稳定的、正式的系统方法	系统的基于过程的方法，处于系统改进的初期阶段；可获得符合目标的数据和存在改进的趋势
4	重视持续改进	采用了改进过程；结果良好且保持改进趋势
5	最好的运作级别	最强的综合改进过程；证实达到了水平对比的最好结果

A3　自我评定的问题

评奖模式以及其他自我评定已经制定了许多详细的评价管理体系业绩的准则。自我评定提供了基于本标准第4章到第8章各条款来评价组织成熟水平的简单方法。每个组织都应当针对本标准的这些条款,提出一套适合其需求的问题。下面是组织进行自我评定时可能提出的典型问题。分条款号放置于括号内。

问题1:体系和过程的管理(4.1)

a)管理者如何应用过程方法有效和高效地控制过程,以改进其业绩?

问题2:文件(4.2)

a)文件和记录如何支持组织过程的有效和高效运作?

问题3:管理职责——通用指南(5.1)

a)最高管理者如何证实其领导作用、承诺和参与?

问题4:相关方的需求和期望(5.2)

a)组织如何不断地识别顾客的需求和期望?

b)组织如何识别其人员对在得到承认、工作满意、能力和个人发展等方面的需求?

c)组织如何考虑与其供方建立合作关系而带来的潜在利益?

d)组织如何识别与其建立目标有关的其他相关方的需求和期望?

e)组织如何确保考虑了法律、法规的要求?

问题5:质量方针(5.3)

a)质量方针如何确保顾客和其他相关方的需求和期望得到理解?

b)质量方针如何导致可见的、预期的改进?

c)质量方针如何考虑组织的未来设想?

问题6:策划(5.4)

a)目标如何将质量方针转化为可测量的指标?

b)如何将目标分解到每个管理层,以保证每个人都为实现目标做出贡献?

c）管理者如何确保获得为达到目标所需的资源？

问题 7：职责、权限和沟通（5.5）

a）最高管理者如何确保对职责做出明确规定并传达到组织内人员？

b）质量要求、目标和其完成状况的沟通对组织业绩的改进有何作用？

问题 8：管理评审（5.6）

a）最高管理者如何确保获得管理评审有用的输入信息？

b）管理评审活动如何对信息做出评价，以提高组织的过程的有效性和效率？

问题 9：资源管理——通用指南（6.1）

a）最高管理者如何对及时获得资源进行策划？

问题 10：人员（6.2）

a）为提高组织的有效性和效率，管理者如何促进和支持其人员的参与？

b）管理者如何确保组织内人员的能力足以满足当前和将来的需求？

问题 11：基础设施（6.3）

a）管理者如何确保基础设施对实现组织的目标是适宜的？

b）管理者如何考虑与基础设施有关的环境问题？

问题 12：工作环境（6.4）

a）管理者如何确保工作环境能促进组织内人员的能动性、满意程度、发展和业绩？

问题 13：信息（6.5）

a）管理者如何确保易于获得适宜的信息，以便做出以事实为依据的决策？

问题 14：供方和合作关系（6.6）

a）管理者如何让供方参与采购需求的识别和联合战略的开发？

b）管理者如何促进与供方的合作关系？

问题 15:自然资源(6.7)

a)组织如何确保获得产品实现过程所必需的自然资源?

问题 16:财务资源(6.8)

a)管理者如何对保持有效和高效的质量管理体系以及确保实现组织目标所需的财务资源进行策划、提供、控制和监视?

b)管理者如何确保组织内人员认识到产品质量和成本的关系?

问题 17:产品实现——通用指南(7.1)

a)最高管理者如何使用过程方法确保产品实现和支持过程以及相关过程网络有效和高效地运作?

问题 18:与相关方有关的过程(7.2)

a)管理者如何确定与顾客有关的过程,以确保考虑了顾客的需求?

b)管理者如何确定与其他相关方有关的过程,以确保考虑了他们的需求和期望?

问题 19:设计和开发(7.3)

a)最高管理者如何确定设计和开发过程,以确保对其顾客和其他相关方的需求和期望作出反应?

b)组织在实践中如何管理设计和开发过程,包括确定设计和开发要求以及如何达到预期的输出?

c)在设计和开发过程中,如何考虑诸如设计评审、验证、确认和技术状态管理等活动?

问题 20:采购(7.4)

a)最高管理者如何对确保采购产品满足组织需求的采购过程作出规定?

b)组织如何对采购过程进行管理?

c)组织如何确保采购产品从制定规范到接受各阶段的符合性?

问题 21:生产和服务的运作(7.5)

a)最高管理者如何确保产品实现过程的输入考虑了顾客和

其他相关方的需求?

b）从输入到输出，组织如何对产品的实现过程进行管理?

c）组织如何在产品的实现过程中对诸如验证和确认等活动作出规定?

问题 22：测量和监视装置的控制（7.6）

a）管理者如何控制测量和监视装置，以确保获得和使用正确的数据?

问题 23：测量、分析和改进——通用指南（8.1）

a）管理者如何宣传测量、分析和改进活动的重要性，以确保组织的业绩使相关方满意?

问题 24：测量和监视（8.2）

a）管理者如何确保收集与顾客有关的数据，以便分析，从而为改进获得信息?

b）管理者如何确保从其他相关方处收集数据，以便分析并进行可能的改进?

c）组织如何利用质量管理体系的自我评定方法，以提高组织的整体有效性和效率?

问题 25：不合格控制（8.3）

a）组织如何对过程和产品的不合格进行控制?

b）组织如何对不合格进行分析，以吸取教训并对过程和产品进行改进?

问题 26：数据的分析（8.4）

a）组织如何对数据进行分析，以便评价组织的业绩并识别改进的区域?

问题 27：改进（8.5）

a）管理者如何采取纠正措施，以便评价并消除已记录下的影响其业绩的问题?

b）管理者如何采取预防措施以预防损失?

c）管理者如何采取系统的改进方法和工具改进组织的业绩?

A4 自我评定结果记实表

有许多方法可以将自我评定问题格式化,以便评价业绩、说明成熟程度和记录可能的改进措施。表 A2 给出了一种方法。

自我评定结果记录示例 表 A2

分条款	问题序号	实际业绩观察结果	等级	改进措施
5.2	4*a*)	对这一项,我们的过程比世界上任何其他的过程都好	5	不要求
5.2	4*a*)	对这一项,我们没有体系	1	需要确定过程,阐述由谁、何时开展这项工作

组织可根据其需求采用灵活的方式进行自我评定。一种方法是以个人为基础对整个或部分质量管理体系进行自我评定,然后寻求改进。另一种方法是由不同职能部门的人组成小组对整个或部分质量管理体系进行自我评定,随后由小组进行评审和分析,并最终由小组确定改进的优先次序和措施计划。在组织内如何有效和高效地利用自我评定取决于对组织追求卓越具有决定作用的人的想象力和创造力。

A5 GB/T 19004 的潜在收益与自我评定的联系

依据自我评定的结果决定采取何种措施的方法很多。一种方法是将自我评定的输出与从健全的质量管理体系可能获得的重要收益结合起来考虑。这种方法将使组织能识别并启动那些基于组织优先需求可能带来最大收益的改进项目。为了便于使用这种方法,下面给出了与 A3 中的问题,尤其是与本标准的分条款相关的一些潜在收益的示例。这些示例可作为组织制定适合本组织的清单的起点。

潜在收益的示例如下:

收益 1:体系和过程的管理(4.1)

提供系统和透明的方式,以领导组织对其业绩进行持续地改进。

收益 2:文件(4.2)

提供质量管理体系有效性和效率方面的信息和支持证据。

收益3:管理职责——通用指南(5.1)

确保最高管理者以可见的方式始终如一地参与组织的活动。

收益4:相关方的需求和期望(5.2)

保证质量管理体系兼顾所有相关方的需求和期望,从而建立有效和高效的体系。

收益5:质量方针(5.3)

确保所有相关方的需求得到理解,并为整个组织实现可见的预期结果指明方向。

收益6:策划(5.4)

将质量方针转化为可测量的目标和计划,以便为整个组织的重要领域提供明确的关注重点。

总结经验,增长知识。

收益7:职责、权限和沟通(5.5)

在整个组织范围内提供一致和综合的方法,并明确各人员的作用和职责以及与所有相关方的联系。

收益8:管理评审(5.6)

最高管理者参与质量管理体系的改进。

评价是否完成了计划,并确定适宜的改进措施。

收益9:资源管理——通用指南(6.1)

确保可获得充分的资源,如人员、基础设施、工作环境、信息、供方和合作者、自然资源和财务资源,以实现组织的目标。

收益10:人员(6.2)

指导组织的各级人员更好地理解其作用、职责和目标,并促进其参与,以实现业绩的改进目标。

鼓励表彰和奖励。

收益11、12、13和15:基础设施(6.3),工作环境(6.4),信息(6.5),自然资源(6.7)

除了人力资源外,有效地利用其他资源;

增进对制约条件和机会的理解,以确保目标和计划能够实现。

收益 14:供方和合作关系(6.6)

促进与供方和其他组织的合作关系,从而相互受益。

收益 16:财务资源(6.8)

更好地理解成本和收益之间的关系。

鼓励向着有效和高效地实现组织目标的方向进行改进。

收益 17:产品的实现——通用指南(7.1)

对组织的运作进行设计,以实现预期的目标。

收益 18:与相关方有关的过程(7.2)

确保将资源和活动作为过程来管理。

确保所有相关方的需求和期望在整个组织内都能得到理解。

收益 19:设计和开发(7.3)

对设计和开发过程进行设计,以便有效和高效地对顾客和其他相关方的需求和期望作出反应。

收益 20:采购(7.4)

确保供方与组织的质量方针和目标保持一致。

收益 21:生产和服务的运作(7.5)

通过生产产品、交付服务和提供支持来满足顾客的需求和期望,确保持续地使顾客满意。

收益 22:测量和监视装置的控制(7.6)

确保为分析提供准确数据。

收益 23:测量、分析和改进——通用指南(8.1)

确保有效和高效地测量、收集和确认用于改进的数据。

收益 24:测量和监视(8.2)

提供对过程和产品进行测量和监视的受控的方法。

收益 25:不合格控制(8.3)

对产品和过程的不合格做出有效的处置。

收益 26:数据的分析(8.4)

以事实为依据做决策。

收益 27:改进(8.5)

提高组织的有效性和效率。

注重根据趋势进行预防和改进。

附录 B　　　　　　　（提示的附录）

持续改进的过程

组织的战略目标应当是对过程进行持续改进，从而提高组织的业绩，使相关方受益。

下面就是对过程进行持续改进的两条基本途径：

a）突破性项目，即对现有过程进行修改和改进，或实施新过程；它们通常由日常运作之外的跨职能的小组来实施。

b）由组织内人员对现有过程进行渐进的持续改进活动。

突破性项目通常包含对现有过程进行重大的再设计，并应当包括：

——确定改进项目的目标和框架；

——对现有的过程进行分析并认清变更的机会；

——确定并策划过程改进；

——实施改进；

——对过程的改进进行验证和确认；

——对已完成的改进做出评价，包括吸取教训。

突破性项目应当以有效和高效的方式按照项目管理方法来管理。更改完成之后，新的项目计划应当为过程的持续管理奠定基础。

组织内人员是提供渐进的持续改进信息的最佳来源，并通常参加工作组。组织应当对渐进的、持续的过程改进活动进行控制，以便了解它们的效果。参与改进的组织内人员应当被授予相应的权限，并应当得到与改进有关的技术支持和必需的资源。

通过上述方法之一进行的持续改进应当包括：

a）改进的原因：识别过程中存在的问题，选择改进的区域，并记录改进的原因；

b）目前的状况：评价现有过程的有效性和效率。收集数据并

进行分析，以便发现哪类问题最常发生；选择特定问题并确立改进目标；

c）分析：识别并验证产生问题的根本原因；

d）确定可能解决问题的办法：寻求解决问题的可替代办法。选择并实施最佳的解决问题的办法，即选择并实施能消除产生问题的根本原因以及防止其再发生的解决办法；

e）评价效果：确认问题及其产生根源已经消除或其影响已经减少，解决办法已产生了作用，并实现了改进的目标；

f）实现新的解决办法并规范化：用改进的过程替代老过程，防止问题及其根本原因的再次发生；

g）针对已完成的改进措施，评价过程的有效性和效率：对改进项目的有效性和效率做出评价，并考虑在组织的其他地方使用这种解决办法。

改进过程应当重复用于遗留问题，以及用于为进一步改进过程制定目标和解决办法。

为使组织内人员积极参与改进活动并提高他们的意识，管理者应当考虑以下活动：

——成立小组并由组员选出组长；

——允许组织内人员对他们的工作场所进行控制和改进；

——将培养组织内人员的知识、经验和技能作为组织整个质量管理活动的组成部分。

附件9　质量管理原则及在GB/T 19001—2000标准中的应用

在GB/T 19000—2000标准中，对质量管理原则有如下的阐述：

为了成功地领导和运作一个组织，需要采用一种系统和透明的方式进行管理。针对所有相关方的需求，实施并保持持续改进其业绩的管理体系，可使组织获得成功。质量管理是组织各项管理的内容之一。

八项质量管理原则已得到确认，最高管理者可运用这些原则，领导组织进行业绩改进：

a）以顾客为关注焦点

组织依存于顾客。因此，组织应当理解顾客当前和未来的需要，满足顾客要求并争取超越顾客期望。

在ISO9001-2000标准中的应用：

——标准5.1条：最高管理者应向组织传达满足顾客要求的重要性。

——标准5.2条：最高管理者应以增强顾客满意为目的，确保顾客要求得到确定和满足。

——标准5.3条：质量方针应包括满足要求的内容。“要求”包括了顾客要求。

——标准5.4.1条件：质量目标应包括满足产品要求的内容。“产品要求”包括顾客提出的产品要求。

——标准5.5.2条：管理者代表应确保在整个组织内满足顾客要求的意识逐步得到提高。

——标准5.6.2条：管理评审输入中应输入顾客反馈的信息。“顾客反馈”包括顾客满意的信息。

——标准5.6.3条：管理评审输出中应包括与顾客要求有关的产品的改进。

——标准6.1条：资源管理中通过提供满足顾客要求的资源，

增强顾客满意。

——标准 7.2 条:与顾客有关的过程。

——标准 7.5.4 条:对顾客财产应予以管理。

——标准 8.2.1 条:对“顾客满意”的监视和测量。

——标准 8.4 条:对“顾客满意”进行数据分析。

***b*）领导作用**

领导者确立组织统一的宗旨及方向。他们应当创造并保持使员工能充分参与实现组织目标的内部环境。

在 ISO9001-2000 标准中的应用:

——标准第 5 章全部与领导者有关。主要内容:管理承诺,以顾客为关注焦点,质量方针,质量目标,质量管理体系策划,职责和权限,管理者代表,内部沟通,管理评审。

***c*）全员参与**

各级人员都是组织之本,只有他们的充分参与,才能使他们的才干为组织带来收益。

在 ISO9001-2000 标准中的应用:

——标准 6.2.1 和 6.2.2:对人力资源的管理范围包括到“从事影响产品质量工作的人员”。

***d*）过程方法**

将活动和相关的资源作为过程进行管理,可以更高效地得到期望的结果。

***e*）管理的系统方法**

将相互关联的过程作为系统加以识别、理解和管理,有助于组织提高实现目标的有效性和效率。

标准综合了“过程方法”和“管理的系统方法”两个概念并进行了应用。在 0.2 条中对“过程方法”的概念和应用做出了要求。在 ISO9001-2000 标准中的应用:

——标准 4.1 条:对质量管理体系所需的“过程”进行识别、确定相互关系、进行有效管理/控制、持续改进。

——标准 7.1 条:对产品实现的过程进行策划,制定产品的质量目标、识别产品实现的所需过程、文件和资源要求,相应的验证、确认、监视、检验和试验活动,相应的记录。

***f*) 持续改进**

持续改进总体业绩应当是组织的一个永恒目标。

在 ISO9001-2000 标准中的应用:

——标准 8.5.1 条:持续改进。利用质量方针、质量目标、审核结果、数据分析、纠正和预防措施、管理评审,持续改进质量管理体系的有效性。

***g*) 基于事实的决策方法**

有效决策是建立在数据和信息分析的基础上。

在 ISO9001-2000 标准中的应用:

——标准 8.4 条:数据分析。信息内容包括:顾客满意,产品的符合性,过程和产品的特性及趋势(包括采取预防措施的机会),供方。

***h*) 与供方互利的关系**

组织与供方是相互依存的,互利的关系可增强双方创造价值的能力。

在 ISO9001-2000 标准中的应用:

——GB/T 19001 中无明确的规定。但在 GB/T 19004-2000 中有应用的提示,组织可以参考使用。

注 1:在 GB/T 19004 中第 8.4 条提示:对供方的数据分析应评价供方在产品满足要求中的贡献。

注 2:在 GB/T 19004 中第 8.2.4 条(产品的监视和测量)提示:

1) 调查供方对组织采购过程的意见。

2) 监视供方的业绩。

3) 评定采购产品的质量、供方的贡献以及通过合作给双方带来的利益。

附件10 “三合一”体系标准要求的共同要求及差异分析

所谓“三合一”体系指:组织按照GB/T 19001—2000、GB/T 24001—1996和GB/T 28001—2001三个标准建立的一个综合管理体系。随着管理实践的需要,组织的综合管理体系中还可以包括风险管理体系和财务管理体系的内容,到那时,综合管理体系也可能称之为“五合一”体系。但目前风险管理体系和财务管理体系的标准尚未建立。

目前,按照标准要求建立与实践“三合一”体系在我国尚处在探索阶段。一个有效的“三合一”体系应具有以下几个特点:

第一,建立的文件体系同时符合三个标准的要求。

第二,建立的文件体系有效地将组织在这三个方面的工作结合成一个有机的整体,而不是各项工作的堆砌。

第三,建立的“三合一”体系文件,容纳了组织业已建立和形成的有效的管理方法和机制,又有效地弥补了现有管理工作的不足。

第四,体系运行的绩效不断得到提高。

此外,“三合一”体系的建立一般可以GB/T 19001—2000标准为基础,尤其是质量手册和六个通用程序文件。因此,要建立一个有效的“三合一”体系,首先应了解和掌握三个标准的共同之处和有差异的要求。在下述内容中,作者注释的内容均有明示,其他均为标准正文部分的原文内容。标准比较首先以GB/T 19001—2000与GB/T 24001—1996和GB/T 28001—2001的比较为基础,再进行GB/T 24001—1996与GB/T 28001—2001的比较。

4 质量管理体系(GB/T 19001—2000)

4.1 总要求

组织应按本标准的要求建立质量管理体系,形成文件,加以实施和保持,并持续改进其有效性。

组织应:

a) 识别质量管理体系所需的过程及其在组织中的应用(见

1.2）；

b）确定这些过程的顺序和相互作用；

c）确定为确保这些过程的有效运行和控制所需的准则和方法；

d）确保可以获得必要的资源和信息，以支持这些过程的运行和对这些过程的监视；

e）监视、测量和分析这些过程；

f）实施必要的措施，以实现对这些过程策划的结果和对这些过程的持续改进。

组织应按本标准的要求管理这些过程。

针对组织所选择的任何影响产品符合要求的外包过程，组织应确保对其实施控制。对此类外包过程的控制应在质量管理体系中加以识别。

注：上述质量管理体系所需的过程应当包括与管理活动、资源提供、产品实现和测量有关的过程。

与 GB/T 24001—1996 和 GB/T 28001—2001 标准的比较

1　与 GB/T 24001 和 GB/T 28001 标准相对应的条款见 4.1。

2　GB/T 24001 标准仅要求建立并保持环境管理体系；GB/T 28001 标准增加了职业健康安全管理体系所体现的 PDCA 循环和持续改进的流程说明；而本标准更增加 PDCA 循环的具体措施的表述，如策划应从以下三个方面进行：*a*）识别质量管理体系所需的过程及其在组织中的应用（见 1.2）；*b*）确定这些过程的顺序和相互作用；*c*）确定为确保这些过程的有效运行和控制所需的准则和方法。

4.2　文件要求

与 GB/T2 4001—1996 和 GB/T 28001—2001 标准的比较

1　与 GB/T 24001 和 GB/T 28001 标准相对应的条款见 4.4.4。

4.2.1　总则

质量管理体系文件应包括：

a）形成文件的质量方针和质量目标；

b）质量手册；

c）本标准所要求的形成文件的程序；

d）组织为确保其过程的有效策划、运行和控制所需的文件；

e）本标准所要求的记录(见 4.2.4)。

注 1：本标准出现“形成文件的程序”之处，即要求建立该程序，形成文件，并加以实施和保持。

注 2：不同组织的质量管理体系文件的多少与详略程度取决于：

a）组织的规模和活动的类型；

b）过程及其相互作用的复杂程度；

c）人员的能力。

注 3：文件可采用任何形式或类型的媒体。

与 GB/T 24001—1996 和 GB/T 28001—2001 标准的比较

1 GB/T 24001 和 GB/T 28001 标准无相关条款的要求。

4.2.2 质量手册

组织应编制和保持质量手册，质量手册包括：

a）质量管理体系的范围，包括任何删减的细节与合理性(见 1.2)；

b）为质量管理体系编制的形成文件的程序或对其引用；

c）质量管理体系过程之间的相互作用的表述。

与 GB/T 24001—1996 和 GB/T 28001—2001 标准的比较

1 GB/T 24001 和 GB/T 28001 标准的相关条款见 4.4.4。

2 GB/T 24001 和 GB/T 28001 标准不允许进行删减，因此，标准中无相关规定。

3 GB/T 24001 和 GB/T 28001 标准要求描述管理体系核心要素及其相关作用，但并不要求单独编写“手册”。因此，与本标准相同、相近的要求可在质量手册和程序文件中一并阐述，此时，该质量手册也可更名为“综合管理手册”和“综合管理程序”,内容以本标准为基础,同时明示与本标准要求有差异部分的标准规定。未能得到表述的 GB/T 24001 和 GB/T 28001 标准要求应另行制定程序文件或其他有关文件,同时,在“综合管理手册”中应明示查询这些文件的途径和文件名称等内容。

4　GB/T 19001 标准规定的程序文件有六个;GB/T 24001 和 GB/T 28001 标准规定的程序文件各有 14 个。

4.2.3　文件控制

质量管理体系所要求的文件应予以控制。记录是一种特殊类型的文件,应依据 4.2.4 的要求进行控制。

应编制形成文件的程序,以规定以下方面所需的控制:

***a*) 文件发布前得到批准,以确保文件是充分与适宜的;**

***b*) 必要时对文件进行评审与更新,并再次批准;**

***c*) 确保文件的更改和现行修订状态得到识别;**

***d*) 确保在使用处可获得适用文件的有关版本;**

***e*) 确保文件保持清晰、易于识别;**

***f*) 确保外来文件得到识别,并控制其分发;**

***g*) 防止作废文件的非预期使用,若因任何原因而保留作废文件时,对这些文件进行适当的标识。**

与 GB/T 24001—1996 和 GB/T 28001—2001 标准的比较

1　与 GB/T 24001 和 GB/T 28001 标准相对应和相关的条款见 4.4.5 和 4.3.2。

2　本标准规定“必要时对文件进行评审与更新,并再次批准;”,而 GB/T 24001 和 GB/T 28001 标准则要求“……进行定期评审……”。

3　GB/T 24001 标准 4.4.5 中对文件应“……注明日期(包括修订日期),……”的要求,本标准和 GB/T 28001 标准 4.4.5 中均未予明示。

4　本标准及 GB/T 24001 标准 4.4.5 中均未明示 GB/T 28001 标

准 4.4.5 中对资料的管理要求。

5 “文件发布前得到批准,……”的规定在 GB/T 24001 和 GB/T 28001 标准中未明示相关要求。

6 文件与记录的相互关系在 GB/T 24001 和 GB/T 28001 标准中未明示相关要求。

7 对外来文件的控制见 GB/T 24001 和 GB/T 28001 标准 4.2.3 的有关要求。

8 本标准关注作废文件的标识问题;GB/T 24001 标准关注失效文件的标识问题;而 GB/T 28001 标准除关注失效文件外,还关注档案文件的标识问题。

9 本标准要求在使用处获得文件的有关版本;GB/T 24001 和 GB/T 28001 标准只要求在关键岗位得到文件的现行版本。

4.2.4 记录控制

应建立并保持记录,以提供符合要求和质量管理体系有效运行的证据。记录应保持清晰、易于识别和检索。应编制形成文件的程序,以规定记录的标识、贮存、保护、检索、保存期限和处置所需的控制。

与 GB/T 24001—1996 和 GB/T 28001—2001 标准的比较

1 与 GB/T 24001 和 GB/T 28001 标准相对应的条款见 4.5.3。

2 比较 GB/T 24001 和 GB/T 28001 两标准 4.5.3 的要求,可见“记录控制”的对象应是已经填写过的、或表述活动的过程与结果、或阐述要求的记录,而不是作为原始表格存在、尚未填写、具有文件性质的记录。

3 本标准对反映符合要求和质量管理体系有效运行的记录至少有 20 处,如管理评审的记录,教育、培训、技能和经验的适当记录,与产品有关的要求的评审结果及评审所引起的措施的记录,设计和开发输入的记录,设计和开发评审的结果及任何必要措施的记录,设计和开发的验证结果及任何必要措施的记录,设计和开发的确认结果及任何必要措施的记录,设计和开发更改的评审结果及任何必要措施的记录,供方能力评价的结果及评价所引起的任何必要措施的记录,生产和服务提供过程需要进行确认时的确认记录,产品惟一性标识的控制记录,向顾客报告其财产发生丢失、损坏或不适用情况的记录,记录校准或检定的依据,当发现设备不符合要求时组织应对以往测量结果的有效性进行评价和记录,校准和验证结果的记录应予保持,内部审核的策划、审核以及审核报告的记录,产品的监视和测量记录以及记录应指明有权放行产品的人员,对不合格品性质的评审以及随后所采取的任何措施、包括让步接收的记录,纠正措施实施结果的记录,预防措施实施结果的记录等。GB/T 24001—1996 标准规定有关环境管理的记录至少有 10 处,如信息交流,环境表现,运行控制,环境目标和指标的符合情况,监测设备的校准和维护,文件更改,培训活动,审核活动,评审活动,环境记录保存期的记录等。GB/T 28001—2001 标准规定的职业健康安全记录仅 6 处,如监视和测量数据,监测设备的校准和维护,文件更改,审核活动,评审活动,记录保存期的记录等。

4 对记录进行管理的要求,三个标准基本相同。

5 管理职责

与 GB/T 24001—1996 和 GB/T 28001—2001 标准的比较

1 与 GB/T 24001 和 GB/T 28001 标准相对应的条款见 4.4.1。

5.1 管理承诺

最高管理者应通过以下活动,对其建立、实施质量管理体系并持续改进其有效性的承诺提供证据:

a)向组织传达满足顾客和法律法规要求的重要性;

b)制定质量方针;

c)确保质量目标的制定;

d)进行管理评审;

e)确保资源的获得。

与 GB/T 24001—1996 和 GB/T 28001—2001 标准的比较

1 与 GB/T 24001 和 GB/T 28001 标准相对应的条款见 4.2 和 4.4.1。
2 与 GB/T 24001 和 GB/T 28001 标准相对应的条款见 4.4.1。
3 本标准无 GB/T 28001 标准中 4.4.1 条"……的最终责任由最高管理者承担"的要求。
4 本标准无 GB/T 28001 标准中 4.4.1 条"所有承担管理职责的人员,都应表明其对职业健康安全绩效持续改进的承诺"的要求。

5.2 以顾客为关注焦点

最高管理者应以增强顾客满意为目的,确保顾客的要求得到确定并予以满足(见 7.2.1 和 8.2.1)。

与 GB/T 24001—1996 和 GB/T 28001—2001 标准的比较
1 与 GB/T 24001 和 GB/T 28001 标准 4.3.1 对应。
2 与 GB/T 24001 和 GB/T 28001 标准 4.3.1 对应的 GB/T 19001 标准条款还有 7.2.1 和 7.2.2。
3 本标准以顾客为关注焦点的要求,是为了确保顾客要求得到确定和满足,并增强顾客的满意程度。在施工(或工程)承包协议书中,越来越多的顾客明示了施工活动中的环境要求和职业健康安全要求。本标准确保与 GB/T 24001 和 GB/T 28001 标准有关的要求能通过 GB/T 19001 标准得到最高管理者的关注。

5.3 质量方针

最高管理者应确保质量方针:

a) 与组织的宗旨相适应;
b) 包括对满足要求和持续改进质量管理体系有效性的承诺;
c) 提供制定和评审质量目标的框架;
d) 在组织内得到沟通和理解;
e) 在持续适宜性方面得到评审。

与 GB/T 24001—1996 和 GB/T 28001—2001 标准的比较
1 与 GB/T 24001 和 GB/T 28001 标准 4.2 对应。

2　质量方针的文件性质已在本标准4.2.1中明示。

3　只规定在组织内得到沟通和理解,未明示应为公众或相关方所获取的要求。

4　GB/T 19001、GB/T 24001和GB/T 28001三个标准在本质上都要求对质量方针/环境方针/职业健康安全方针进行定期评价,因为管理评审均要输入此项信息。但本标准5.3只规定应进行评审,GB/T 24001标准4.2未作规定,只有GB/T 28001标准4.2规定应进行定期评审。

5　质量方针和环境方针在内容上均应与体系所覆盖的产品、活动或服务的性质、规模等协调。职业健康安全方针不针对组织的产品和服务,只与组织的活动及其相应的职业健康安全对应。

6　GB/T 19001和GB/24001标准中,对质量方针和环境方针只要求提供建立和评审质量目标或环境目标、指标的框架,而在职业健康安全标准中,要求在职业健康安全方针中清楚地阐明组织职业健康安全的总目标。

5.4　策划

与GB/T 24001—1996和GB/T 28001—2001标准的比较

1　与GB/T 24001和GB/T 28001标准4.3对应。

2　与本标准要求类似,GB/T 24001和GB/T 28001标准4.3的主要内容都是要求先制定目标,并通过对管理制度的策划来确保目标的实现

5.4.1　质量目标

最高管理者应确保在组织的相关职能和层次上建立质量目标,质量目标包括满足产品要求所需的内容[见7.1.a]。质量目标应是可测量的,并与质量方针保持一致。

与GB/T 24001—1996和GB/T 28001—2001标准的比较

1　与GB/T 24001和GB/T 28001标准4.3.3对应。

2　GB/T 24001和GB/T 28001标准中关于可选择的技术方案、

财务和经营要求及相关方的意见的要求,在本标准中未包括。

3 本标准要求质量目标应是可测量的;GB/T 28001 规定,可行时目标应予以量化;GB/T 24001 对目标是否应予以量化并未提出明确要求,但所谓“指标”,则同样应理解为可量化的目标。

5.4.2 质量管理体系策划

最高管理者应确保:

a) 对质量管理体系进行策划,以满足质量目标以及 4.1 的要求。

b) 在对质量管理体系的变更进行策划和实施时,保持质量管理体系的完整性。

与 GB/T 24001—1996 和 GB/T 28001—2001 标准的比较

1 与 GB/T 24001 和 GB/T 28001 标准 4.3.4 对应。

2 本标准与 GB/T 24001 和 GB/T 28001 的差异:

——本标准对管理制度的策划除满足实现目标的要求外,尚应对标准的应用做出说明。

——GB/T 24001 和 GB/T 28001 对管理制度策划的重点是职责、权限以及实现目标的方法和时间表,比本标准的策划更具有针对性和可操作性,但并不要求阐述对标准的应用(对标准的应用在 4.4.4 中作出规定),因此,策划并不针对体系。

——GB/T 24001 和 GB/T 28001 标准在环境因素/危险源识别等以及法律法规的识别和获取均要求建立程序。

5.5 职责、权限与沟通

与 GB/T 24001—1996 和 GB/T 28001—2001 标准的比较

1 与 GB/T 24001 和 GB/T 28001 标准 4.1 对应。

5.5.1 职责和权限

最高管理者应确保组织内的职责、权限得到规定和沟通。

与 GB/T 24001—1996 和 GB/T 28001—2001 标准的比较

1 与 GB/T 24001 和 GB/T 28001 标准 4.1 和 4.4.1 相对应。

2 GB/T 24001 和 GB/T 28001 标准中 4.4.1 条关于作用、职责和权限应形成文件的要求在本标准中未予明示，但由于对职责、权限的规定属于“……为确保其过程的……运行和控制所需的文件，”因此，其文件化的规定在本标准 4.2.1 中已做出。

3 对职责、权限作出规定的文件，本标准和 GB/T 28001 均要求进行沟通，GB/T 24001 仅要求进行传达/告知。沟通的特点是存在双向的信息传递，而传达/告知是单向的。

5.5.2 管理者代表

最高管理者应指定一名管理者，无论该成员在其他方面的职责如何，应具有以下方面的职责和权限：

a）确保质量管理体系所需的过程得到建立、实施和保持；

b）向最高管理者报告质量管理体系的业绩和任何改进的需求；

c）确保在整个组织内提高满足顾客要求的意识。

注：管理者代表的职责可包括与质量管理体系有关事宜的外部联络。

与 GB/T 24001—1996 和 GB/T 28001—2001 标准的比较

1 与 GB/T24001 和 GB/T28001 标准相对应的条款见 4.4.1。

2 在 GB/T 24001 和 GB/T 28001 标准中，管理者代表的职责无本标准中“确保在整个组织内提高满足顾客要求的意识”和“可包括与质量管理体系有关事宜的外部联络”的要求。

3 本标准和 GB/T 24001 标准中，对管理者代表人选的要求比 GB/T 28001 标准宽松，可以来自组织的中层干部或最高管理层，并由最高管理者指定。但职业健康安全管理体系要求管理者代表必须来自最高管理者（当最高管理者为一组人时）中的一员，当组织的最高管理者为一人时，管理者代表和最高管理者为同一人，因此，GB/T 28001 标准规定，管理者代表由组织指定，而不是最高管理者指定。

4 与本标准和 GB/T 24001 标准不同，GB/T 28001 标准规定，职业健康安全的最终责任人是组织的最高管理者。

5　GB/T 28001 标准中“所有承担管理职责的人员，都应表明其对……持续改进的承诺”的要求在本标准和 GB/24001 标准中无类似的要求。

5.5.3　内部沟通

最高管理者应确保在组织内建立适当的沟通过程，并确保对质量管理体系的有效性进行沟通。

与 GB/T 24001—1996 和 GB/T 28001—2001 标准的比较

1　与 GB/T24001 和 GB/T28001 标准 4.4.3 要求相对应。

2　GB/T 28001 标准 4.4.3 条对组织员工参与和协商职业健康安全方面的有关工作提出了具体要求，而本标准和 GB/24001 标准未在此方面作出规定。

GB/T 28001 还规定，对员工参与和协商职业健康安全有关事项的安排应通报相关方。本标准和 GB/T 28001 无此要求。

3　GB/T 24001 和 GB/T 28001 标准 4.4.3 要求中对信息交流或协商与沟通应形成程序，本标准只要求能予以确保即可，并不要求应形成文件化的规定。

5.6　管理评审

与 GB/T 24001—1996 和 GB/T 28001—2001 标准的比较

1　与 GB/T 24001 和 GB/T 28001 标准 4.6 要求相对应。

5.6.1　总则

最高管理者应按策划的时间间隔评审质量管理体系，以确保其持续的适宜性、充分性和有效性。评审应包括评价质量管理体系改进的机会和变更的需要，包括质量方针和质量目标。

应保持管理评审的记录(见 4.2.4)。

与 GB/T 24001—1996 和 GB/T 28001—2001 标准的比较

1　与 GB/T 24001 和 GB/T 28001 标准 4.6 要求相对应。

5.6.2　评审输入

管理评审的输入应包括以下方面的信息：

a）审核结果；

b）顾客反馈；

c）过程的业绩和产品的符合性；

d）预防和纠正措施的状况；

e）以往管理评审的跟踪措施；

f）可能影响质量管理体系的变更；

g）改进的建议。

与 GB/T 24001—1996 和 GB/T 28001—2001 标准的比较

1　与 GB/T 24001 和 GB/T 28001 标准 4.6 要求相对应。

2　对管理评审的输入，本标准比 GB/T 24001 和 GB/T 28001 标准的要求具体。

5.6.3　评审输出

管理评审的输出应包括与以下方面有关的任何决定和措施：

a）质量管理体系及其过程有效性的改进；

b）与顾客要求有关的产品的改进；

c）资源需求。

与 GB/T 24001—1996 和 GB/T 28001—2001 标准的比较

1　与 GB/T 24001 和 GB/T 28001 标准 4.6 要求相对应。

2　对管理评审的输出，本标准比 GB/T 24001 和 GB/T 28001 标准的要求具体。

6　资源管理

与 GB/T 24001—1996 和 GB/T 28001—2001 标准的比较

1　与 GB/T 24001 和 GB/T 28001 标准相对应的条款见 4.4.1。

2　本标准中，资源包括人力资源、基础设施和工作环境。在 GB/T 24001 和 GB/T 28001 标准中，资源均指人力资源、专项技能、专项技术和财力资源。

6.1 资源提供

组织应确定并提供以下方面所需的资源：

***a*）实施、保持质量管理体系并持续改进其有效性；**

***b*）通过满足顾客要求，增强顾客满意。**

与 GB/T 24001—1996 和 GB/T 28001—2001 标准的比较

1　与 GB/T 24001 和 GB/T 28001 标准相对应的条款见 4.4.1。

2　本标准规定为以下活动提供资源：实施、保持、持续改进和增强顾客满意。GB/T 24001 仅规定为实施、控制提供资源。GB/T 28001 要求为实施、控制和改进提供资源。

6.2 人力资源

与 GB/T 24001—1996 和 GB/T 28001—2001 标准的比较

1　与 GB/T 24001 和 GB/T 28001 标准相对应的条款见 4.4.1。

6.2.1 总则

基于适当的教育、培训、技能和经验，从事影响产品质量工作的人员应是能够胜任的。

与 GB/T 24001—1996 和 GB/T 28001—2001 标准的比较

1　与 GB/T 24001 和 GB/T 28001 标准相对应的条款见 4.4.1 的部分要求相对应。但无具体要求。

6.2.2 能力、意识和培训

组织应：

***a*）确定从事影响产品质量工作的人员所必要的能力；**

***b*）提供培训或采取其他措施以满足这些需求；**

***c*）评价所采取措施的有效性；**

***d*）确保员工认识到所从事活动的相关性和重要性，以及如何为实现质量目标作出贡献；**

***e*）保持教育、培训、技能和经验的适当记录(见 4.2.4)。**

与 GB/T 24001—1996 和 GB/T 28001—2001 标准的比较

1　与 GB/T 24001 和 GB/T 28001 标准 4.4.2 条对应。

2　GB/T 24001 和 GB/T 28001 标准 4.4.2 条中关于要求员工认识“偏离规定的运行程序的潜在后果”的规定在本标准中未明示。

3　GB/T 24001 和 GB/T 28001 标准 4.4.2 条中关于要求建立培训程序和确保员工意识达到基本要求的程序的规定在本标准中未明示。

4　本标准对员工应达到的基本意识要求没有 GB/T 24001 和 GB/T 28001 具体，强调了员工为实现质量目标作出贡献，而 GB/T 24001 和 GB/T 28001 标准则强调应符合“方针”和标准的要求。

5　本标准和 GB/T 24001 对培训工作未提出具体要求。GB/T 28001 则提出了相应的规定。

6　在本标准和 GB/T 24001 标准中，均要求相关人员具有“经验”，但在 GB/T 28001 标准中，只要求相关人员具有工作经历。一般来讲，经验来自经历，具有经历却不一定具有经验。但经历易于评价，而经验不易评价。评价的内容也必然会有较大的差异。

7　本标准和 GB/T 28001 对人员能力的要求均覆盖了可能产生影响的人员，而 GB/T 24001 则主要针对可能产生重大环境影响的人员。

8　本标准和 GB/24001 均明确要求保持培训记录，GB/T 28001 则无明确要求。

6.3　基础设施

组织应确定、提供并维护为达到产品符合要求所需的基础设施。适用时，基础设施包括：

a）建筑物、工作场所和相关的设施；

b）过程设备（硬件和软件）；

c）支持性服务（如运输或通讯）。

与 GB/T 24001—1996 和 GB/T 28001—2001 标准的比较

1　与 GB/T 24001 和 GB/T 28001 标准相对应的条款见 4.4.1。

2　GB/T 24001 和 GB/T 28001 标准的相关要求未明示。

6.4 工作环境

组织应确定并管理为达到产品符合要求所需的工作环境。

与 GB/T 24001—1996 和 GB/T 28001—2001 标准的比较

1 与 GB/T 24001 和 GB/T 28001 标准相对应的条款见 4.4.1。

2 GB/T 24001 和 GB/T 28001 标准的相关要求未明示。

7 产品实现

与 GB/T 24001—1996 和 GB/T 28001—2001 标准的比较

1 与 GB/T 24001 和 GB/T 28001 标准 4.4 和 4.4.6 要求有关。

2 GB/T 24001 和 GB/T 28001 标准 4.4 的控制重点是运行控制与应急准备和响应,而结构和职责、培训意识和能力、协商和沟通、文件以及文件和资源的控制等都是围绕控制重点设置的相关要求,因此,整个 4.4 章节有很强的对策性。GB/T 19001 则不同,第 7 章的内容要求可以很好地运用"过程方法"对产品实现进行策划和实施。

3 本标准第 7 章虽与 GB/T 24001 和 GB/T 28001 相对应,但并不要求在文件编写时建立一一对应的关系。

7.1 产品实现的策划

组织应策划和开发产品实现所需的过程。产品实现的策划应与质量管理体系其他过程的要求相一致(见 4.1)。

在对产品实现进行策划时,组织应确定以下方面的适当内容:

a) 产品的质量目标和要求;

b) 针对产品确定过程、文件和资源的需求;

c) 产品所要求的验证、确认、监视、检验和试验活动,以及产品接收准则;

d) 为实现过程及其产品满足要求提供证据所需的记录(见 4.2.4)。

策划的输出形式应适合于组织的运作方式。

注 1:对应用于特定产品、项目或合同的质量管理体系的过程(包括产品

实现过程)和资源作出规定的文件可称之为质量计划。

注2:组织也可将7.3的要求应用于产品实现过程的开发。

与GB/T 24001—1996和GB/T 28001—2001标准的比较

1　与GB/T 24001和GB/T28001标准4.4和4.4.6要求有关。

2　GB/T 19001策划的是产品实现过程;GB/T 24001策划的是与组织已经识别和确定的重要环境因素有关的运行与活动;GB/T 28001策划的是与组织已经识别和认定的、需采取控制措施的风险有关的运行和活动。

3　GB/T 24001和GB/T 28001中4.4.6.b)与本标准的有关要求比较接近。

7.2　与顾客有关的过程

与GB/T 24001—1996和GB/T 28001—2001标准的比较

1　与GB/T 24001和GB/T 28001标准4.4.6要求有关。

2　GB/T 28001要求将在购买和使用的货物、设备和服务中识别的职业健康安全风险,建立程序和要求,并通报供方和合同方,与本标准7.2.3顾客沟通的要求相似。而GB/T 24001仅要求通报供方和承包方,与本标准7.2.3的关系比较弱。

7.2.1　与产品有关的要求的确定

组织应确定:

a)顾客规定的要求,包括对交付及交付后活动的要求;

b)顾客虽然没有明示,但规定的用途或已知的预期用途所必需的要求;

c)与产品有关的法律法规要求;

d)组织确定的任何附加要求。

与GB/T 24001—1996和GB/T 28001—2001标准的比较

1　与GB/T 24001和GB/T 28001标准4.3.1和4.3.2相对应。

2　本标准7.2.1条款的规定确保了与产品有关的要求能够得到

确定，但不要求建立程序；GB/T 24001 和 GB/T 28001 标准的4.3.1条均规定应建立程序，分别用于确定在施工活动、工程产品中能够控制或可能施加影响的环境因素，并从中判定有重大影响的因素，以及在施工活动中产生的危险源进行识别、风险评价和风险控制。

3 本标准与 GB/24001 和 GB/T 28001 中 4.3.2 均有明确的要求，确保与产品、环境和职业健康安全有关的法律法规得到确定，不同的是本标准不要求建立程序。

7.2.2 与产品有关的要求的评审

组织应评审与产品有关的要求。评审应在组织向顾客做出提供产品的承诺之前进行（如：提交标书、接受合同或订单及接受合同或订单的更改），并应确保：

a）产品要求得到规定；

b）与以前表述不一致的合同或订单的要求已予解决；

c）组织有能力满足规定的要求。

评审结果及评审所引起的措施的记录应予保持（见 4.2.4）。

若顾客提供的要求没有形成文件，组织在接受顾客要求前应对顾客要求进行确认。

若产品要求发生变更，组织应确保相关文件得到修改，并确保相关人员知道已变更的要求。

注：在某些情况下，如网上销售．对每一个订单进行正式的评审可能是不实际的。而代之对有关的产品信息，如产品目录、产品广告内容等进行评审。

与 GB/T 24001—1996 和 GB/T 28001—2001 标准的比较

1 与 GB/T 24001 和 GB/T 28001 标准 4.3.1 和 4.4.6 对应。

2 GB/T 19001 要求评审与产品有关的要求；GB/T 24001 要求确定组织在其活动、产品或服务中能够控制或可望对其施加影响的环境因素，并从中判断具有重大影响的环境因素；GB/T 28001 要求组织对其在活动、设施和过程中的危险源进行辨识，并进一步进行风险评价和实施必要的控制措施。

7.2.3　顾客沟通

组织应对以下有关方面确定并实施与顾客沟通的有效安排：

a）产品信息；

b）问询、合同或订单的处理，包括对其修改；

c）顾客反馈，包括顾客抱怨。

与GB/T 24001—1996和GB/T 28001—2001标准的比较

1　与GB/T 24001和GB/T 28001标准4.4.3和4.4.6要求相对应。

2　GB/T 28001标准中对协商与沟通的安排应“形成文件”、“并通报相关方”的规定在本标准中未予明示。

7.3　设计和开发

与GB/T 24001—1996和GB/T 28001—2001标准的比较

1　与GB/T 28001标准4.4.6.d)要求有比较密切的关系，如果明显涉及设计和开发活动，可应用本条款。

2　与GB/T 24001标准4.4.6的关系较弱。

7.3.1　设计和开发策划

组织应对产品的设计和开发进行策划和控制。

在进行设计和开发策划时，组织应确定：

a）设计和开发阶段；

b）适合于每个设计和开发阶段的评审、验证和确认活动；

c）设计和开发的职责和权限。

组织应对参与设计和开发的不同小组之间的接口进行管理，以确保有效的沟通，并明确职责分工。

随设计和开发的进展，在适当时，策划的输出应予更新。

7.3.2　设计和开发输入

应确定与产品要求有关的输入，并保持记录（见4.2.4）。这些输入应包括：

a）功能和性能要求；

b）适用的法律、法规要求；

c）适用时，以前类似设计提供的信息；

d）设计和开发所必需的其他要求。

应对这些输入进行评审，以确保输入是充分与适宜的。要求应完整、清楚，并且不能自相矛盾。

7.3.3 设计和开发输出

设计和开发的输出应以能够针对设计和开发的输入进行验证的方式提出，并应在放行前得到批准。

设计和开发输出应：

a）满足设计和开发输入的要求；

b）给出采购、生产和服务提供的适当信息；

c）包含或引用产品接收准则；

d）规定对产品的安全和正常使用所必需的产品特性。

7.3.4 设计和开发评审

在适宜的阶段，应依据所策划的安排（见 7.3.1）对设计和开发进行系统的评审，以便：

a）评价设计和开发的结果满足要求的能力；

b）识别任何问题并提出必要的措施。

评审的参加者应包括与所评审的设计和开发阶段有关的职能的代表。评审结果及任何必要措施的记录应予保持（见 4.2.4）。

7.3.5 设计和开发验证

为确保设计和开发输出满足输入的要求，应依据所策划的安排（见 7.3.1）对设计和开发进行验证。验证结果及任何必要措施的记录应予保持（见 4.2.4）。

7.3.6 设计和开发确认

为确保产品能够满足规定的使用要求或已知的预期用途的要求，应依据所策划的安排（见 7.3.1）对设计和开发进行确认。只要可行，确认应在产品交付或实施之前完成。确认结果及任何必要措施的记录应予保持（见 4.2.4）。

7.3.7 设计和开发更改的控制

应识别设计和开发的更改,并保持记录。适当时,应对设计和开发的更改进行评审、验证和确认,并在实施前得到批准。设计和开发更改的评审应包括评价更改对产品组成部分和已交付产品的影响。

更改的评审结果及任何必要措施的记录应予保持(见4.2.4)。

7.4 采购

与 GB/T 24001—1996 和 GB/T 28001—2001 标准的比较

1 与 GB/T 24001 和 GB/T 28001 标准 4.4.6 要求有关。

2 GB/T 24001 标准要求组织对其所使用的产品和服务识别其中的环境因素和重要环境因素,并建立管理程序。GB/T 28001 标准要求组织对其所购买和使用的货物、设备和服务识别职业健康安全风险,并建立程序,因此,本标准的采购活动应与 GB/T 24001 和 GB/T 28001 在此建立接口关系,以便协调有关部门的活动和要求。接口关系反映在两个方面:

——采购的产品和服务应进行:①环境因素和重要环境因素的识别;②进行职业健康安全风险的识别。

——已评价的重要环境因素和职业健康安全风险可对供方的评价和选择产生积极的影响。

7.4.1 采购过程

组织应确保采购的产品符合规定的采购要求。对供方及采购的产品控制的类型和程度应取决于采购的产品对随后的产品实现或最终产品的影响。

组织应根据供方按组织的要求提供产品的能力评价和选择供方。应制定选择、评价和重新评价的准则。评价结果及评价所引起的任何必要措施的记录应予保持(见 4.2.4)。

7.4.2 采购信息

采购信息应表述拟采购的产品,适当时包括:

a) 产品、程序、过程和设备的批准要求;

b) 人员资格的要求;

c）质量管理体系的要求。

在与供方沟通前，组织应确保所规定的采购要求是充分与适宜的。

7.4.3　采购产品的验证

组织应确定并实施检验或其他必要的活动，以确保采购的产品满足规定的采购要求。

当组织或其顾客拟在供方的现场实施验证时，组织应在采购信息中对拟验证的安排和产品放行的方法作出规定。

与 GB/T 24001—1996 和 GB/T 28001—2001 标准的比较

1　本标准与 GB/24001 和 GB/T 28001 无直接对应的条款。

2　按照本标准要求在进行产品验证时应考虑已识别的重要环境因素和职业健康安全风险。

7.5　生产和服务提供

与 GB/T 24001—1996 和 GB/T 28001—2001 标准的比较

1　与 GB/T 24001 和 GB/T 28001 标准 4.4.6 要求有关。

7.5.1　生产和服务提供的控制

组织应策划并在受控条件下进行生产和服务提供。适用时，受控条件应包括：

a）获得表述产品特性的信息；

b）必要时，获得作业指导书；

c）使用适宜的设备；

d）获得和使用监视和测量装置；

e）实施监视和测量；

f）放行、交付和交付后活动的实施。

与 GB/T 24001—1996 和 GB/T 28001—2001 标准的比较

1　与 GB/T 24001 和 GB/T 28001 标准 4.4.6 要求相对应。

2　GB/T 24001 和 GB/T 28001 中 4.4.6.*a*）与本标准条款 7.5.

1.*b*)的要求比较接近。

7.5.2 生产和服务提供过程的确认

当生产和服务提供过程的输出不能由后续的监视或测量加以验证时,组织应对任何这样的过程实施确认。这包括仅在产品使用或服务已交付之后问题才显现的过程。

确认应证实这些过程实现所策划的结果的能力。

组织应对这些过程做出安排,适用时包括:

***a*) 为过程的评审和批准所规定的准则;**

***b*) 设备的认可和人员资格的鉴定;**

***c*) 使用特定的方法和程序;**

***d*) 记录的要求(见 4.2.4);**

***e*) 再确认。**

7.5.3 标识和可追溯性

适当时,组织应在产品实现的全过程中使用适宜的方法识别产品。组织应针对监视和测量要求识别产品的状态。

在有可追溯性要求的场合,组织应控制并记录产品的惟一性标识(见 4.2.4)。

注:在某些行业,技术状态管理是保持标识和可追溯性的一种方法。

与 GB/T 24001—1996 和 GB/T 28001—2001 标准的比较

1 本标准与 GB/T 24001 和 GB/T 28001 标准 4.4.6 要求并无直接的对应关系,但在环境管理体系与职业健康安全体系运行过程中,同时应关注标识和可追溯性问题,以便对各项管理过程实施追溯。

7.5.4 顾客财产

组织应爱护在组织控制下或组织使用的顾客财产。组织应识别、验证、保护和维护供其使用或构成产品一部分的顾客财产。若顾客财产发生丢失、损坏或发现不适用的情况时,应报告顾客,并保持记录(见 4.2.4)。

注:顾客财产可包括知识产权。

与 GB/T 24001—1996 和 GB/T 28001—2001 标准的比较

1 与 GB/T 24001 和 GB/T 28001 标准 4.4.6 要求有关。

2 GB/T 24001 和 GB/T 28001 对环境因素的识别和危险源的辨识,同样包括了顾客财产。

7.5.5 产品防护

在内部处理和交付到预定的地点期间,组织应针对产品的符合性提供防护,这种防护应包括标识、搬运、包装、贮存和保护。防护也应适用于产品的组成部分。

7.6 监视和测量装置的控制

组织应确定需实施的监视和测量以及所需的监视和测量装置,为产品符合确定的要求(见 7.2.1)提供证据。

组织应建立过程,以确保监视和测量活动可行并以与监视和测量的要求相一致的方式实施。

为确保结果有效,必要时,测量设备应:

a) 对照能溯源到国际或国家标准的测量标准,按照规定的时间间隔或在使用前进行校准或检定。当不存在上述标准时,应记录校准或检定的依据;

b) 进行调整或必要时再调整;

c) 得到识别,以确定其校准状态;

d) 防止可能使测量结果失效的调整;

e) 在搬运、维护和贮存期间防止损坏或失效;

此外,当发现设备不符合要求时,组织应对以往测量结果的有效性进行评价和记录。组织应对该设备和任何受影响的产品采取适当的措施。校准和验证结果的记录应予保持(见 4.2.4)。

当计算机软件用于规定要求的监视和测量时,应确认其满足预期用途的能力。确认应在初次使用前进行,必要时再确认。

注:作为指南,参见 GB/T 19022.1 和 GB/T 19022.2。

与 GB/T 24001—1996 和 GB/T 28001—2001 标准的比较

1　与 GB/T 24001 和 GB/T 28001 标准 4.5.1 中关于监视和测量设备应进行维护和校准的要求相关。
2　本标准不要求建立程序，而 GB/T 24001 和 GB/T 28001 标准 4.5.1 中均要求建立程序，以便对设备进行校准和维护，并保存相关的记录。

8　测量、分析和改进

与 GB/T 24001—1996 和 GB/T 28001—2001 标准的比较
1　与 GB/T 24001 和 GB/T 28001 标准 4.5 相关。
2　GB/T 24001 和 GB/T 28001 对数据分析的要求未予以明示。

8.1　总则

组织应策划并实施以下方面所需的监视、测量、分析和改进过程：

a）证实产品的符合性；

b）确保质量管理体系的符合性；

c）持续改进质量管理体系的有效性。

这应包括对统计技术在内的适用方法及其应用程度的确定。

与 GB/T 24001—1996 和 GB/T 28001—2001 标准的比较
1　与 GB/T 24001 和 GB/T 28001 标准 4.5 相关。
2　GB/T 24001 和 GB/T 28001 对定期评价法律法规的符合情况的要求，已经包括在本标准条款关于"证实产品的符合性"的要求中。

8.2　监视和测量

与 GB/T 24001—1996 和 GB/T 28001—2001 标准的比较
1　与 GB/T 24001 和 GB/T 28001 标准 4.5 相关。
2　GB/T 24001 和 GB/T 28001 对于监视和测量的内容，未包括内部审核活动和对顾客满意的监视测量活动。

8.2.1　顾客满意

作为对质量管理体系业绩的一种测量，组织应对顾客有关组织是否已满足其要求的感受的信息进行监视，并确定获取和利用这种信息的方法。

与 GB/T 24001—1996 和 GB/T 28001—2001 标准的比较

1 与 GB/T 24001 和 GB/T 28001 标准 4.5 相关，但无对应关系。

8.2.2 内部审核

组织应按策划的时间间隔进行内部审核，以确定质量管理体系是否：

***a*) 符合策划的安排(见 7.1)、本标准的要求以及组织所确定的质量管理体系的要求；**

***b*) 得到有效实施与保持。**

考虑拟审核的过程和区域的状况和重要性以及以往审核的结果，应对审核方案进行策划。应规定审核的准则、范围、频次和方法。审核员的选择和审核的实施应确保审核过程的客观性和公正性。审核员不应审核自己的工作。

策划和实施审核以及报告结果和保持记录(见 4.2.4)的职责和要求应在形成文件的程序中作出规定。

负责受审区域的管理者应确保及时采取措施，以消除所发现的不合格及其原因。跟踪活动应包括对所采取措施的验证和验证结果的报告(见 8.5.2)。

注：作为指南，参见 GB/T 19021.1、GB/T 19021.2 及 GB/T 19021.3。

与 GB/T 24001—1996 和 GB/T 28001—2001 标准的比较

1 与 GB/T 24001 和 GB/T 28001 标准 4.5.4 要求对应。

2 GB/T 28001 标准 4.5.4 中审核目的明确包括了“确定……管理体系是否：……有效地满足组织的方针和目标；……”以及“评审以往审核的结果；”的要求，在本标准和 GB/T 24001 标准中均未予明示。

3 GB/T 28001 标准 4.5.4 中，要求在审核程序中对审核员的审核能力做出明确规定。在本标准和 GB/T 24001 标准中均未明示这一要求。

4 本标准和 GB/T 28001 标准对审核员的选择做出了明确的规定,但 GB/T 24001 标准无相应要求。

5 三个标准均要求建立程序,以便对内部审核活动实施管理。

6 GB/T 28001 标准规定,审核时应评审以往审核的结果,本标准和 GB/T 24001 均无此要求。

7 本标准关于“负责受审区域……报告”的要求,GB/T 24001 和 GB/T 28001 标准均无此要求。

8.2.3 过程的监视和测量

组织应采用适宜的方法对质量管理体系过程进行监视,并在适用时进行测量。这些方法应证实过程实现所策划的结果的能力。当未能达到所策划的结果时,应采取适当的纠正和纠正措施,以确保产品的符合性。

与 GB/T 24001—1996 和 GB/T 28001—2001 标准的比较

1 与 GB/T 24001 和 GB/T 28001 标准 4.5.1 相关,如主动性绩效测量部分的内容。

8.2.4 产品的监视和测量

组织应对产品的特性进行监视和测量,以验证产品要求已得到满足。这种监视和测量应依据所策划的安排(见 7.1),在产品实现过程的适当阶段进行。

应保持符合接收准则的证据。记录应指明有权放行产品的人员(见 4.2.4)。

除非得到有关授权人员的批准,适用时得到顾客的批准,否则在策划的安排(见 7.1)已圆满完成之前,不应放行产品和交付服务。

与 GB/T 24001—1996 和 GB/T 28001—2001 标准的比较

1 与 GB/T 24001 和 GB/T 28001 标准 4.5.1 相关。

8.3　不合格品控制

组织应确保不符合产品要求的产品得到识别和控制，以防止其非预期的使用或交付。不合格品控制以及不合格品处置的有关职责和权限应在形成文件的程序中作出规定。

组织应通过下列一种或几种途径，处置不合格品：

a）采取措施，消除已发现的不合格；

b）经有关授权人员批准，适用时经顾客批准，让步使用、放行或接收不合格品；

c）采取措施，防止其原预期的使用或应用。

应保持不合格的性质以及随后所采取的任何措施的记录，包括所批准的让步的记录（**4.2.4**）。

在不合格品得到纠正之后应对其再次进行验证，以证实符合要求。

当在交付或开始使用后发现产品不合格时，组织应采取与不合格的影响或潜在影响的程度相适应的措施。

与 GB/T 24001—1996 和 GB/T 28001—2001 标准的比较

1　与 GB/T 24001 和 GB/T 28001 标准 4.4.7 和 4.5.2 相关，主要与 4.5.2 有相近的要求。

2　本标准和 GB/T 24001 标准均只界定了不合格品/不符合，而 GB/T 28001 则进一步区分了事故、事件和不符合。

8.4　数据分析

组织应确定、收集和分析适当的数据，以证实质量管理体系的适宜性和有效性，并评价在何处可以持续改进质量管理体系的有效性。这应包括来自监视和测量的结果以及其他有关来源的数据。

数据分析应提供以下有关方面的信息：

a）顾客满意（见 **8.2.*l***）；

b）与产品要求的符合性（见 **7.2.1**）；

c）过程和产品的特性及趋势，包括采取预防措施的机会；

d）供方。

8.5 改进

与 GB/T 24001—1996 和 GB/T 28001—2001 标准的比较

1 与 GB/T 24001 和 GB/T 28001 标准 4.2 对应。

8.5.1 持续改进

组织应利用质量方针、质量目标、审核结果、数据分析、纠正和预防措施以及管理评审，持续改进质量管理体系的有效性。

与 GB/T 24001—1996 和 GB/T 28001—2001 标准的比较

1 与 GB/T 24001 和 GB/T 28001 标准 4.3.4 对应。

8.5.2 纠正措施

组织应采取措施，以消除不合格的原因，防止不合格的再发生。纠正措施应与所遇到不合格的影响程度相适应。

应编制形成文件的程序，以规定以下方面的要求：

a）评审不合格（包括顾客抱怨）；

b）确定不合格的原因；

c）评价确保不合格不再发生的措施的需求；

d）确定和实施所需的措施；

e）记录所采取措施的结果（见 4.2.4）；

f）评审所采取的纠正措施。

与 GB/T 24001—1996 和 GB/T 28001—2001 标准的比较

1 与 GB/T 24001 和 GB/T 28001 标准 4.4.7 和 4.5.2 相关。

2 本标准要求在纠正措施制定前评审制定措施的需求，对于“评审所采取的纠正措施”的要求，实施前评审的主要内容应是与不合格产生原因的针对性，实施后评审的主要内容应是纠正措施实施的有效性。GB/T 24001 标准无相关规定。而在 GB/T 28001 标准中规定，制定的纠正和预防措施在实施前应按照风险评价过程进行评价，以确保不产生新的危险源。

8.5.3　预防措施

组织应确定措施，以消除潜在不合格的原因，防止不合格的发生。预防措施应与潜在问题的影响程度相适应。

应编制形成文件的程序，以规定以下方面的要求：

***a*）确定潜在不合格及其原因；**

***b*）评价防止不合格发生的措施的需求；**

***c*）确定和实施所需的措施；**

***d*）记录所采取措施的结果（见 4.2.4）；**

***e*）评审所采取的预防措施。**

与 GB/T 24001—1996 和 GB/T 28001—2001 标准的比较

1　与 GB/T 24001 和 GB/T 28001 标准 4.4.7 和 4.5.2 相关。

2　本标准要求在预防措施制定前评审制定措施的需求，对于“评审所采取的纠正措施”的要求，实施前评审的主要内容应是与潜在不合格产生原因的针对性，实施后评审的主要内容应是预防措施实施的有效性。GB/T 24001 标准无相关规定。而在 GB/T 28001 标准中规定，制定的纠正和预防措施在实施前应按照风险评价过程进行评价，以确保不产生新的危险源。

4　环境管理体系要求（GB/T 24001—1996）

4.1　总要求

组织应建立并保持环境管理体系。本章描述了对环境管理体系的要求。

与 GB/T 28001—2001 标准比较

1　GB/T 28001 标准 4.1 相对应。虽在 4.1 中未明示 PDCA 循环和持续改进的流程，但在本标准图 1 中有相同的要求。

4.2　环境方针

最高管理者应制定本组织的环境方针并确保它：

***a*）适合于组织活动、产品或服务的性质、规模与环境影响；**

***b*）包括对持续改进和污染预防的承诺；**

c）包括对遵守有关环境法律、法规和组织应遵守的其他要求的承诺；

d）提供建立和评价目标和指标的框架；

e）形成文件，付诸实施，予以保持，并传达到全体员工；

f）可为公共所获取。

与 GB/T 28001—2001 标准比较

1　本标准要求环境方针应包括污染预防的承诺。

2　本标准要求环境方针应为公众所获取，体现了环境问题的社会性，而 GB/T 28001 规定为相关方所获取，范围比本标准小。

4.3　规划（策划）

4.3.1　环境因素

组织应建立并保持一个或多个程序，用来确定其活动、产品或服务中它能够控制，或可望对其施加影响的环境因素，从中判断那些对环境具有重大影响，或可能具有重大影响的因素。组织应确保在建立环境目标时，对与这些重大影响有关的因素加以考虑。

组织应及时更新这些方面的信息。

与 GB/T 28001—2001 标准比较

1　本标准与 GB/T 28001 标准 4.3.1 相对应。两标准均要求建立程序，但内容上的差别，反映了标准的不同的适用范围。

2　本标准对与环境因素辨识有关的信息未作出应形成文件的规定。

4.3.2　法律与其他要求

组织应建立并保持程序，用来确定适用于其活动、产品或服务中环境因素的法律，以及其他应遵守的要求，并建立获取这些法律和要求的渠道。

与 GB/T 28001—2001 标准比较

1　本标准未明示 GB/T 28001 标准 4.3.2 中关于应将有关法律

法规和其他要求更新的信息传达到员工和其他有关相关方的规定。

4.3.3 目标和指标

组织应针对其内部每一有关职能和层次，建立并保持环境目标和指标。环境目标和指标应形成文件。

组织在建立与评价环境目标时，应考虑法律与其他要求，它自身的重要环境因素、可选技术方案、财务、运行和经营要求，以及各相关方的观点。

目标和指标应符合环境方针，并包括对污染预防的承诺。

与 GB/T 28001—2001 标准比较

1 本标准中，第 4.2.*d*)条规定："提供建立和评审环境目标和指标的框架。"为组织的总的目标和指标。而本条款的规定"组织应针对其内部每一有关职能和层次，建立并保持环境目标和指标。"为针对各有关岗位的要求，其中的重要目标、指标与环境管理方案相对应。

4.3.4 环境管理方案

组织应制定并保持一个或多个旨在实现环境目标和指标的环境管理方案，其中应包括：

***a*) 规定组织的每一有关职能和层次实现环境目标和指标的职责；**

***b*) 实现目标和指标的方法和时间表。**

如果一个项目涉及到新的开发和新的或修改的活动、产品或服务，就应对有关方案进行修订，以确保环境管理与该项目相适应。

与 GB/T 28001—2001 标准比较

1 本标准未明示 GB/T 28001—2001 标准中对环境管理方案应按照计划的时间间隔进行定期评审的要求。

4.4 实施与运行

4.4.1　组织结构和职责

为便于环境管理工作的有效开展,应当对作用、职责和权限做出明确规定,形成文件,并予以传达。

管理者应为环境管理体系的实施与控制提供必要的资源,其中包括人力资源和专项技能、技术以及财力资源。

组织的最高管理者应指定专门的管理者代表,无论他(们)是否还负有其他方面的责任,应明确规定其作用、职责和权限,以便:

a) 确保按照本标准的规定建立、实施与保持环境管理体系要求;

b) 向最高管理者汇报环境管理体系的运行情况以供评审,并为环境管理体系的改进提供依据。

与 GB/T 28001—2001 标准比较

1　未明示 GB/T 28001 标准中对"……有影响的从事管理、执行和验证工作的人员,……"应规定作用、职责和权限的要求。

2　GB/T 24001 未明示 GB/28001 标准中 4.4.1 条"……的最终责任由最高管理者承担"的要求。

3　GB/T 28001 标准中 4.4.1 条"组织应在最高管理者中指定一名成员……作为管理者代表……"的要求在本标准中未予明示。

4　GB/T 28001 标准中 4.4.1 条"所有承担管理职责的人员,都应表明其对职业健康安全绩效持续改进的承诺"的要求在本标准中未予明示。

5　GB/T 19001—2000 标准中 5.5.2 条管理者代表职责中关于"确保在整个组织内提高满足顾客要求的意识"的相关要求在本标准中未予明示。

6　对作用、职责和权限作出规定的文件,本标准的要求是传达或告知,而 GB/T 28001 则要求在上下级、部门间、岗位间进行沟通。

7　本标准仅规定为实施和控制体系提供资源,范围比 GB/T 28001 要小。

4.4.2　培训、意识和能力

组织应确定培训的需求。应要求其工作可能对环境产生重大影响的所有人员都经过相应的培训。

应建立并保持一套程序,使处于每一有关职能与层次的人员都意识到:

***a*）符合环境方针与程序和符合环境管理体系要求的重要性;**

***b*）他们工作活动中实际的或潜在的重大环境影响,以及个人工作的改进所带来的环境效益;**

***c*）他们在执行环境方针与程序,实现环境管理体系要求,包括应急准备与响应要求方面的作用与职责;**

***d*）偏离规定的运行程序的潜在后果。**

从事可能产生重大环境影响的工作的人员应具备适当的教育、培训和(或)工作经验,从而胜任他所负担的工作。

与 GB/T 28001—2001 标准比较

1　本标准只规定对可能产生重大环境影响的工作的人员应能胜任工作。而 GB/28001 标准规定所有可能产生影响的人员均应具有能力。

2　本标准规定“……其工作可能对环境产生重大影响的所有人员都经过相应的培训。”而 GB/T 28001 标准规定培训的要求可以考虑风险因素,但培训对象应包括各类风险的有关人员。

4.4.3　信息交流

组织应建立并保持一套程序,用于有关其环境因素和环境体系管理:

***a*）组织各层次和职能间的内部信息交流;**

***b*）与外部相关方联络的接收、文件形成和答复。**

组织应考虑对涉及重要环境因素的外部联络的处理,并记录其决定。

与 GB/T 28001—2001 标准比较

1　GB/T 28001 标准中对协商与沟通的安排应“通报相关方”的

规定在本标准中未予明示。

2　本标准中相关方为“关注组织的环境表现(行为)或受其环境表现(行为)影响的个人和团体”,关注和受其影响的个人和团体均构成相关方。而在 GB/T 28001 标准中,相关方为“与组织的职业健康安全绩效有关的或受其职业健康安全绩效影响的个人或团体”,相关方必须是有关或受其影响的个人和团体,范围比本标准的界定要小。

3　本标准在员工参与内部信息交流时的内容方面不如 GB/T 28001 标准 4.4.3 条的规定具体。

4.4.4　环境管理体系文件

组织应以书面或电子形式建立并保持下列信息:

***a*）对管理体系核心要素及其相互作用的描述;**

***b*）查询相关文件的途径。**

与 GB/T 28001—2001 标准比较

1　与本标准要求基本相同,对职业健康安全管理体系文件系统的内容未予明确表述。如是否应编制质量手册等。

4.4.5　文件控制

组织应建立并保持一套程序,以控制本标准所要求的所有文件,从而确保:

***a*）文件便于查找;**

***b*）对文件进行定期评审,必要时予以修订并由被授权人员确认其适宜性;**

***c*）凡对环境管理体系的有效运行具有关键作用的岗位,都可得到有关文件的现行版本;**

***d*）迅速将失效文件从所有发放和使用场所撤回,或采取其他措施防止误用;**

***e*）对出于法律和(或)保留信息的需要而留存的失效文件予以标识。**

所有文件均须字迹清楚,注明日期(包括修订日期),标识明

确，妥善保管，并在规定期间内予以留存。应规定保持有关建立和修改各种类型文件的程序和职责。

与 GB/T 28001—2001 标准比较

1　本标准未明示 GB/T 28001 标准 4.4.5 中对资料的管理要求。

2　GB/T 28001 标准所指的“关键作用的岗位”可以包括高风险岗位和检查、管理岗位。如：

——特种作业人员(或称特殊工种)。国家规定的特殊作业有：电工作业，金属焊接切割作业，起重机械(含电梯)作业，企业内机动车辆驾驶，登高架设作业，锅炉作业(含水质化验)，压力容器操作，制冷作业，爆破作业，矿山通风作业(含瓦斯检验)，矿山排水作业(含尾矿坝作业)，以及由省、自治区、直辖市安全生产综合管理部门或国务院行政主管部门提出，并经国家经济贸易委员会批准的其他作业。

——检查岗位。如各级安全检查员。

——管理岗位。如组织安全管理部门的有关人员。

本标准所指的关键作用的岗位至少应包括与重要环境因素有关的岗位。

3　本标准要求文件应“……注明日期(包括修订日期)……。应规定保持有关建立和修改各种类型文件的程序和职责。”GB/T 28001 无相应要求。

4.4.6　运行控制

组织应根据其方针、目标和指标，确定与所标识的重要环境因素有关的运行与活动。应针对这些活动(包括维护工作)制定计划，确保它们在程序规定的条件下进行。程序的建立应符合下述要求：

***a*) 对于缺乏程序指导可能导致偏离环境方针和目标与指标的运行，应建立并保持一套以文件支持的程序；**

***b*) 在程序中对运行标准予以规定；**

***c*) 对于组织所使用的产品和服务中可标识的重要环境因素，**

应建立并保持一套管理程序，并将有关的程序与要求通报供方和承包方。

与 GB/T 28001—2001 标准比较

1　本标准规定，建立的程序适用于组织所使用的产品和服务。而 GB/T 28001 标准规定，建立的程序适用于组织的工作场所、生产或服务过程、使用的机械和装置以及设计的运行程序和工作组织。

2　本标准规定，建立的程序面向组织所使用的产品和服务中可标识的重要环境因素。而 GB/T 28001 标准规定，建立的程序适用于组织所购买和使用的货物、设备和服务中已识别的职业健康安全风险，并未限定风险的程度。

3　本标准规定，建立的程序和要求应通报供方和承包方。而 GB/T 28001 标准规定，建立的程序和要求应通报供方和合同方。

4　GB/T 28001 标准规定，建立的程序应"……，包括考虑与人的能力相适应，……。"本标准未予明示。

4.4.7　应急准备和响应

组织应建立并保持一套程序，以确定潜在的事故或紧急情况，做出响应，并预防或减少可能伴随的环境影响。

必要时，特别是在事故或紧急情况发生后，组织应对应急准备和响应的程序予以评审和修订。

可行时，组织还应定期试验上述程序。

与 GB/T 28001—2001 标准比较

1　本标准仅要求在"必要时，……组织应对……程序予以评审和修订。"而 GB/T 28001 标准则要求必须进行评审。

4.5　检查和纠正措施

4.5.1　监测和测量

组织应建立并保持一套以文件支持的程序，对可能具有重大环境影响的运行与活动的关键特性进行例行监视和测量。其中应包括对环境表现、有关的运行控制、对组织环境目标和指标符合情

况的跟踪信息进行记录。

监测设备应予校准并妥善维护，并根据组织的程序保存校准和维护记录。

组织应建立并保持一个以文件支持的程序，以定期评价对有关环境法律、法规的遵循情况。

与 GB/T 28001—2001 标准比较

1 本标准要求"……对可能具有重大环境影响的运行与活动的关键特性进行例行监视和测量。"在 GB/T 28001 标准中对职业健康安全绩效进行监视和测量的内容得到了更加具体的规定。

4.5.2 不符合、纠正与预防措施

组织应建立并保持一套程序，用来规定有关的职责和权限，对不符合进行处理与调查，采取措施减少由此产生的影响，采取纠正与预防措施并予完成。

任何旨在消除已存在和潜在不符合的原因的纠正或预防措施，应与该问题的严重性和伴随的环境影响相适应。

对于纠正与预防措施所引起的对程序文件的任何更改，组织均应遵照实施并予以记录。

与 GB/T 28001—2001 标准比较

1 GB/T 28001 标准对处理和调查对象所做的具体表述，在本标准中未予明示。

2 GB/T 28001 标准对应"确认所采取的纠正和预防措施的有效性"和"……对于所有拟定的纠正和预防措施，在其实施前应先通过风险评价过程进行评审。"的要求，在本标准中未予明示。

4.5.3 记录

组织应建立并保持一套程序，用来标识、保存与处置有关环境管理的记录。这些记录中还应包括培训记录和审核与评审结果。

环境记录应字迹清楚，标识明确，具备对相关活动、产品或服务的可追溯性。对环境记录的保存和管理应使之便于查阅，避免

损坏、变质或遗失。应规定其保存期限并予记录。

组织应保存记录，在对其体系及自身适宜时，用来证明符合本标准的要求。

与 GB/T 28001—2001 标准比较

1　环境管理的记录中至少包括了培训、审核和评审的内容；而 GB/T 28001 中，职业健康安全的记录范围不包括培训的内容。

4.5.4　环境管理体系审核

组织应制定并保持用于定期开展环境管理体系审核的一个或多个方案和一些程序，进行审核的目的是：

***a*）判定环境管理体系：**

1）是否符合对环境管理工作的预定安排和本标准的要求；

2）是否得到了正确的实施和保持；

***b*）向管理者报送审核结果。**

组织的审核方案（包括时间表）的制定，应立足于所涉及活动的环境重要性和以前审核的结果。为全面起见，审核程序中应包括审核的范围、频次和方法，以及实施审核和报告结果的职责与要求。

与 GB/T 28001—2001 标准比较

1　GB/T 28001 标准 4.5.4 要求中关于审核目的包括确认"……有效地满足组织的方针和目标；"和应"评审以往审核的结果；"的规定，在本标准中未予明示。

2　GB/T 28001 标准 4.5.4 要求中关于审核程序应包括审核员审核能力的规定，在本标准中未予明示。

3　GB/T 28001 标准 4.5 要求规定："如果可能，审核应由与所审核活动无直接责任的人员进行"。在本标准中未予明示。

4.6　管理评审

组织的最高管理者应按其规定的时间间隔，对环境管理体系进行评审，以确保体系的持续适用性、充分性和有效性。管理评审

过程应确保收集必要的信息，以供管理者进行评价工作。评审工作应形成文件。

管理评审应根据环境管理体系审核的结果、不断变化的客观环境和持续改进的承诺，指出对方针、目标以及环境管理体系的其他要素加以修正的可能的需要。

4 职业健康安全管理体系要素(GB/T 28001—2001)

4.1 总要求

组织应建立并保持职业健康安全管理体系。第4章描述了对职业健康安全管理体系的要求。

职业健康安全管理体系模式如附件图10-1所示。

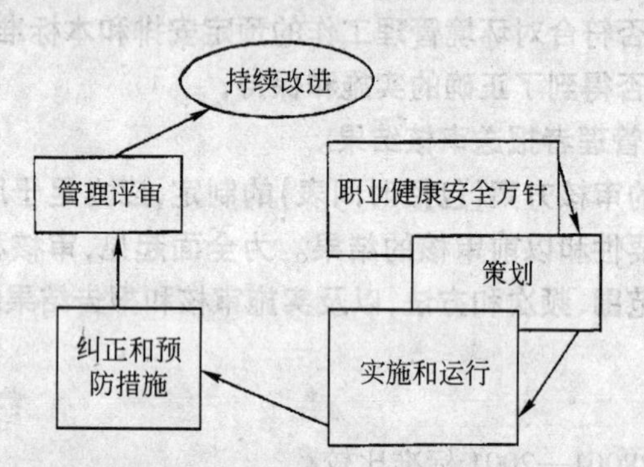

附件图10-1 职业健康安全管理体系模式

4.2 职业健康安全方针

职业健康安全方针如附件图10-2所示。

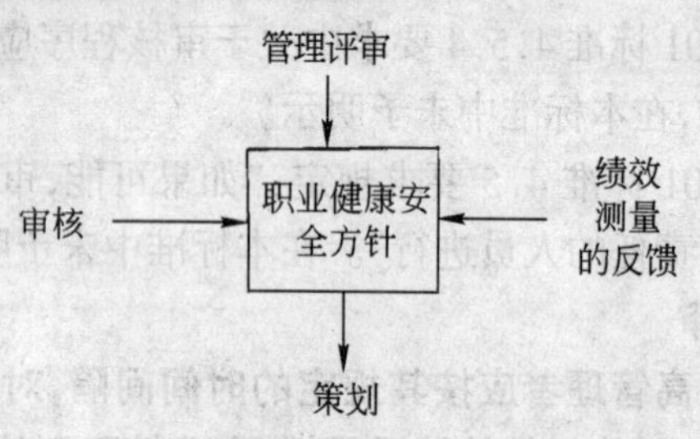

附件图10-2 职业健康安全方针

组织应有一个经最高管理者批准的职业健康安全方针，该方针应清楚阐明职业健康安全总目标和改进职业健康安全绩效的承诺。

职业健康安全方针应：

a）适合组织的职业健康安全风险的性质和规模；

b）包括持续改进的承诺；

c）包括组织至少遵守现行职业健康安全法规和组织接受的其他要求的承诺；

d）形成文件，实施并保持；

e）传达到全体员工，使其认识各自的职业健康安全义务；

f）可为相关方所获取；

g）定期评定，以确保其与组织保持相关和适宜。

4.3 策划

策划如附件图 10-3 所示。

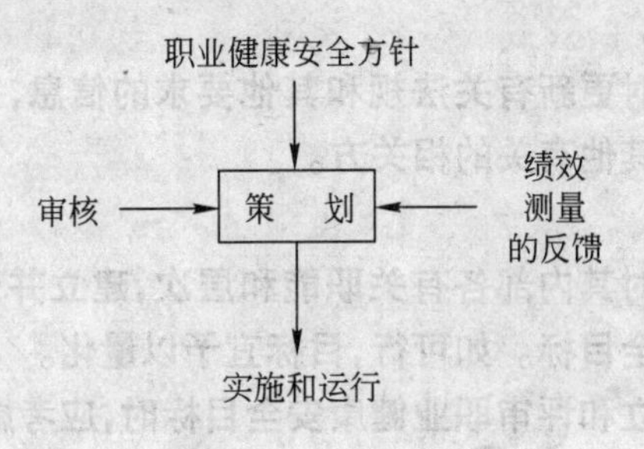

附件图 10-3　策划

4.3.1 对危险源辨识、风险评价和风险控制的策划

组织应建立并保持程序，以持续进行危险源辨识、风险评价和实施必要的控制措施。这些程序应包含：

——常规和非常规活动；

——所有进入工作场所的人员（包括合同方人员和访问者）的活动；

——工作场所的设施（无论由本组织还是由外界所提供）。

组织应确保在建立职业健康安全目标时，考虑这些风险评价的结果和控制的效果，将此信息形成文件并及时更新。

组织的危险源辨识和风险评价的方法应：

——依据风险的范围、性质和时限性进行确定，以确保该方法是主动性的而不是被动性的；

——规定风险分级，识别可通过 4.3.3 和 4.3.4 中所规定的措施来消除或控制的风险；

——与运行经验和所采取的风险控制措施的能力相适应；

——为确定设施要求、识别培训需求和(或)开展运行控制提供输入信息；

——规定对所要求的活动进行监视，以确保其及时有效的实施。

4.3.2 法规和其他要求

组织应建立并保持程序，以识别和获得适用法规和其他职业健康安全要求。

组织应及时更新有关法规和其他要求的信息，并将这些信息传达给员工和其他有关的相关方。

4.3.3 目标

组织应针对其内部各有关职能和层次，建立并保持形成文件的职业健康安全目标。如可行，目标宜予以量化。

组织在建立和评审职业健康安全目标时，应考虑：

——法规和其他要求；

——职业健康安全危险源和风险；

——可选择的技术方案；

——财务、运行和经营要求；

——相关方的意见。

目标应符合职业健康安全方针，包括对持续改进的承诺。

4.3.4 职业健康安全管理方案

组织应制定并保持职业健康安全管理方案，以实现其目标。方案应包含形成文件的：

a）为实现目标所赋予组织有关职能和层次的职责和权限；

b）实现目标的方法和时间表。

应定期并且在计划的时间间隔内对职业健康安全管理方案进行评审，必要时应针对组织的活动、产品、服务或运行条件的变化对职业健康安全管理方案进行修订。

4.4 实施和运行

实施和运行如附件图 10-4 所示。

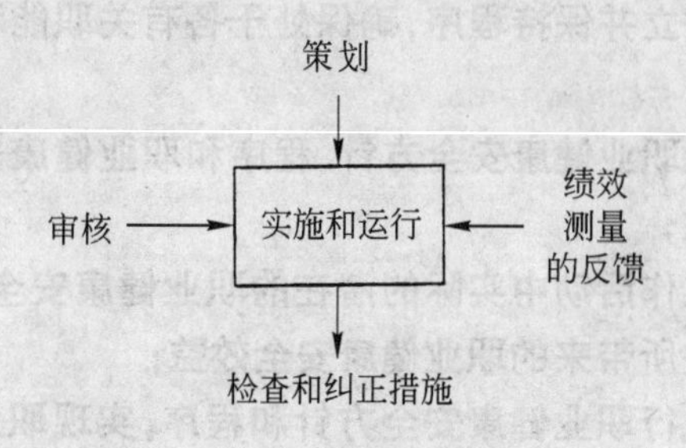

附件图 10-4 实施和运行

4.4.1 结构和职责

对组织的活动、设施和过程的职业健康安全风险有影响的从事管理、执行和验证工作的人员，应确定其作用、职责和权限，形成文件，并予以沟通，以便于职业健康安全管理。

职业健康安全的最终责任由最高管理者承担。组织应在最高管理者中指定一名成员（如：某大组织内的董事会或执委会成员）作为管理者代表承担特定职责，以确保职业健康安全管理体系正确实施，并在组织所有岗位和运行范围执行各项要求。

管理者应为实施、控制和改进职业健康安全管理体系提供必要的资源。

注：资源包括人力资源、专项技能、技术和财力资源。

组织的管理者代表应有明确的作用、职责和权限，以便：

a）确保按本标准建立、实施和保持职业健康安全管理体系要求；

b）确保向最高管理者提交职业健康安全管理体系绩效报告，

以供评审,并为改进职业健康安全管理体系提供依据。

所有承担管理职责的人员,都应表明其对职业健康安全绩效持续改进的承诺。

4.4.2 培训、意识和能力

对于其工作可能影响工作场所内职业健康安全的人员,应有相应的工作能力。在教育、培训和(或)经历方面,组织应对其能力做出适当的规定。

组织应建立并保持程序,确保处于各有关职能和层次的员工都意识到:

——符合职业健康安全方针、程序和职业健康安全管理体系要求的重要性;

——在工作活动中实际的潜在的职业健康安全后果,以及个人工作的改进所带来的职业健康安全效益;

——在执行职业健康安全方针和程序,实现职业健康安全管理体系要求,包括应急准备和响应要求(见4.4.7)方面的作用和职责;

——偏离规定的运行程序的潜在后果。

培训程序应考虑不同层次的:

——职责、能力及文化程度;

——风险。

4.4.3 协商和沟通

组织应具有程序,确保与员工和其他相关方就相关职业健康安全信息进行相互沟通。

组织应将员工参与和协商的安排形成文件,并通报相关方。

员工应:

——参与风险管理方针和程序的制定和评审;

——参与商讨影响工作场所职业健康安全的任何变化;

——参与职业健康安全事务;

——了解谁是职业健康安全的员工代表和指定的管理者代表(见4.4.1)。

4.4.4 文件

组织应以适当的媒介(如:纸或电子形式)建立并保持下列信息:

a)描述管理体系核心要素及其相互作用;

b)提供查询相关文件的途径。

注:重要的是,按有效性和效率要求使文件数量尽可能少。

4.4.5 文件和资料控制

组织应建立并保持程序,控制本标准所要求的所有文件和资料,以确保:

a)文件和资料易于查找;

b)对文件和资料进行定期评审,必要时予以修订并由被授权人员确认其适宜性;

c)凡对职业健康安全体系的有效运行具有关键作用的岗位,都可得到有关文件和资料的现行版本;

d)及时将失效文件和资料从所有发放和使用场所撤回,或采取其他措施防止误用;

e)对出于法规和(或)保留信息的需要而留存的档案文件和资料予以适当标识。

4.4.6 运行控制

组织应识别与所认定的、需要采取控制措施的风险有关的运行和活动。组织应针对这些活动(包括维护工作)进行策划,通过以下方式确保它们在规定的条件下执行:

a)对于因缺乏形成文件的程序而可能导致偏离职业健康安全方针、目标的运行情况,建立并保持形成文件的程序;

b)在程序中规定运行准则;

c)对于组织所购买和(或)使用的货物、设备和服务中已识别的职业健康安全风险,建立并保持程序,并将有关的程序和要求通报供方和合同方。

d)建立并保持程序,用于工作场所、过程、装置、机械、运行程序和工作组织的设计,包括考虑与人的能力相适应,以便从根本上

消除或降低职业健康安全风险。

4.4.7　应急准备和响应

组织应建立并保持计划和程序，以识别潜在的事件或紧急情况，并做出响应，以便预防和减少可能随之引发的疾病和伤害。

组织应评审其应急准备和响应的计划和程序，尤其是在事件或紧急情况发生后。

如果可行，组织还应定期测试这些程序。

4.5　检查和纠正措施

检查和纠正措施如附件图 10-5 所示。

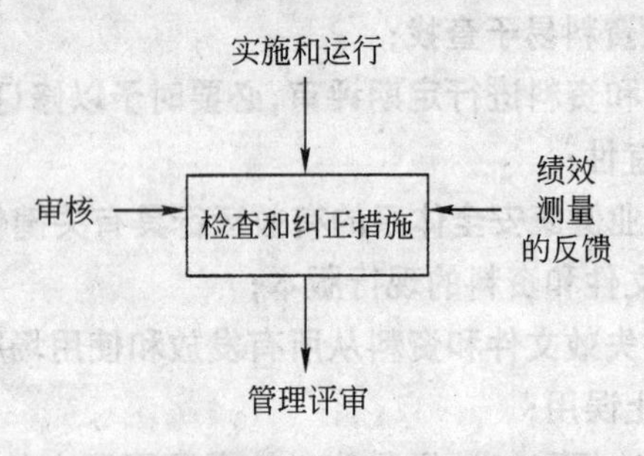

附件图 10-5　检查和纠正措施

4.5.1　绩效测量和监视

组织应建立并保持程序，对职业健康安全绩效进行监视和测量。程序应规定：

——适合组织需要的定性和定量测量；

——对于组织的职业健康安全目标的满意程度的监视；

——主动性的绩效测量，即监视是否符合职业健康安全管理方案、运行准则和适用的法规要求；

——被动性的绩效测量，即监视事故、疾病、事件（包括 3.6 注中的“near－miss”）和其他不良职业健康安全绩效的历史证据；

——记录充分的监视和测量的数据和结果，以便于后面的纠正和预防措施的分析。

如果绩效测量和监视需要设备，组织应建立并保持程序，对此类设备进行校准和维护，并保存校准和维护活动及其结果的记录。

4.5.2 事故、事件、不符合、纠正和预防措施

组织应建立并保持程序，确定有关的职责和权限，以便：

a）处理和调查：

——事故；

——事件；

——不符合；

b）采取措施减小因事故、事件或不符合而产生的影响；

c）采取纠正和预防措施，并予以完成；

d）确认所采取的纠正和预防措施的有效性。

这些程序应要求，对于所有拟定的纠正和预防措施，在其实施前应先通过风险评价过程进行评审。

为消除实际和潜在不符合原因而采取的任何纠正或预防措施，应与问题的严重性和面临的职业健康安全风险相适应。

组织应实施并记录因纠正和预防措施而引起的对形成文件的程序的任何更改。

4.5.3 记录和记录管理

组织应建立并保持程序，以标识、保存和处置职业健康安全记录以及审核和评审结果。

职业健康安全记录应字迹清楚、标识明确，并可追溯相关活动。职业健康安全记录的保存和管理应便于查阅，避免损坏、变质或遗失。应规定并记录保存期限。

应按照适于体系和组织的方式保存记录，用于证实符合本标准的要求。

4.5.4 审核

组织应建立并保持审核方案和程序，定期开展职业健康安全管理体系审核，以便：

a）确定职业健康安全管理体系是否：

1）符合职业健康安全管理的策划安排，包括满足本标准的要求；

2）得到了正确实施和保持；

3）有效地满足组织的方针和目标；

b）评审以往审核的结果；

c）向管理者提供审核结果的信息。

审核方案，包括日程安排，应基于组织活动的风险评价结果和以往审核的结果。审核程序应既包括审核的范围、频次、方法和能力，又包括实施审核和报告审核结果的职责和要求。

如果可能，审核应由与所审核活动无直接责任的人员进行。

注：这里“无直接责任的人员”并不意味着必须来自组织外部。

4.6 管理评审

管理评审如附件图 10-6 所示。

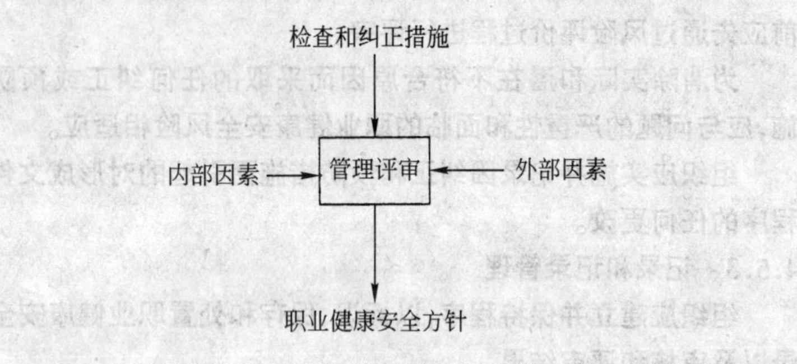

附件图 10-6 管理评审

组织的最高管理者应按规定的时间间隔对职业健康安全管理体系进行评审，以确保体系的持续适宜性、充分性和有效性。管理评审过程应确保收集到必要的信息以供管理者进行评价。管理评审应形成文件。

管理评审应根据职业健康安全管理体系审核的结果、环境的变化和对持续改进的承诺，指出可能需要修改的职业健康安全管理体系方针、目标和其他要素。

主要参考文献

1.《中国质量认证》杂志

2.《质量管理体系专业应用指南　建设工程施工》(CNACR-TG-001:2001)

3.《2000版质量管理体系国家标准理解与实施》.北京:中国标准出版社,2001

对“建筑业 GB/T 19001—2000 idt ISO9001:2000 标准释义与应用”的评价

巫东浩同志从事企业质量体系认证工作多年，特别是对大型、特大型建筑施工企业第三方审核的经验尤为丰富。当 2000 版质量管理体系标准正式发布后，我们认为新版标准在结构上、内容上和要求上都发生了较大的变化，作为企业来说，如何加强对新标准的准确理解和统一认识以及实施的有效性等方面则显得更加迫切和重要。该书完整地、系统地对新标准进行了详细的、通俗易懂的诠释。同时，书中还针对条款列举了大量事例，以引导企业在质量体系运行中如何按照标准的要求，结合建筑业的实际予以操作和应用，从而保证质量体系运行的符合性、适宜性和有效性方面给予了实在的指导。我们认为该书就好像是一本作业指导书，可以帮助企业加深对标准的理解、认识、贯彻和执行。

葛洲坝水利水电工程集团有限公司

副总经理、管理者代表

2002 年 6 月 6 日

评　　语

《建筑业 GB/T 19001—2000 idt ISO9001:2000 标准释义与应用》一书，是目前众多类似书籍中最具有指导性的书籍之一。作者根据多年的审核工作实践，对建筑行业如何实施 GB/T 19001 标准做了详细的描述。书中结合建筑行业的特点，对标准做了深入详细的诠释。不仅从标准的字面意义上，而且还从建筑行业的管理过程与标准的结合方面作了详细说明。对建筑行业的管理人员学习 GB/T 19001 标准和理解标准有很大的帮助。

本书与其他讲述 GB/T 19001—2000 标准的书籍不同，不是简单的给出某一行业的一套质量管理体系文件，而是对建筑行业的三种过程进行识别、分析，结合标准要求，提出了控制重点。作者还结合自己的审核经验，对建筑施工单位如何实施有效的审核提出了宝贵的经验。因此它对建筑行业实施 GB/T 19001—2000 标准有很强的指导性。

深圳市康达信认证咨询中心主任

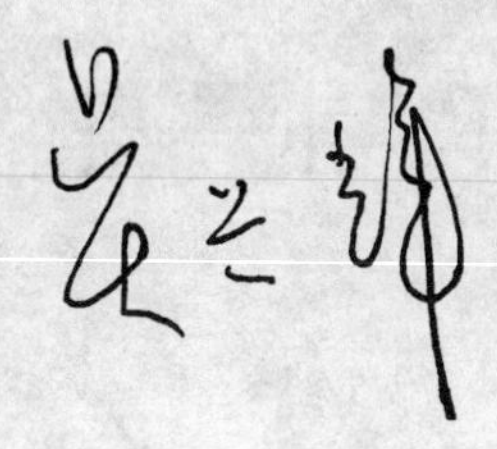

2002 年 5 月 31 日